广西壮族自治区"十四五"职业教育规划教材

西门子S7-300 PLC 应用技术项目化教程

主　编○谢锡锋

副主编○林　瑜　岑　斌　罗宇强

潘章斌　章灵敏

主　审○左江林

西南交通大学出版社

·成 都·

内容简介

本书以 SIMATIC S7-300 系列 PLC 为样机，以工业典型应用为主线，以项目为载体，按照“教、学、做一体化”原则编写，突出实践性，以图文并茂的形式介绍了西门子 S7-300 PLC 应用技术相关知识，主要内容包括 PLC 的产生与发展过程、结构、工作原理、系统硬件组成、编程软件 STEP7 的使用、触摸屏技术、组态软件 MCGS 的使用、功能 FC 及功能块 FB 编程与应用、网络通信、变频器等。

全书共 17 个项目，除少数项目外，其余项目按照输入/输出信号器件分析、硬件组态、地址分配、画接线图、建符号表、编写程序、S7-PLCSIM 仿真调试或 MCGS 调试、联机调试的工程步骤编写。

本书图文并茂、标注详细、深入浅出、语言通俗易懂、项目典型且易于操作与实现，适合初学者学习使用。本书可作为高等职业院校和应用本科院校自动化、机电一体化、应用电子、供用电技术等相关专业的教材，也可作为工程技术人员自学用书。

图书在版编目（CIP）数据

西门子 S7-300 PLC 应用技术项目化教程 / 谢锡锋主编. —成都：西南交通大学出版社，2019.6（2024.6 重印）
（工程实践系列丛书）
ISBN 978-7-5643-6914-9

Ⅰ. ①西… Ⅱ. ①谢… Ⅲ. ①PLC 技术 – 高等职业教育 – 教材 Ⅳ. ①TM571.61

中国版本图书馆 CIP 数据核字（2019）第 124779 号

工程实践系列丛书

西门子 S7-300 PLC 应用技术项目化教程

主　　编 / 谢锡锋　　责任编辑 / 李华宇
　　　　　　　　　　封面设计 / 何东琳设计工作室

西南交通大学出版社出版发行
（四川省成都市金牛区二环路北一段 111 号西南交通大学创新大厦 21 楼　610031）
发行部电话：028-87600564　028-87600533
网址：http://www.xnjdcbs.com
印刷：成都蓉军广告印务有限责任公司

成品尺寸　185 mm × 260 mm
印张　13　　字数　277 千
版次　2019 年 6 月第 1 版　　印次　2024 年 6 月第 4 次

书号　ISBN 978-7-5643-6914-9
定价　38.00 元

课件咨询电话：028-87600533
图书如有印装质量问题　本社负责退换

前　言

西门子 PLC 由于具有卓越的性能，在工业控制领域应用十分广泛。在我国现代工业应用中，西门子 S7-300 PLC 被广泛使用，市场占有率高。如何高效、轻松地学习 S7-300 PLC 应用技术已成为很多 PLC 学习者面临的迫切问题。

目前，有关西门子 S7-300 PLC 应用技术的学习用书中，融合触摸屏技术、组态软件 MCGS、网络通信和变频器技术的教材极少，这给实际教学和自学带来很大不便。鉴于此，笔者决定选取典型项目，以图解标注的方式，融合以上技术，进行本书的编写。

本书从 PLC 实际工程应用和便于教学使用出发，根据典型项目提取学习目标，将知识点和技能训练融于各个项目中。各个项目按照知识点与技能要求循序渐进，由简单到复杂进行编排，每个项目均通过“项目要求”“学习目标”“知识链接”“项目解决”“巩固练习”等环节详细讲解项目知识点和操作步骤，使学习变得轻松、生动。

本书与同类学习用书相比具有以下特点：

（1）典型项目化讲解，强调技术应用。

本书以工业典型应用为主线，按“教、学、做一体化”原则编写，讲解通俗易懂，且项目易于操作和实现。

（2）图文并茂，直观易学。

本书以图片解说形式讲解操作步骤，在图片上给出了详细文字标注。这样学生能够一边看书一边操作，变枯燥地学为有兴趣地学，能轻松、快速地掌握 PLC 基本应用技术。

（3）知识点层层递进，符合认知规律。

本书在编排项目时，注重循序渐进，知识点层层递进，融会贯通，便于教学和读者自学，符合认知规律。

（4）教与学相结合，知识与技能相统一。

本书图文并茂，强调实用，注重入门和应用能力培养，遵循“学中做，做中学”的讲解思路，将相关知识插于项目中，使知识与技能有机结合。

（5）在本书部分项目中，讲解 MCGS 监控与调试方法，这对 PLC 学习者来说，既可激发对 PLC 学习的兴趣，也学习了 MCGS 知识。

（6）在本书部分项目中，讲解了 MM420 变频器编程与调试，对 PLC 学习者来说，既可激发对 PLC 学习的兴趣，也学习了变频器知识。

本书的编写得到亚龙智能装备集团股份有限公司和广西机电工业学校领导的关心

和支持，同时章灵敏和潘章斌老师参与了本书的编写，在此，表示衷心的感谢。

本书可作为高等院校和职业院校自动化、机电一体化、供用电技术、应用电子等相关专业的教材，也可作为成人教育及企业的培训教材，还可作为相关技能大赛参考教材和从事 PLC 技术工作的工程技术人员的自学用书。

由于编者水平有限，书中难免有疏忽之处，敬请读者批评指正。

编　者

2019 年 2 月

目　录

项目 1　认识 PLC

1.1　项目要求

通过了解 PLC 的定义、发展史、主要特点、各种功能、分类、应用范围，比较 PLC 与传统继电器控制的优缺点，比较 PLC 与单片机的区别；通过认识西门子 PLC 家族，理解 PLC 未来的发展方向。

1.2　学习目标

（1）在理解基础上掌握 PLC 的定义、发展史，以及西门子 PLC 的外形。
（2）在理解基础上掌握 PLC 的主要特点、各种功能及其分类。
（3）了解 PLC 的产生，在理解基础上掌握 PLC 的应用范围及未来发展方向。
（4）掌握 PLC 技术的学习方法。

1.3　知识链接

可编程逻辑控制器简称 PLC（Programmable Logic Controller），是新一代的工业控制装置以及工业自动化的基础平台，目前已被广泛应用到电力、石油、化工、机械制造、汽车、交通等领域。在 1987 年国际电工委员会（International Electrical Committee）颁布的 PLC 标准草案中对 PLC 做了如下定义："可编程逻辑控制器是一种数字运算操作的电子系统，专为在工业环境下应用而设计。它采用可编程序的存储器，用来在其内部存储执行逻辑运算、顺序控制、定时、计数和算术运算等操作的指令，并通过数字式和模拟式的输入和输出，控制各种类型的机械或生产过程。可编程逻辑控制器及其有关外围设备，都应按易于与工业系统联成一个整体，易于扩充其功能的原则设计"。

1.3.1　PLC 的起源

PLC 的历史可以追溯到 20 世纪 60 年代末，在 PLC 出现以前，继电器控制在工业控制领域占主导地位，由此构成的控制系统都是按预先设定好的时间或条件顺序地工作，若要改变控制的顺序就必须改变控制系统的硬件接线，因此，其通用性和灵活性较差。

1968 年，美国通用汽车（General Motors，GM）公司为了适应汽车型号的不断更新及生产工艺不断变化的需要，实现小批量、多品种生产，希望能有一种新型工业控制器，它能做到尽可能减少重新设计和更换继电器控制系统及接线，以降低成本，缩短生产周期。

根据美国通用汽车（GM）公司的要求，美国数字设备公司（Digital Equipment Corporation，DEC）于 1969 年研制出了世界上第一台可编程逻辑控制器 PDP-14，并在通用汽车（GM）公司自动装配生产线上试用成功。这种新型的工控装置，以其体积小、可靠性高、使用寿命长、简单易懂、操作维护方便等一系列优点，很快就在美国许多行业里得到了推广和应用,同时也受到了世界上许多其他国家的高度重视。日本于 1971 年研制出第一台 PLC，型号为 DCS-8；德国于 1973 年研制出欧洲第一台 PLC，型号为 SIMATIC S4；中国于 1974 年研制出第一台 PLC，1977 年应用到生产线上。

1.3.2　PLC 的主要特点

（1）可靠性高，抗干扰能力强。

高可靠性是电气控制设备的关键性能。PLC 由于采用现代大规模集成电路技术，采用严格的生产工艺制造，内部电路采取了先进的抗干扰技术，使得 PLC 具有很高的可靠性。一些使用冗余 CPU 的 PLC 的平均无故障工作时间则更长。从 PLC 的外部电路来看，使用 PLC 构成控制系统，和同等规模的继电接触器系统相比，电气接线及开关接点已减少到数百甚至数千分之一，故障率也就大大降低。

（2）配套齐全，功能完善，适用性强。

PLC 发展到今天，已经形成了大、中、小各种规模的系列化产品，可以用于各种规模的工业控制场合。除了逻辑处理功能以外，现代 PLC 大多具有完善的数据运算能力，可用于各种数字控制领域。近年来 PLC 的功能单元大量涌现，使 PLC 渗透到了位置控制、温度控制、数字控制机床等各种工业控制中。

（3）模块化结构，安装简单，调试方便。

PLC 的各个部件均采用模块化结构设计，由机架和电缆将各模块连接起来。另外，PLC 的接线十分方便，只需将输入信号的设备与 PLC 的输入端子相连，将接受控制的执行元件与输出端子相连即可。调试工作大部分是室内调试，用模拟开关模拟输入信号，其输入状态和输出状态可以通过观察 PLC 上相应的发光二极管进行测试、排错和修改。

（4）系统的设计、建造周期短，维护方便，容易改造。

PLC 用存储逻辑代替接线逻辑，大大减少了控制设备外部的接线，使控制系统设计及建造的周期大为缩短，同时维护也变得更加方便。更重要的是使同一设备通过改变程序来改变生产过程成为可能，这很适合多品种、小批量的生产场合。

（5）体积小，质量小，能耗低。

以超小型 PLC 为例，新近出产的品种底部尺寸小于 100 mm，质量小于 150 g，功耗仅数瓦。由于体积小，很容易装入机械内部，PLC 是实现机电一体化的理想控制设备。

1.3.3　PLC 的分类

（1）按产地分类。

按产地分，可分为日本、欧美、韩国、中国等。其中，日本系列具有代表性的为三菱、欧姆龙、松下、光洋等；欧美系列具有代表性的为西门子、A-B（艾伦-布拉德利）、通用电气、德州仪表等；韩国系列具有代表性的为 LG 等；中国系列具有代表性的为和利时、浙江中控、台达等。

（2）按 I/O 点数分类。

按 I/O 点数分，可分为大型机、中型机及小型机等。大型机一般 I/O 点数大于 2 048 点，具有代表性的为西门子 S7-400 系列、通用公司的 GE-Ⅳ系列等；中型机一般 I/O 点数为 256 ~ 2 048 点，具有代表性的为西门子 S7-300 系列、三菱 Q 系列等；小型机一般 I/O 点数小于 256 点，具有代表性的为西门子 S7-200 系列、三菱 FX 系列等。

（3）按结构形式分类。

按结构形式分，可分为整体式和模块式。整体式 PLC 是将电源、CPU、I/O 接口等部件都集中装在一个机箱内，具有结构紧凑、体积小、价格低的特点。小型 PLC 一般采用这种整体式结构。模块式 PLC 由不同 I/O 点数的基本单元（又称主机）和扩展单元组成，如西门子 S7-300、S7-400 系列，基本单元内有 CPU、I/O 接口、与 I/O 扩展单元相连的扩展口及与编程器或 EPROM 写入器相连的接口等，扩展单元内只有 I/O 和电源等，没有 CPU。大、中型 PLC 一般采用模块式结构。

（4）按功能分类。

按功能分，可分为低档、中档、高档三类。低档 PLC 具有逻辑运算、定时、计数、移位及自诊断、监控等基本功能，还可有少量模拟量输入/输出、算术运算、数据传送和比较、通信等功能，主要用于逻辑控制、顺序控制或少量模拟量控制的单机控制系统。中档 PLC 除具有低档 PLC 的功能外，还具有较强的模拟量输入/输出、算术运算、数据传送和比较、数制转换、远程 I/O、子程序、通信联网等功能，有些还可增设中断控制、PID 控制等功能，适用于复杂控制系统。高档 PLC 除具有中档机的功能外，还增加了带符号算术运算、矩阵运算、位逻辑运算、平方根运算及其他特殊功能函数的运算、制表及表格传送功能等可用于大规模过程控制或构成分布式网络控制系统，实现工厂自动化。

1.3.4　PLC 的主要生产厂家

目前，世界上有 200 多家 PLC 厂商，400 多个品种的 PLC。按地域主要分为美国、欧洲和日本等三个流派。

（1）美国是 PLC 的生产大国，有 100 多家 PLC 厂商，著名的有艾伦-布拉德利（A-B）公司、通用电气（GE）公司、德州仪器（TI）公司等。A-B 公司是美国最大的 PLC 制造商，其产品份额约占美国 PLC 市场的一半。

（2）欧洲著名的 PLC 制造商有德国的西门子（SIEMENS）公司、AEG 公司，法国的 TE 公司等。

（3）日本的 PLC 制造商主要有三菱、欧姆龙、松下、富士、日立、东芝等，在世界小型 PLC 市场，日本约占有 70%的份额。

国内 PLC 厂家规模不大，代表厂家有无锡华光、北京和利时、浙江中控等。

1.3.5　PLC 的基本结构与工作原理

1. PLC 的基本结构

对于整体式 PLC，所有部件都装在同一机壳内，其组成框图如图 1-1 所示。

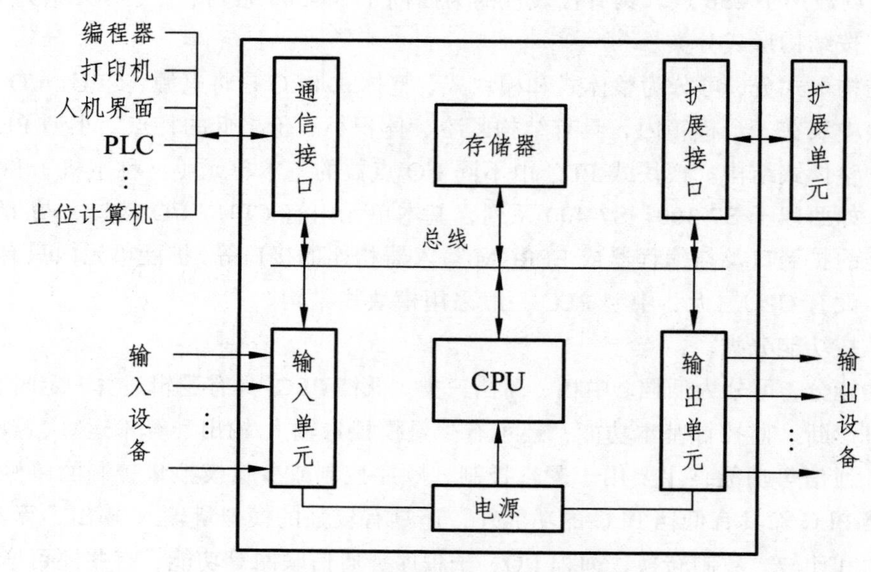

图 1-1　整体式 PLC 基本结构

对于模块式 PLC，各部件独立封装成模块，各模块通过总线连接，安装在机架或导轨上，其组成框图如图 1-2 所示。

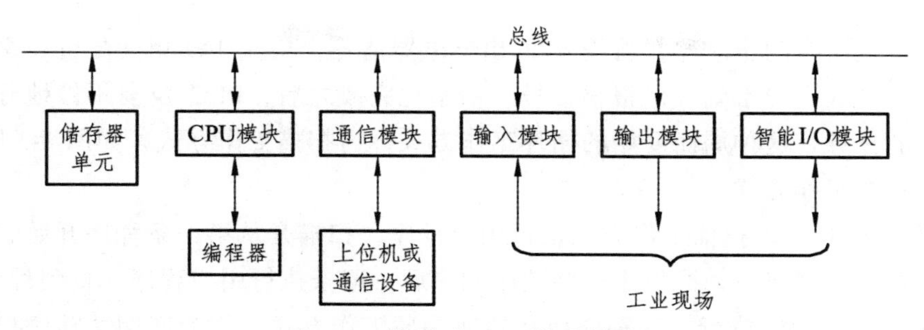

图1-2　模块式PLC基本结构

无论整体式PLC还是模块式PLC，基本都是由以下几个部分组成：

（1）中央处理单元CPU。

中央处理单元（CPU）是PLC的核心，起着总指挥的作用，是PLC的运算和控制中心，它用以运行用户程序、监控输入/输出接口状态、做出逻辑判断和进行数据处理，即读取输入变量、完成用户指令规定的各种操作，将结果送到输出端，并响应外部设备（如编程器、计算机、打印机等）的请求及进行各种内部判断等。

（2）存储器单元。

PLC的内部存储器有两类，一类是系统程序存储器，它用于存储相当于个人计算机的操作系统，由PLC生产厂家设计并固化在ROM（只读存储器）中，用户不能读取，主要存放系统管理和监控程序及对用户程序作编译处理的程序；另一类是用户程序及数据存储器，它由用户设计，使PLC能完成用户要求的特定功能，主要存放用户编制的应用程序及各种暂存数据和中间结果。

（3）输入/输出（I/O）单元。

I/O单元通常也称I/O模块，是PLC与工业生产现场之间的连接部件。PLC通过输入接口可以检测被控制对象的各种数据，以这些数据作为PLC对被控制对象进行控制的依据；同时，PLC又通过输出接口将处理结果送给被控制对象，以实现控制目的。

（4）通信接口单元。

PLC配有各种通信接口，这些通信接口一般带有通信处理器。PLC通过这些通信接口可与打印机、监视器、其他PLC、计算机等设备实现通信。

（5）I/O扩展接口单元。

I/O扩展接口用于扩展输入／输出点数，当主机的I/O数量不能满足系统要求时，需要增加扩展单元，这时需要用到I/O扩展接口将扩展单元与主机连接起来。

（6）电源单元。

PLC配有专门的开关电源，以供内部电路使用。与普通电源相比，PLC电源的稳定性好、抗干扰能力强。

2. PLC的工作原理

PLC通电后，首先对硬件和软件做一些初始化操作，这一过程包括对工作内存的初始化，复位所有的定时器，将输入/输出继电器清零，检查 I/O 单元配置、系统通信参数配置等，如有异常则发出报警信号。初始化完成之后，PLC 反复不停地分步处理各种不同的任务，这种周而复始的循环工作方式称为扫描工作方式，如图 1-3 所示。

（1）扫描工作方式。

PLC 运行时，以扫描工作方式执行用户程序，扫描是从第一条程序开始，在无中断或跳转控制的情况下，按程序存储顺序的先后，逐条执行用户程序，直到程序结束，然后再从头开始扫描执行。这种周而复始地循环工作方式，称为周期性顺序扫描工作方式，也称串行工作方式。

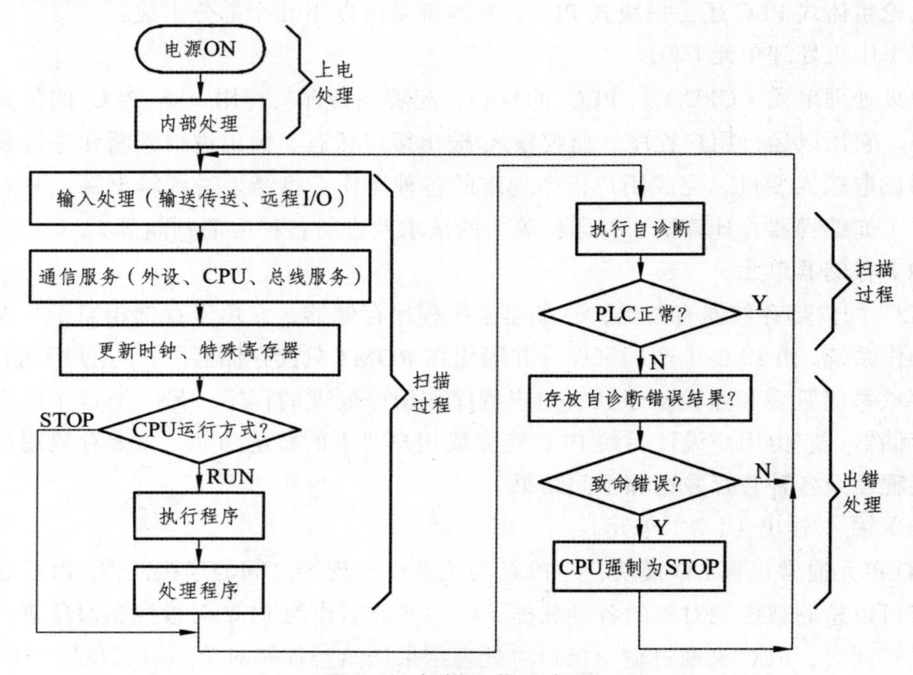

图 1-3　扫描工作示意图

（2）扫描工作过程。

PLC 完成初始化过程后，开始扫描工作程序。PLC 执行程序的过程分为 3 个阶段，即输入采样阶段、程序执行阶段、输出刷新阶段，如图 1-4 所示。

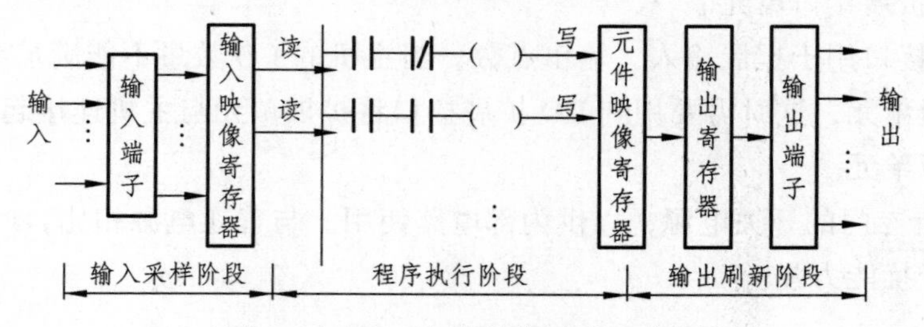

图 1-4　PLC 执行程序过程示意图

① 输入采样阶段。

在输入采样阶段，PLC 首先按顺序扫描所有输入端子，并将输入状态采样，存入相应的输入映像寄存器中，此时输入映像寄存器被刷新。在程序执行阶段或其他阶段，即使输入状态发生变化，输入映像寄存器的内容也不会改变。

② 程序执行阶段。

在程序执行阶段，PLC 对程序按顺序进行扫描执行。若程序用梯形图来表示，则程序执行总是按先上后下，先左后右的顺序进行。当遇到程序跳转指令时，则根据跳转条件是否满足来决定程序是否跳转。当指令中涉及输入、输出状态时，PLC 从输入映像寄存器和元件映像寄存器中读出，根据用户程序进行运算，运算的结果再存入到映像寄存器中。对于映像寄存器来说，其内容会随程序执行的过程而变化。

③输出刷新阶段。

当所有程序执行完毕后，进入输出处理阶段。在这一阶段，PLC 将输出映像寄存器与输出有关的状态（输出继电器状态）转存到输出锁存器中，并通过一定方式输出，驱动外部负载。到此，PLC 完成了从输入采样到输出刷新的一个扫描周期，CPU 自动进入下一个扫描周期。

1.4　项目解决

步骤 1：讲述 PLC 的定义。

步骤 2：讲述 PLC 的起源。

步骤 3：讲述 PLC 的主要特点及功能。

步骤 4：讲述 PLC 的分类及主要生产厂家。

步骤 5：讲述 PLC 的发展过程。

步骤 6：讲述 PLC 的基本结构与工作原理。

步骤 7：PLC 的软件系统。

巩固练习 1

1. 什么是可编程控制器？
2. PLC 的主要特点有哪些？
3. 可编程控制器是如何分类的？简述其特点。
4. PLC 主要由哪些部分组成？简述每部分的作用。
5. PLC 的编程语言有几种？
6. 简述可编程控制器的工作原理。如何理解 PLC 的循环扫描工作过程？
7. 简述 PLC 的应用及发展趋势。

8. 详细说明 PLC 在扫描的过程中，输入映像寄存器和输出映像寄存器各起什么作用？

9. PLC 的工作方式有几种？如何改变 PLC 的工作方式？

10. PLC 可靠性高、抗干扰能力强的原因是什么？

项目 2　典型 S7-300 PLC 硬件控制系统安装

2.1　项目要求

S7-300 属于模块化 PLC，是由导轨（RACK）、电源模块（PS）、中央处理单元（CPU）模块、信号模块（SM）、功能模块（FM）、通信处理器（CP）、接口模块（IM）等像积木一样堆积起来的，要求各模块的安装要符合安装规范。在安装 S7-300 之前，要学习 S7-300 PLC 的硬件结构、各模块的基本知识、特性和技术规范，掌握典型 S7-300 PLC 的硬件安装注意事项。

2.2　学习目标

（1）理解并掌握 S7-300 PLC 的硬件结构。
（2）理解并掌握中央处理器 CPU 的功能。
（3）掌握 S7-300 PLC 的硬件外观结构、CPU 模块种类。
（4）掌握信号模块、电源模块、编程器的功能及应用。
（5）了解智能 I/O 接口、通信接口、HMI 及 S7-300 PLC 的结构特点。
（6）能独立操作完成典型 S7-300 PLC 硬件的安装。
（7）掌握典型 S7-300 PLC 的硬件安装注意事项。

2.3　知识链接

SIMATIC S7 系列 PLC 是德国西门子公司于 1995 年推出的性能价格比较高的 PLC 系统。S7 系列 PLC 是在 S5 系列基础上研制出来的，SIMATIC S7 系列包括：微型 SIMATIC S7-200 系列，最小配置为 8DI/6DO，可扩展 2 ~ 7 个模块，最大 I/O 点数为 64DI/64DO、12AI/4AO；中小型 SIMATIC S7-300 系列，可扩展 32 个模块；中高档性能的 SIMATIC S7-400 系列，可扩展 300 多个模块。S7-300 是模块化 PLC 系统，能满足中等性能要求的应用。

2.3.1　S7-300 PLC 的硬件结构

S7-300 系列 PLC 采用模块化结构设计，硬件系统由电源模块（PS）、CPU 模块、接口模块（IM）、信号模块（SM）、功能模块（FM）、通信模块（CP）等组成，如图 2-1 所示。

S7-300 采用紧凑的、无槽位限制的模块化组合结构，根据应用对象的不同，可选用不同型号和不同数量的模块，并可以将这些模块安装在同一机架（导轨）或多个机架上。典型 S7-300 模块化 PLC 的硬件外观结构如图 2-2 所示。

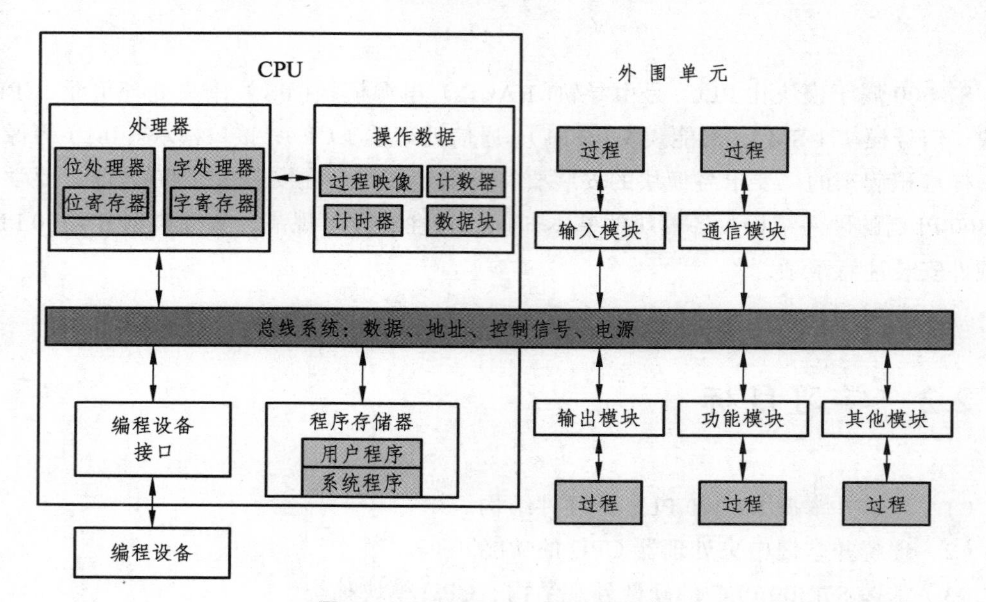

图 2-1　S7-300 PLC 的硬件结构

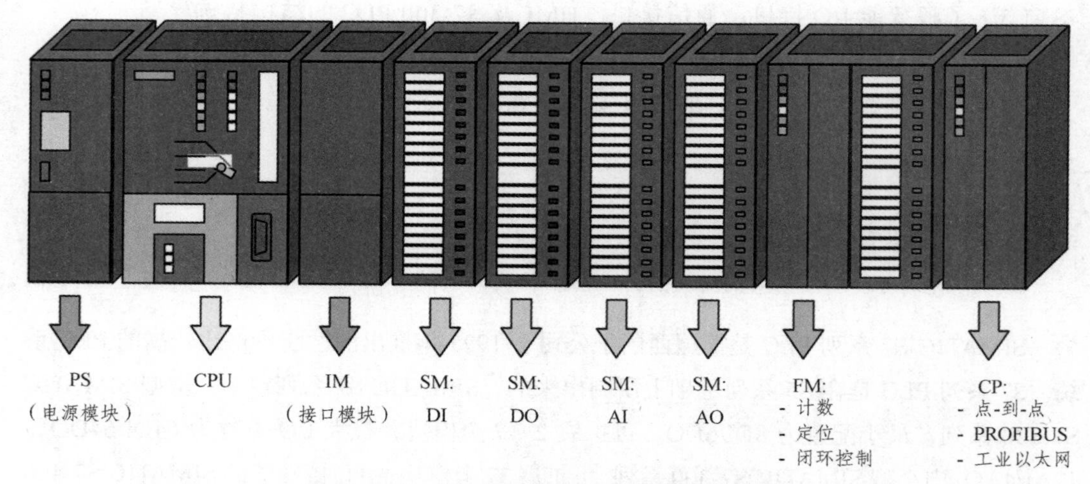

图 2-2　S7-300 模块化 PLC 的硬件外观结构

1. 导轨（RACK）

导轨是用来安装 S7-300PLC 的模块的机架，安装时只需要将模块挂在 DIN 标准导轨上，然后用螺栓固定即可。S7-300 的导轨架是特制的不锈钢或铝制异型板，它的长度有 160 mm、482 mm、530 mm、830 mm、2 000 mm 5 种，可根据实际需要选用。

2. 电源模块（PS）

电源模块为可编程序控制器供电，有交流输入和直流输入两种形式，能为 S7-300 CPU 和其他负载电路（信号模块、传感器、执行器等）提供 24 V 直流电压。

3. 中央处理单元（CPU）模块

在 PLC 控制系统中 CPU 模块相当于人的大脑，它不断地采集输入信号，执行用户程序，刷新系统的输出。

4. 信号模块（SM）

信号模块是数字量 I/O 模块和模拟量 I/O 模块的总称，它们使不同的过程信号电压或电流与 PLC 内部的信号电平匹配。

5. 功能模块（FM）

功能模块主要用于对实时性和存储容量要求高的控制任务，如定位或闭环控制。常用的功能模块有计数器模块、位置控制与位置检测、闭环控制模块等。

6. 通信处理器（CP）

通信处理器用于 PLC 之间、PLC 与计算机和其他智能设备之间的通信，可以将 PLC 接入 PROFIBUS-DP、AS-i 和工业以太网，或用于实现点对点通信等。

7. 接口模块（IM）

接口模块用于多机架配置时连接主机架（CR）和扩展机架（ER），S7-300 通过分布式的主机架和 3 个扩展机架，最多可以配置 32 个信号模块、功能模块和通信处理器。

2.3.2　CPU 模板

1. CPU 功能

（1）接收并存储用户程序和数据。

（2）诊断电源、PLC 工作状态及编程的语法错误。

（3）接收输入信号，送入数据寄存器并保存。

（4）运行时顺序读取、解释、执行用户程序，完成用户程序的各种操作。

（5）将用户程序的执行结果送至输出端。

2. CPU 分类

S7-300CPU 分为紧凑型 CPU、标准型 CPU、革新型 CPU、户外型 CPU 和故障安全型 CPU。其中，紧凑型 CPU 有 CPU 312C、CPU 313C、CPU 313C-2PtP、CPU 313C-2DP、CPU 314C-2PtP、CPU 314C-2DP；标准型 CPU 有 CPU 313、CPU 314、CPU 315、CPU 315-2DP、CPU 316-2DP；革新型 CPU 有 CPU 312（新型）、CPU 314（新型）、CPU 315-2DP（新型）、CPU 317-2DP、CPU 318-2DP；户外型 CPU 有 CPU 312 IFM、CPU 314 IFM、CPU 314（户外型）；故障安全型 CPU 有 CPU 315F、CPU 315F-2DP、CPU 317F-2DP、CPU 317T-2DP、CPU 317-2 PN/DP 等。

3. CPU 状态和故障显示 LED

SF（红色）：系统出错/故障指示灯。CPU 硬件或软件错误时，指示灯亮。

BATF（红色）：电池故障指示灯（只有 CPU313 和 314 配备）。当电池失效或未装入时，指示灯亮。

DC 5 V（绿色）：+5 V 电源指示灯。CPU 和 S7-300 总线的 5 V 电源正常时，指示灯亮。

FRCE（黄色）：强制作业有效指示灯。至少有一个 I/O 被强制状态时，指示灯亮。

RUN（绿色）：运行状态指示灯。CPU 处于“RUN”状态时，指示灯亮；LED 在“Startup”状态时，指示灯以 2 Hz 频率闪烁；CPU 在“HOLD”状态时，指示灯以 0.5 Hz 频率闪烁。

DC 5 V（+5 V 电源指示，绿色）：5 V 电源正常时，指示灯亮。

STOP（黄色）：停止状态指示灯。CPU 处于“STOP”或“HOLD”或“Startup”状态时，指示灯亮；在存储器复位时，指示灯以 0.5 Hz 频率闪烁；在存储器置位时，指示灯以 2 Hz 频率闪烁。

BUS DF（BF）（红色）：总线出错指示灯（只适用于带有 DP 接口的 CPU）。出错时，指示灯亮。

SF DP：DP 接口错误指示灯（只适用于带有 DP 接口的 CPU）。当 DP 接口故障时，指示灯亮。

4. 模式选择开关

RUN-P：可编程运行模式。在此模式下，CPU 不仅可以执行用户程序，在运行的同时，还可以通过编程设备（如装有 STEP 7 的 PG、装有 STEP 7 的计算机等）读出、修改、监控用户程序。

RUN：运行模式。在此模式下，CPU 执行用户程序，还可以通过编程设备读出、监控用户程序，但不能修改用户程序。

STOP：停机模式。在此模式下，CPU 不执行用户程序，但可以通过编程设备（如装有 STEP 7 的 PG、装有 STEP 7 的计算机等）从 CPU 中读出或修改用户程序。

MRES：存储器复位模式。该位置不能保持，当开关在此位置释放时将自动返回到 STOP 位置。将钥匙从 STOP 模式切换到 MRES 模式时，可复位存储器，使 CPU 回到初始状态。

2.3.3　存储器

1. 微存储卡（MMC）

Flash EPROM 微存储卡（MMC）用于在断电时保存用户程序和某些数据，它可以扩展 CPU 的存储器容量，也可以将有些 CPU 的操作系统保存在 MMC 中，这对于操作系统的升级是非常方便的。MMC 的读写直接在 CPU 内进行，不需要专用的编程器。由于 CPU31xC 没有安装集成的装载存储器，在使用 CPU 时必须插入 MMC，CPU 与 MMC 是分开订货的。

2. 工作存储器（RAM）

RAM 集成在 CPU 中，不能被扩展。它可用于运行程序指令，并处理用户程序数据。程序只能在 RAM 和系统存储器中运行。

3. 系统存储区

RAM 系统存储区集成在 CPU 中，不能被扩展。它包括：标志位、定时器和计数器的地址区，I/O 的过程映像和局域数据。

2.3.4　信号模块（SM）

信号模块是 PLC 与工业现场连接的接口，有输入（Input）模块和输出（Output）模块，简称为 I/O 模块，它们使不同的过程信号电压或电流与 PLC 内部的信号相匹配。

输入模块用来接收和采集现场的输入信号，输出模块用来控制输出负载，同时它们还有电平转换和隔离作用，使不同的过程信号电平和 PLC 内部的信号电平相匹配。

开关量输入/输出模块称为 DI 模块和 DO 模块，S7-300 常见的数字量输入模块有 SM321、M322 和 SM323；模拟量输入/输出模块称为 AI 模块和 AO 模块，S7-300 常见的模拟量输入模块有 SM331、SM332 和 SM334。

2.3.5　特殊模块

1. 功能模块（FM）

西门子 S7-300 功能模块是一类专用于实现某工艺功能的模块，主要有计数器模块（FM350）、定位模块（FM351）、凸轮控制模块（FM352）、闭环控制模块（FM355）等。利用这些模块可以实现 PLC 特殊的高级控制功能。

2. 通信处理模块（CP）

S7-300 系列 PLC 有多种用途的通信处理模块，常用的通信处理模块如下：CP340 用于点对点连接的通信模板，CP341 用于点对点连接的通信模板，CP343-1 用于连接工业以太网的通信模板，CP343-2 用于连接 AS 接口的通信模板，CP342-5 用于连接 PROFIBUS DP 的通信模板，CP342-5 用于连接 PROFIBUS FMS 的通信模板（如 CP342-5 DP 是为把 S7-300 系列 PLC 连接到西门子 SINEC L2 网络上而设计的成本优化的通信模块）。

2.3.6　电源模板（PS）

电源模块将输入交流电源转换为 CPU、存储器和 I/O 模块等所需要的 DC 5 V 工作电源，是整个 PLC 的能源供给中心，直接影响到 PLC 的功能和可靠性。PS307 是西门子公司为 S7-300 专配的 DC 24 V 电源。PS307 系列模块除输出额定电流不同外（有 2 A、5 A、10 A 三种），其工作原理和各种参数都相同。

2.3.7　编程设备

编程设备包括编程器和编程软件两类。使用编程器可以进行程序的编制、编辑、调试和监控。使用编程软件可以在计算机屏幕上直接生成和编辑用户程序，并且可以实现不同编程语言之间的相互转换。程序被编译后下载到 PLC，也可以将 PLC 中的程序上传到计算机。

2.3.8　接口模块（IM）

接口模块用于多机架配置时连接主机架（CR）和扩展机架（ER）。使用 IM360/361 接口模块可以扩展 3 个机架，主机架使用 IM360，扩展机架使用 IM361，最多可以配置 32 个信号模块、功能模块和通信处理器。对于双层组态，常用硬连线的 IM 365 接口模块，采用 IM 365、两层机架，机架之间电缆最大长度可达 1 m；采用 IM 360 / 361、多层机架，机架之间电缆最大长度可达 10 m。

2.3.9 通信接口

（1）MPI 接口：多点接口 MPI（Multipoint Interface）是用于连接 CPU 和 PG/OP 的接口，或用于 MPI 子网中的通信接口，一般传输速率为 187.5 kb/s。如果与 S7-200 进行通信，也可以指定 19.2 kb/s 的传输速率。

（2）PROFIBUS-DP 接口：PROFIBUS-DP 用于创建大型、扩展子网。例如：PROFIBUS-DP 接口既可组态为主站，也可组态为从站，传输速率可达 12 Mb/s。

（3）PtP 接口：可在 CPU 上使用 PtP（点到点）接口，来连接外部设备至串口，如条形码阅读器、打印机等。对于全双工（RS422）模式，波特率为 19.2 kb/s；对于半双工（RS485）模式，波特率为 38.4 kb/s。

2.3.10 S7-300 模块地址配置

S7-300 系统的 I/O 模块分为模拟量和数字量两种类型，每个模块包含若干个通道。模块上任何通道均配置独立的地址，应用程序则根据地址实现对它们的操作。

1. 数字量 I/O 模块

每个通道的地址占用 1 bit，数字量模块最大为 32 通道，模块地址占 4 Byte。

S7-300 的开关量地址由地址标识符\地址的字节部分和位部分组成。地址标识符 I 表示输入，Q 表示输出，M 表示存储器存储器地址。例如，I1.5 是一个数字量输入地址，1 表示字节地址，小数点后 5 表示字节 1 中的第 5 位，I1.0~I1.7 组成一个输入字节 IB1。开关量的寻址除了按位寻址，还可以按字节、按字及双字寻址，具体数字量地址由在机架及模块的位置有关。数字量的起始地址从 0.0 开始到 127.7，共可占用 128 Byte，也就是 32 个模块。S7-300 数字量模板的默认地址如图 2-3 所示。

	1	2	3	4	5	6	7	8	9	10	11
机架3	PS		IM（接收）	96.0 To 99.7	100.0 To 103.7	104.0 To 107.7	108.0 To 111.7	112.0 To 115.7	116.0 To 119.7	120.0 To 123.7	124.0 To 127.7
机架2	PS		IM（接收）	64.0 To 67.7	68.0 To 71.7	72.0 To 75.5	76.0 To 79.7	80 To 83.7	84.0 To 87.7	88.0 To 91.7	92.0 To 95.7
机架1	PS		IM（接收）	32.0 To 35.7	36.0 To 39.7	40.0 To 43.7	44.0 To 47.7	48.0 To 51.7	52.0 To 55.7	56.0 To 59.7	60.0 To 63.7
机架0	PS	CPU	IM（发送）	0.0 To 3.7	4.0 To 7.7	8.0 To 11.7	12.0 To 15.7	16.0 To 19.7	20.0 To 23.7	24.0 To 27.7	28.0 To 31.7

图 2-3 S7-300 数字量模板的默认地址

2. 模拟量 I/O 模块

每个模拟量地址为一个字地址（2 Byte），模拟量模块最大为 8 通道，模拟地址占

16 Byte。

对于模拟量模块，是以通道为单位，一个通道占用一个字地址，也就是两个字节。例如，模拟量输入通道IW460由IB460和IB461两个字节组成。S7-300为模拟量模块保留了专用的地址区域，字节地址范围为IB256到IB767，可以用装载指令和传送指令直接访问模拟量模块。一个模块最多8个通道，每个通道分配2个字节即16位地址。S7-300模拟量模板的默认地址如图2-4所示。

机架	1	2	3	4	5	6	7	8	9	10	11
机架3	PS		IM（接收）	640 To 654	656 To 670	672 To 686	688 To 702	704 To 718	720 To 734	736 To 750	752 To 766
机架2	PS		IM（接收）	512 To 526	528 To 542	544 To 558	560 To 574	576 To 590	592 To 606	608 To 622	624 To 638
机架1	PS		IM（接收）	384 To 398	400 To 414	416 To 430	432 To 446	448 To 462	464 To 478	480 To 494	496 To 510
机架0	PS	CPU	IM（发送）	256 To 270	272 To 286	288 To 302	304 To 318	320 To 334	336 To 350	352 To 366	368 To 382

图2-4　S7-300模拟量模板的默认地址

2.4　项目解决

步骤1：画出S7-300 PLC的硬件结构图。

步骤2：讲述CPU模板的功能及分类。

步骤3：讲述存储器区域、电源（PS）模板PS307、接口模块（IM）及通信接口的功能及应用。

步骤4：讲述S7-300模块地址配置的方法。

巩固练习2

1. CPU模块的作用有哪些？
2. S7-300系列PLC主要由哪几类模块构成？
3. 装载存储器和工作存储器各有什么作用？它们的区别是什么？
4. 信号模块是哪些模块的总称？
5. 数字量输入模块有哪几种类型？它们各有什么特点？
6. 交流数字量输入模块与直流数字量输入模块分别适用于什么场合？
7. 简述RUN方式和RUN-P方式有何区别？

8. 简述复位存储器的操作方法。

9. S7-300 系列 PLC 的扩展模块主要有哪几类？

10. S7-300 PLC 有哪些内部元器件？各元件地址分配和操作数范围怎么确定？

11. S7-300 PLC 的信号模块有哪几种形式？

12. 一个控制系统需要 15 点数字量输入、24 点数字量输出、10 点模拟量输入和 3 点模拟量输出，试选择合适的输入/输出模块，并分配 I/O 地址。

项目 3　认识编程软件及硬件组态

3.1　项目要求

利用 STEP 7 编程软件完成 S7 新建项目，根据实训室设备进行硬件组态，并完成将组态下载到仿真软件 PLCSIM 及 PLC 设备中。

3.2　学习目标

（1）学习并掌握 STEP 7 标准软件包的使用。
（2）学习并掌握硬件组态的操作过程。
（3）学习并掌握 S7-PLCSIM 仿真器的使用。
（4）学习并掌握默认地址的分配含义、修改及使用。
（5）学习并掌握 S7 程序下载到 PLC 的方法。

3.3　知识链接

3.3.1　STEP 7 标准软件包的组成

STEP 7 是一种用于 SIMATIC S7-300/SIMATIC S7-400、SIMATIC M7-300/ SIMATICM7-400 及 SIMATIC C7 组态和编程的标准软件包，该软件支持在线调试和离线编程，能够对 PLC 程序在线上传和下载。STEP 7 软件包包含一系列应用程序，STEP 7 软件包的结构如图 3-1 所示。

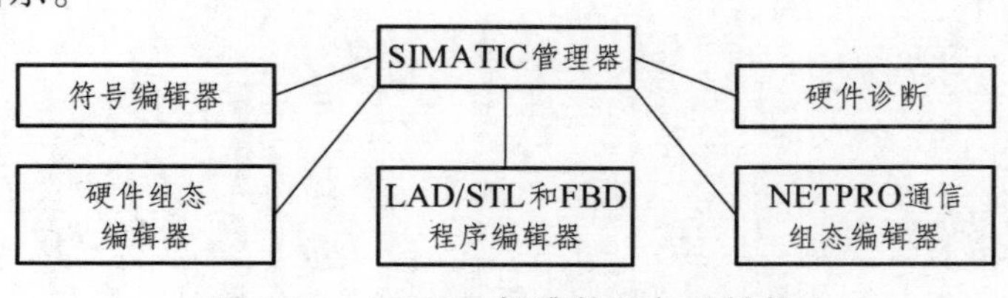

图 3-1　STEP7 标准软件包的结构

3.3.2 SIMATIC 管理器

SIMATIC 管理器（SIMATIC Manager）是用于组态和编程的基本应用程序。它集成一个自动化工程的全部数据，允许分布式的读写各个工程的用户数据，能够通过 SIMATIC 管理器打开其他工具。STEP 7 安装完成后，通过 Windows 的“开始”→“SIMATIC”→“SIMATIC Manager”菜单命令，或双击桌面图标启动 SIMATIC 管理器。SIMATIC 管理器窗口如图 3-2 所示。

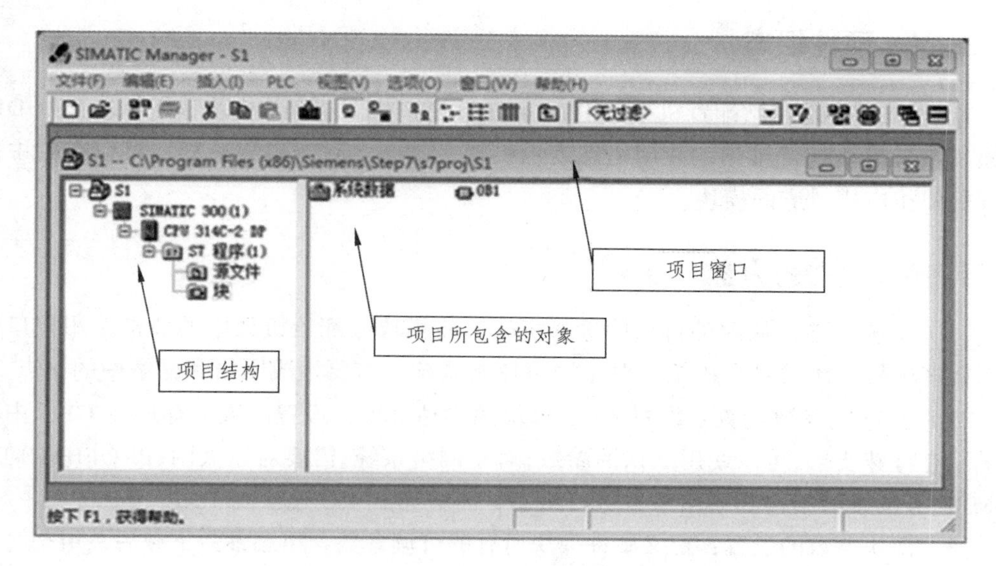

图 3-2 SIMATIC 管理器窗口

3.3.3 STEP 7 项目创建

在 STEP 7 中，用项目来管理一个自动化系统的硬件和软件，STEP 7 通过使用 SIMATIC 管理器对项目进行集中管理，它可以方便浏览 SIMATIC S7、C7 和 WinAC 的数据。因此，掌握项目创建的方法就非常重要，项目创建方法有两种：使用向导创建项目和直接创建项目。

1. 使用向导创建项目

首先双击桌面上的 STEP 7 图标，进入 SIMATIC Manager 窗口，进入主菜单“文件”，选择“‘新建项目’向导”，弹出标题为“STEP 7 向导：新项目向导”的小窗口。

（1）点击“下一步”按钮，在新项目中选择 CPU 模块的型号为 CPU 314-2DP。

（2）点击“下一步”按钮，选择需要生成的逻辑块，至少需要生成作为主程序的组织块 OB1，选择所选块的编程语言 LAD。

（3）点击“下一步”按钮，输入项目的名称，点击“完成”按钮生成项目。

生成项目后，可以先组态硬件，然后生成软件程序；也可以在没有组态硬件的情况下，先生成软件程序。

2. 直接创建项目

进入主菜单“文件”，选择“新建”，在对话框中分别输入“文件名”“目录路径”等内容，并点击“确定按钮”，完成一个空项目的创建工作。

3.3.4　硬件组态

“组态”指的是在站配置机架（HW Config）窗口中对机架、模块、分布式 I/O（DP）机架及接口模块进行排列。使用组态表示机架，就像实际的机架一样，可以在其中插入该机架相应槽对应的模块。

1. 硬件组态的内容

（1）系统组态：从硬件目录中选择机架，将模块分配给机架中的插槽；用接口模块连接多机架系统的各个机架；对于网络控制系统，需要生成网络和网络中的站点。

（2）CPU 的参数设置：设置 CPU 模块的多种属性，设置的数据存储在 CPU 中；如果没有特殊要求，可以使用默认的参数；对于网络系统，需要对以太网、PROFIBUS-DP 和 MPI 等网络的结构和通信参数进行组态，将分布式 I/O 连接到主站。

（3）模块参数的设置：定义硬件模块所有的可调参数，组态参数下载后，组态时设置的 CPU 参数保存在系统数据块 SDB 中，CPU 之外的其他模块的参数保存在 CPU 中。

2. 直接创建项目的硬件组态

（1）插入硬件工作站。

在 SIMATIC Manager 窗口，选中菜单“插入”→“站点”→“SIMATIC 300 站点”，或者用鼠标右键点击项目名称，在下拉列表菜单中选中“插入新对象”→“SIMATIC 300 站点”就可以在当前项目下插入一个新的硬件站。

（2）手动创建项目的硬件组态。

在 SIMATIC Manager 窗口，选中硬件工作站，并且选择菜单“编辑”→“打开对象”，或者双击 Hardware（硬件）图标，就可以打开硬件组态窗口，如图 3-3 所示。

进入硬件组态界面，STEP 7 软件中的硬件组态编辑器为用户提供组态实际 PLC 硬件系统的编辑环境，可将电源模板、CPU 模板和信号模板等设备插入到相应机架（导轨）上，并对 PLC 各个硬件模板的参数进行设置和修改，如图 3-4 所示。

组态的硬件必须与 PLC 导轨上的 PLC 元器件订货号相符合（订货号标识在元器件的下方），依次分别插入机架（RACK）、电源（PS）、CPU、输入（DI）（AI）、输出模块（DO）（AO）等。

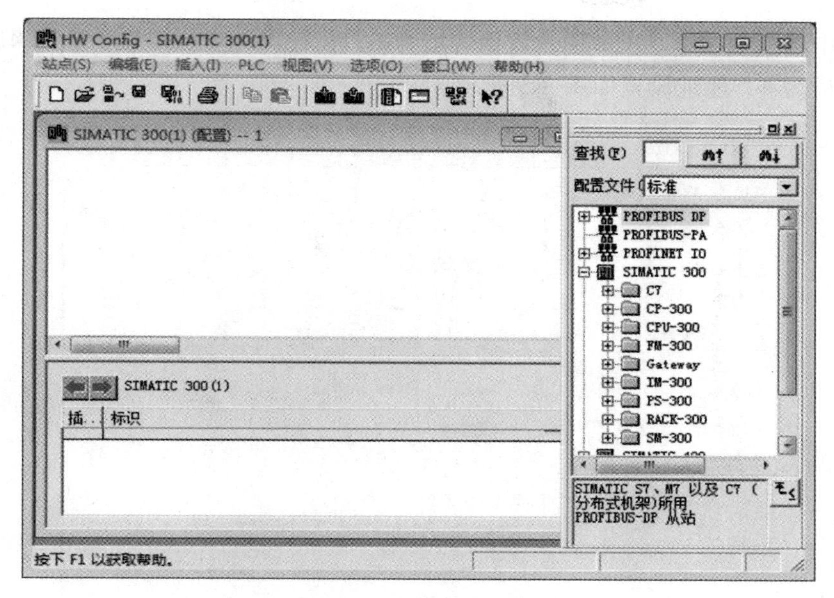

图 3-3　硬件组态界面

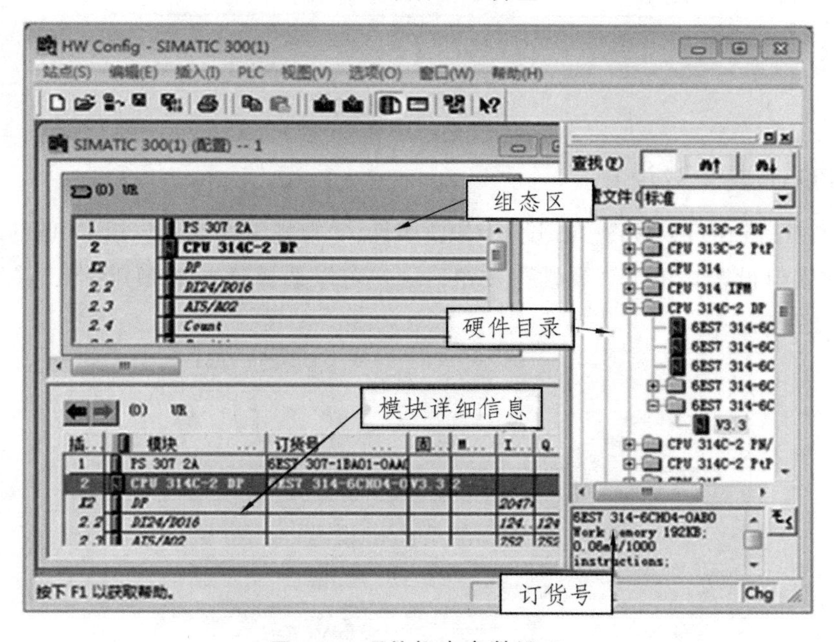

图 3-4　硬件组态参数设置

3.3.5　主要参数设置

1. 地址设置

模块地址可以是系统默认设定，也可以由你来设定地址。双击输入输出模块所在的插槽“DI24/DO16”，将“系统默认（System Selection）”选择项的“✓”去掉，在输入地址栏中输入数字 0，表示输入起始地址为 0；在输出地址栏中输出数字 4，表示输出起始地址为 4，地址设置如图 3-5 所示。

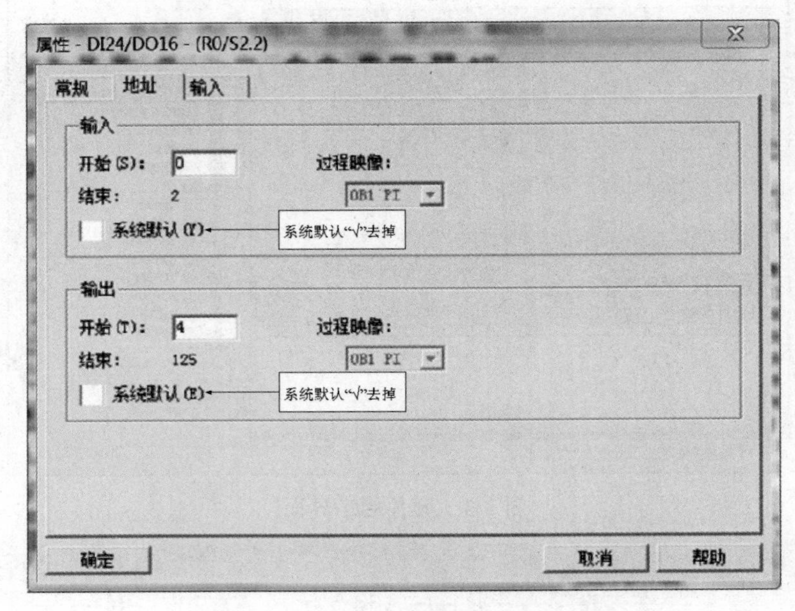

图 3-5　地址设置

2. CPU 主要参数设置

双击 CPU 所在行，按图 3-6 设置 CPU 属性，“常规”属性页包括 CPU 的基本信息和 MPI 的接口设置。单击“属性”按钮，用户可以选择建立 MPI 网络，并设置 MPI 通信速率等参数。

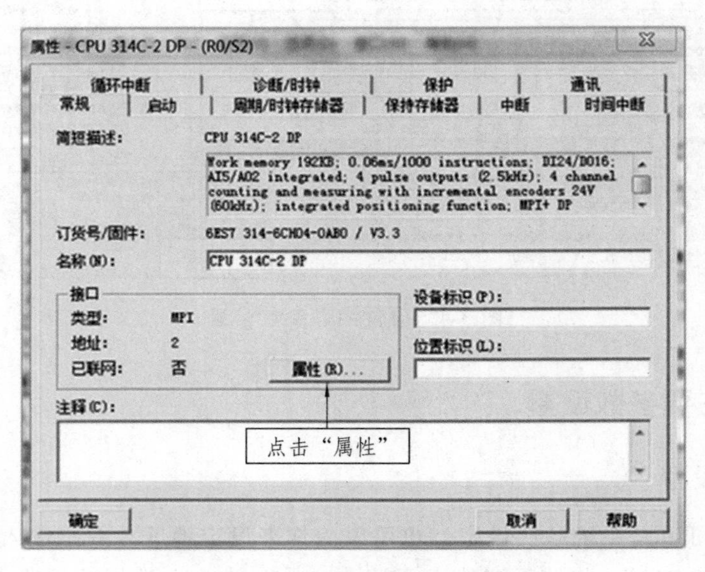

图 3-6　CPU 主要参数设置

（1）常规选项。

在常规选项卡页面，包括了 CPU 的基本信息和 MPI 的接口参数设置，单击常规选项卡，将会弹出 MPI 接口属性设置界面，在这里默认设置 MPI 传输波特率是 187.5 kb/s，MPI 地址为 2。

（2）周期/时钟存储器。

时钟存储器各位的周期及频率如表 3-1 所示，设置“扫描周期监视时间”和“来自通信的扫描周期负载”，当 CPU 循环系统小于扫描周期监视时间，则 CPU 将延时到达此时间后才开始下一次 OB1 的执行，否则，CPU 停机。

表 3-1　时钟存储器各位的周期及频率

位	7	6	5	4	3	2	1	0
周期	2	1.6	1	0.8	0.5	0.4	0.2	0.1
频率/Hz	0.5	0.625	1	1.25	2	2.5	5	10

（3）启动特性设置。

在 CPU 属性对话框中，单击启动选项卡，可以设置启动特性，其他设置类似。

3. 保存与编译

组态正确后进行存盘编译，顺利通过编译后，点击“下载”，出现“可访问的节点”窗口，单击“（显示）View”按钮，在“可访问的节点（Accessible Nodes）”中显示出当前可连接的节点，此时只有一个（MPI=2）。在编程电缆通信正常的情况下，单击将硬件组态内容下载到 PLC 中。

3.3.6　程序编辑器（LAD/STL/FBD）

程序编辑器集成了梯形图 LAD、语句表 STL 和功能块图 FBD 三种编程语言，可以在此进行程序的输入、编辑、调试、保存等功能。程序编辑器界面如图 3-7 所示。

1. 编程原件列表

编程原件列表区根据当前使用的编程语言自动显示相应的编程原件，用户可通过鼠标左键选中，按住左键将原件拖到要放置的程序编辑区，也可以双击元件，将其加入程序区。程序编辑器如图 3-7 所示，用户可以用三种语言在该编辑区编辑程序，编辑区分为多个程序段，划分程序段可以让编程的思路和程序的结构更加清晰。一般情况下，建议一个程序段可以完成一个功能。在工具栏上左键单击插入“新程序段”按钮就可以插入新程序段。

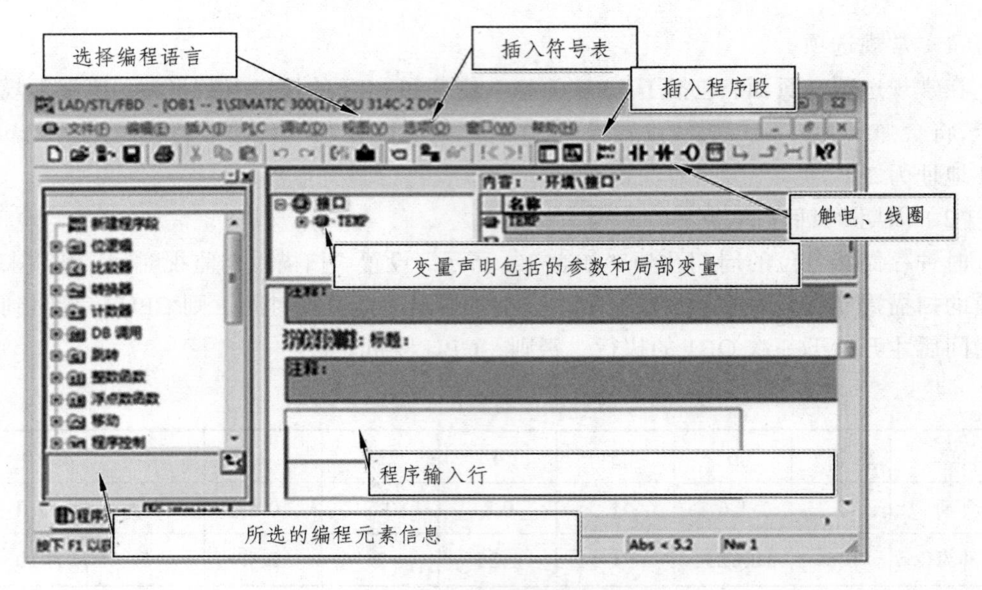

图 3-7　程序编辑器

2. 编程语言

STEP 7 软件的标准版支持 LAD（梯形图）、STL（语句表）和 FBD（功能块图）三种基本编程语言，并且在 STEP 7 中可以相互转换。STEP 7 软件专业版附加对 GRAPH（顺序功能图）、SCL（结构化控制语言）、HiGraph（图形编程语言）、CFC（连续功能图）等编程语言的支持。

（1）梯形图（LAD）。

LAD（梯形图）是一种图形语言，比较形象直观，容易掌握，用得最多，堪称用户第一编程语言。梯形图与继电器控制电路图的表达方式极为相似，适合于熟悉继电器控制电路的用户使用，特别适用于数字量逻辑控制。

梯形图由触点、线圈或指令框组成，触点代表逻辑输入条件，如外部的开关、按钮、传感器和内部条件等输入信号；线圈代表逻辑运算的结果，常用来控制外部的输出信号（如指示灯、交流接触器和电磁阀等）和内部的标志位等；指令框用来表示定时器、计数器和数学运算等功能指令。

梯形图左、右的垂直线称为左右母线，梯形图从左母线开始，经过触点和线圈，终止于右母线。触点闭合可以使能量流过到下一个元件；触点断开将阻止能量流过，这种能量流称为能流。

（2）语句表（STL）。

STL（语句表）是一种类似于计算机汇编语言的一种文本编程语言，由多条语句组成一个程序段。语句表可供习惯汇编语言的用户使用，在运行时间和要求的存储空间方面最优。在设计通信、数学运算等高级应用程序时建议使用语句表。

（3）功能块图（FBD）。

FBD（功能块图）使用类似于布尔代数的图形逻辑符号来表示控制逻辑，一些复杂的功能用指令框表示。一般用一个指令框表示一种功能，框内的符号表达了该框图的运算功能，框的左边画输入、右边画输出，框左边小圆圈表示对输入变量取反，框的右边的小圆圈表示对运算结果再进行非运算。FBD 比较适合于有数字电路基础的编程人员使用。

（4）顺序功能图（GRAPH）。

顺序功能图（GRAPH）类似于解决问题的流程图，用来编制顺序控制程序，利用 S7-GRAPH 编程语言，可以清楚快速地组织和编写 S7 PLC 系统的顺序控制程序。

3.3.7　符号编辑器

在每个程序段或网络下均存在符号编辑器（即符号表）。该编辑器设定输入 / 输出信号、位存储和块的符号名（地址的替代）和注释，这样的符号表是对全局有效的，其符号名与地址一一对应。

（1）在编辑器窗口下，选中“选项”→“符号表”，就可以打开符号表，如图 3-8 所示。

（2）在 SIMATIC Manager 窗口下，选中 S7 程序，在右边的窗口下会出现符号表图标，双击该图标也可打开符号表。

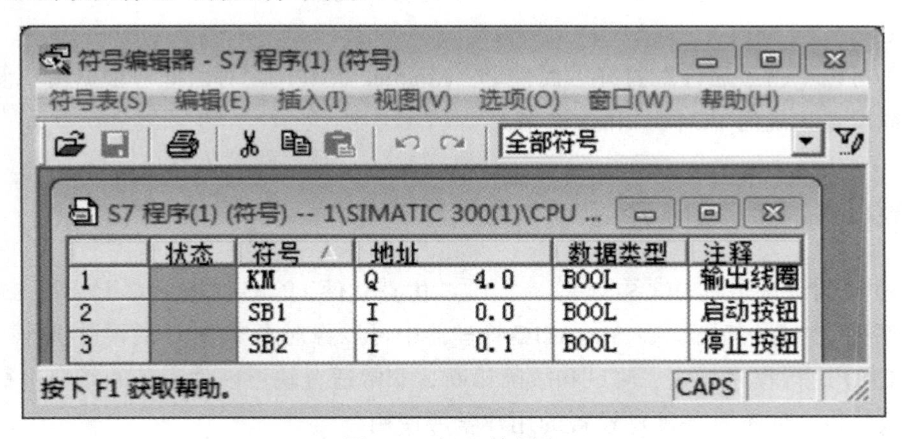

图 3-8　打开符号表

3.3.8　通信组态

通信组态用来组态整个项目中的网络，包括以下功能：选择建立通信网络的类型（如 MPI、PROFIBUS、工业以太网等）、选择网络上连接的站点类型、设置通信连接、网络组态及通信连接等。对于 PROFIBUS-DP 主 / 从站通信，在硬件配置界面中直接配置，在网络配置界面中加入 PG/PC，可以在整个通信网络中跨网络编程。设置“设置 PG/PC 接口”对话框中的 PC/PG 接口参数，方法如下：

（1）“应用程序访问点”设置为“S7ONLINE”，如图 3-9 所示。

图 3-9　“应用程序访问点”设置

（2）在“所分配的接口参数集”的表中，选择所需接口参数为“PC Adapter（MPI）”或者为 CP5611（MPI）。

（3）可以单击“属性”打开“属性 PC Adapter（MPI）”对话框，根据用户使用的编程电缆设置正确的 PC 接口和传输率。

3.3.9　S7-PLCSIM 介绍

STEP 7 的可选工具 PLCSIM 是一个 PLC 仿真软件，能够在 PG/PC 上模拟 S7-300、S7-400 系列 CPU 的运行。在 SIMATIC 管理器中可以像对真实 PLC 的硬件操作一样，对模拟 CPU 进行程序下载、测试和故障诊断，非常适合缺乏硬件设备的场合进行前期工程调试，也方便不具备硬件设备的用户学习使用。

1. 启动 S7-PLCSIM 仿真软件

要启动仿真，可以在 SIMATIC 管理器中，执行菜单命令“选项”→“仿真模块”，或单击图标，打开/关闭仿真功能，此时系统会自动装载仿真的 CPU。S7-PLCSIM 仿真软件应用窗口如图 3-10 所示。

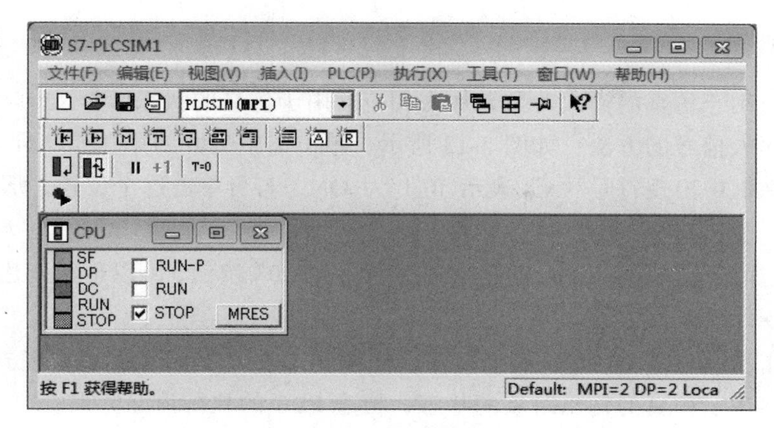

图 3-10 S7-PLCSIM 软件应用窗口

2. 选择仿真对象

在 S7-PLCSIM 应用窗口中设置有仿真对象选择快捷按钮，用于指定与显示仿真对象，按钮布置如图 3-11 所示。

图 3-11 按钮布置

按钮自左向右，对应按钮所打开的仿真对象依次为：输入、输出、标志寄存器、定时器、计数器、通用变量、垂直显示的位变量、嵌套堆栈、CPU 累加器、块寄存器。

单击相应的仿真对象选择快捷按钮，可以出现仿真对象显示。例如，单击输入、输出按钮，仿真对象显示如图 3-12 所示。

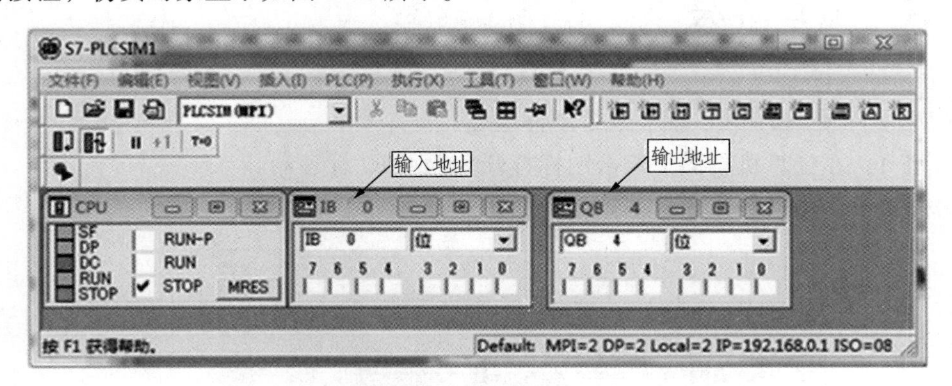

图 3-12 仿真对象显示

3. 下载项目到 S7-PLCSIM

设置与项目中相同的 MPI 地址（一般默认 MPI 地址为 2），在项目窗口内选择要下载的工作站，然后在 STEP7 软件中单击下载按钮，将已经编译好的项目下载到 S7-PLCSIM。

4. 调试程序

（1）单击用于仿真的输入对象，加入相应的用于仿真的状态信号。

①模拟输入信号的方法：如图 3-13 所示，单击图中 IB0 的第 1 位（即 I0.1）处的单选框，则在框中出现符号“√”表示 I0.1 为 ON，若再单击这个位置，那么“√”消失，表示 I0.1 为 OFF。

②模拟定时器定时的方法：直接单击图中的“T=0”按钮，可以迅速到达计时时间，如图 3-14 所示。

（2）单击仿真 PLC 的 CPU 模拟面板，使得 PLC 处于运行（RUN）模式。

（3）观察用于仿真的输出对象的状态，检查 PLC 的执行情况。

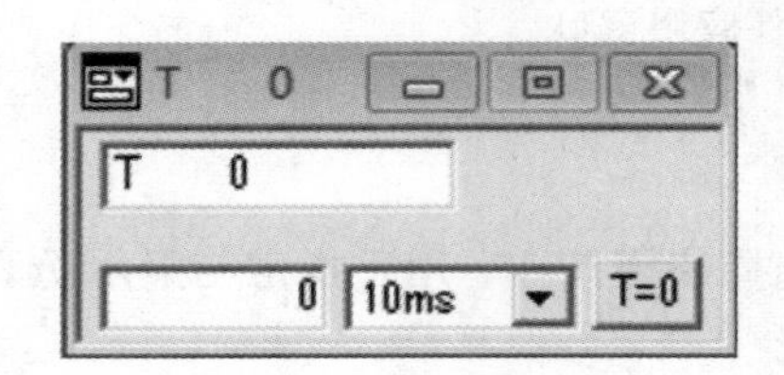

图 3-13　模拟输入信号

图 3-14　模拟定时器定时

4. 结果保存

退出仿真软件时，可以保存仿真时生成的 LAY 文件及 PLC 文件，便于下次仿真这个项目时可以直接使用本次的各种设置。

3.4　项目解决

根据实际使用的 PLC 模板进行硬件组态。

步骤 1：在计算机桌面上双击图标打开 SIMATIC 管理器。

步骤 2：单击“新建项目”按钮，如图 3-15 所示。

图 3-15　新建项目

步骤 3：将新建项目命名为“S1”。在项目名称“S1”上面单击右键，选择插入对象，SIMATIC 300 站点上单击左键选择它，如图 3-16 所示。双击“SIMATIC 300 站点”，然后双击“硬件”，出现硬件组态界面。

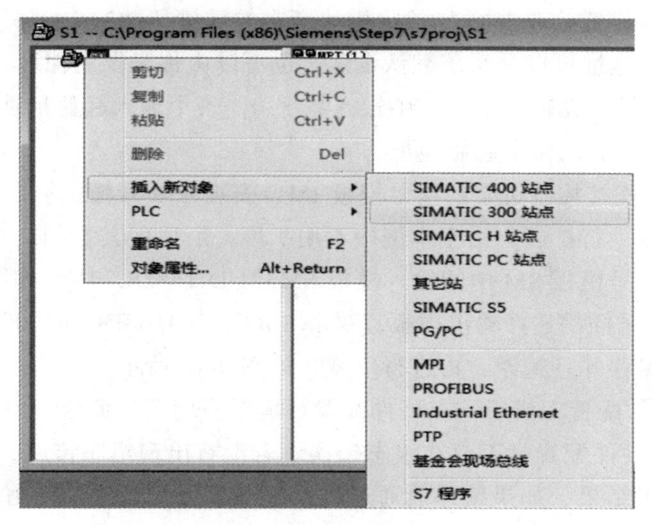

图 3-16　插入 SIMATIC 300 站点

步骤 4：双击 Rail，显示（0）UR（即 0 号导轨或机架），在 1 号插槽上单击使其变成深蓝色。

步骤 5：选中 1 号槽位，再双击电源模板 PS 307 2A，选择电源模板，注意订货号是模板之间根本区别的标志，如图 3-17（配置电源模块）所示。

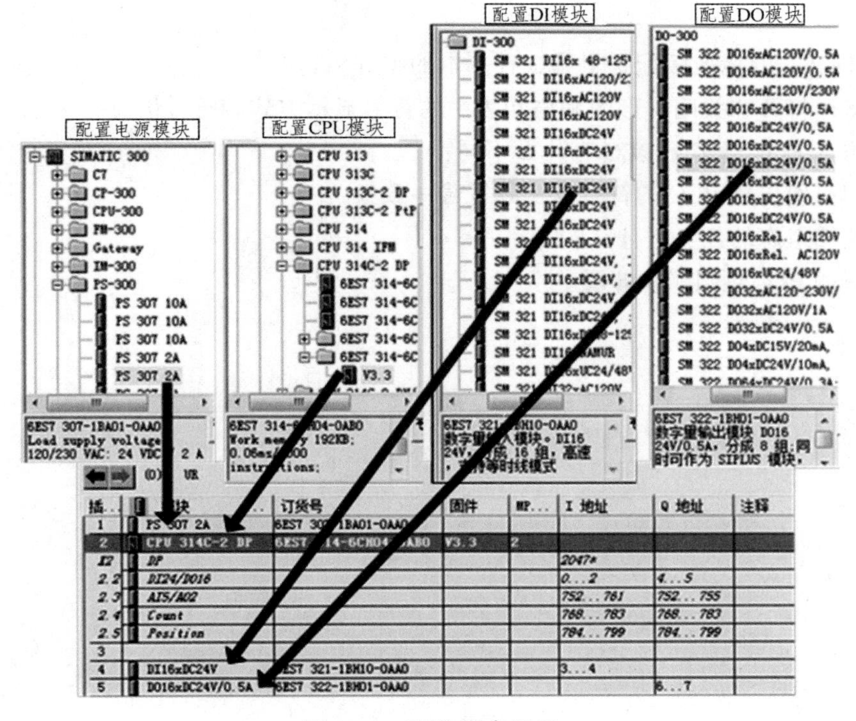

图 3-17　硬件组态设置

步骤 6：选中 2 号槽位，双击 CPU 模板 CPU314C-2DP 的 V3.3 版本，如图 3-17 所示。

步骤 7：地址设置，双击输入/输出模块所在的插槽“DI24/DO16”，出现如图 3-5 所示的界面。模块地址可以是系统默认设定，也可以由你来设定地址。将“系统默认”选择项的“✓”去掉，在输入地址栏中输入数字 0，表示输入起始地址为 0；在输出地址栏中输入数字 0，表示输出起始地址为 4。

步骤 8：用于连接控制机架的接口模板 IM，安装在 3 号槽位上。如果一个机架不够用，通过它可以进行扩展，由于本例中不用扩展，所以使其空闲。在 4 号插槽选择输入模板，双击信号模板 SM 中的输入模板 SM321 DI16×DC24V，如图 3-17 所示。

步骤 9：在 5 号插槽选择输出模板，双击 SM322 DO16×DC24V/0.5A，如需其他模板，方法类似。保存并且编译，再进行下载，如图 3-17 所示。

步骤 10：硬件配置完成后，在硬件配置环境下使用菜单命令“站点”→“一致性检查”，可以检查硬件配置是否存在组态错误。若没有出现组态错误，可以单击保存并编译硬件配置结果，如果编译能通过，系统会自动在当前工作站 SIMATIC300（1）上插入一个名称为“S1”文件夹。组态正确后进行存盘编译，顺利通过编译后，点击下载，在编程电缆通信正常的情况下，将硬件组态内容下载到 PLC 中。

巩固练习 3

1. STEP 7 的标准版配置了哪 3 种基本的编程语言？
2. 怎样打开和关闭梯形图和语句表中的符号显示方式和符号信息？
3. 仿真 PLC 与实际 PLC 有什么不同？
4. 如何使仿真 PLC 的符号与实际符号一致？
5. 硬件组态的任务是什么？
6. 简述 PLC 项目解决步骤。

项目 4　电动机启停 PLC 控制程序设计与调试

4.1　项目要求

当按下启动按钮 SB1，电动机接触器 KM 线圈接通得电，主触点闭合，电动机 M 启动运行。当按下停止按钮 SB2，电动机接触器 KM 线圈断开失电，主触点断开，电动机 M 停止运行。电动机启停 PLC 控制示意图如图 4-1 所示。

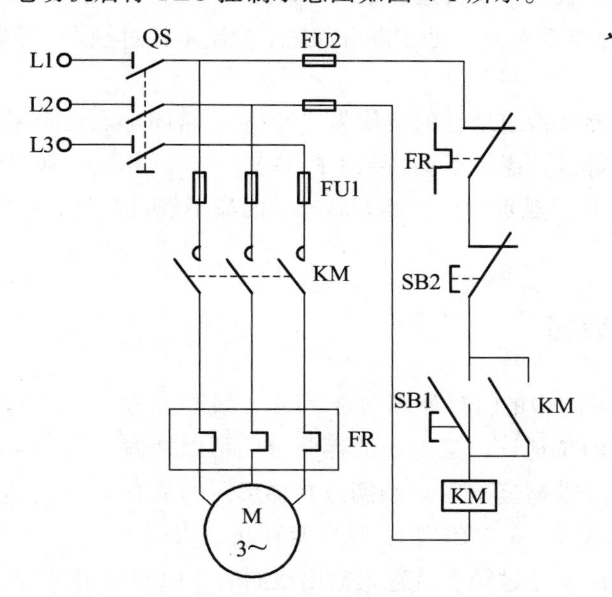

图 4-1　电动机启停 PLC 控制示意图

4.2　学习目标

（1）初步了解 PLC 的基本工作原理。

（2）学习并掌握常开、常闭触点及输出线圈的概念及使用方法。

（3）学习并掌握 PLCSIM 仿真软件的使用方法。

（4）学习并掌握 PLC 程序的状态监控流程。

（5）能独立完成电动机启停 PLC 控制程序设计与调试。

4.3　知识链接

4.3.1　常开触点和常闭触点

常开触点和常闭触点在梯形图中的符号如图 4-2 所示，触点上方的问号表示要输入的位地址，位地址的存储单元可以是输入继电器 I、输出继电器 Q、位存储器 M 等。触点指令放在线圈的左边，其数据类型是 BOOL（布尔型），只有两种状态。

??.?　　　　??.?

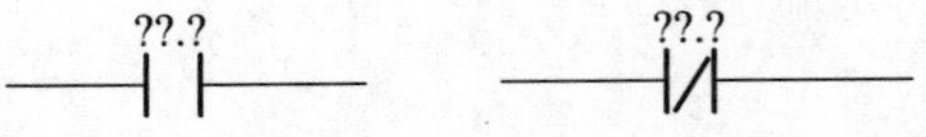

（a）常开触点符号　（b）常闭触点符号

图 4-2　常开常闭触点符号图

当常开触点存储在指定地址的位值为“1”时，常开触点处于闭合状态，这时候梯形图轨道能流流过触点，逻辑运算结果（RLO）=“1”。相反，如果常开触点指定地址的位值为“0”时，常开触点将处于断开状态，能流不经过触点，逻辑运算结果（RLO）=“0”。

当常闭触点存储在指定地址的位值为“0”时，常闭触点处于闭合状态，这时候梯形图轨道能流流过触点，逻辑运算结果（RLO）=“1”。相反，如果常闭触点指定地址的位值为“1”时，常闭触点将处于断开状态，能流不经过触点，逻辑运算结果（RLO）=“0”。

4.3.2　输出线圈

输出线圈在梯形图中的符号如图 4-3 所示，线圈上方的问号表示要输入的位地址，位地址的存储单元可以是输出继电器 Q、位存储器 M 等。输出线圈放在梯形图的最右边，其数据类型是 BOOL（布尔型），只有两种状态。

??.?

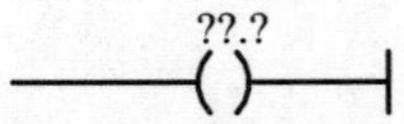

图 4-3　输出线圈符号图

当梯形图中的能流经过触点后进入输出线圈时（RLO=1），线圈地址的位值将置为“1”；如果没有能流通过输出线圈（RLO=0），线圈地址的位值将置为“0”。

特别注意，在程序编写中同一个地址的输出线圈只能出现一次，并且输出线圈的位地址不能是输入继电器 I 的类型。

4.3.3　程序的状态监控

STEP 7 提供了各种用于调试和监控程序的工具。对于程序状态监控和显示，需满足以下要求：①必须存储了没有语法错误的程序，并已将它们下载到 CPU；②CPU 正在运行并且用户程序正在执行；③块必须在线打开。

在 LAD/STL/FBD 程序编辑器中，单击工具栏上眼镜样子的按钮 66'，可以进入程序监视状态。对于程序状态显示默认颜色代码为：绿色连续线表示状态满足（即有"能流"流过）、蓝色点线表示状态不满足（没有"能流"流过）、黑色连续线表示状态未知。

本项目 4.4 部分内容将通过实例来讲解程序状态监控的具体应用方法。

4.3.4　STEP 7 与 PLC 通信

要实现编程设备（即计算机）与 PLC 之间的数据传输，首先应正确安装 PLC 硬件模块，然后通过编程电缆将 PLC 与 PG/PC 连接起来。其中，PC/MPI 适配器的应用最广泛。

PC/MPI 适配器用于连接安装 STEP 7 的计算机的 RS-232C 接口和 PLC 的 MPI 接口或 PROFIBUS-DP 接口。在 SIMATIC 管理器中执行菜单命令"选项"的"设置 PG/PC 接口"，进入 RS-232C 和 MPI 接口参数设置对话框，选择 PC Adapter MPI 选项，单击"属性"按钮，如图 4-4 所示。由于适配器的 MPI 口波特率固定为 187.5 kbit/s，需在属性对话框中选此波特率（已默认）。

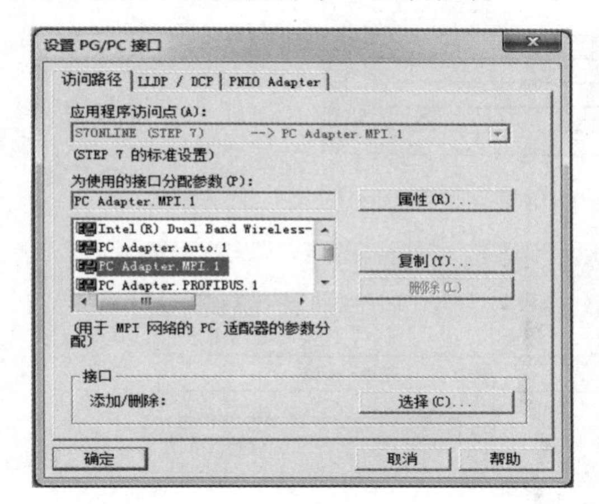

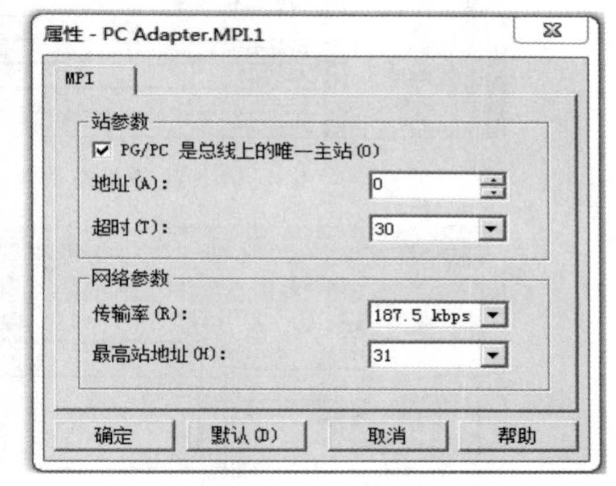

图 4-4　设置 PG/PC 接口

此外 PC/MPI 适配器上有一个选择传输率的开关，可选择 19.2 kbit/s 或 38.4 kbit/s 两种传输率。本地连接传输率设置的传输速率应与适配器选择开关设置的传输速率相同，可在 PC Adapter MPI 的"属性"→"本地连接"对话框中进行设置。

4.3.5　下　载

下载是指 STEP 7 可以把用户的组态信息和程序下载到 PLC 的 CPU 中去，S7-300PLC 程序的下载包括硬件组态 HW Config 界面下载、程序编辑器 LAD/STL/FBD 界面下载、管理器 SIMATIC 界面下载 3 个类型，它们都是通过菜单中的按钮完成的，如图 4-5 所示。其中管理器中的 SIMATIC300（1）站点下载包括程序块、系统数据中的硬件组态和网络组态等信息下载。

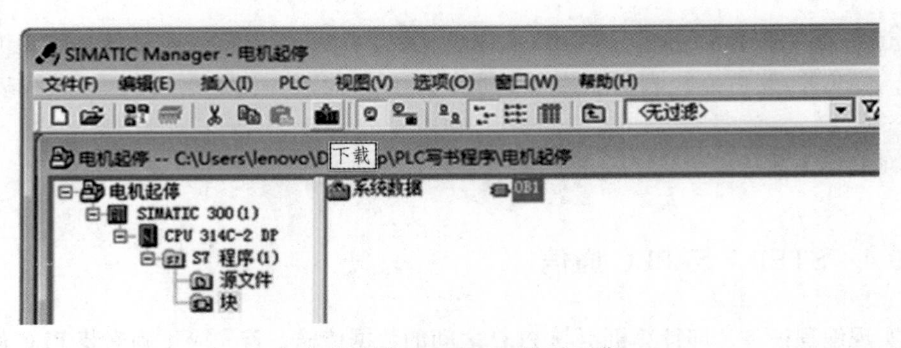

(a) 管理器 SIMATIC 界面下载

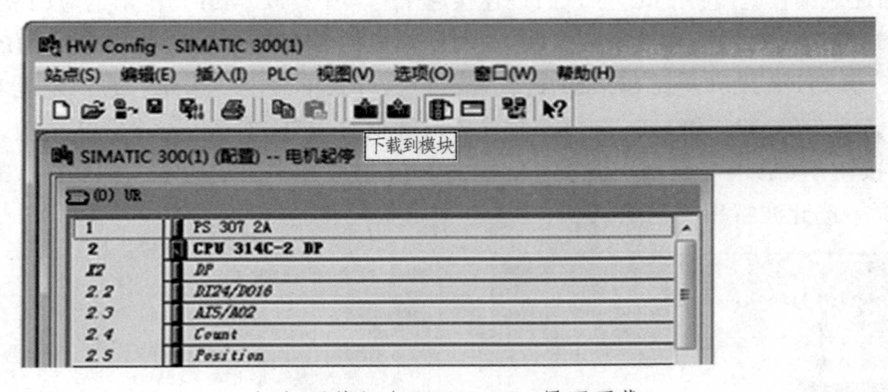

(b) 硬件组态 HW Config 界面下载

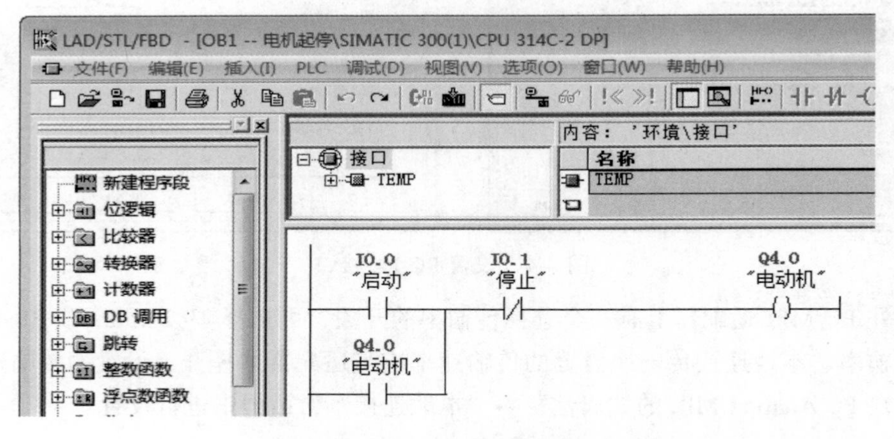

(c) 程序编辑器 LAD/STL/FBD 界面下载

图 4-5　STEP 7 下载示意图

在下载过程中，STEP 7 会提示用户处理相关信息，如是否要删除模块中的系统数据并采用离线系统数据代替、OB1 已经存在是否覆盖及是否停止 CPU 等，用户应该按照这些提示做出选择，完成下载任务。

当下载时把 CPU 面板的模式开关切换到“RUN”或者“RUN-P”模式，下载信息包含硬件组态或网络组态信息等系统数据时，会提示需要切换到停止状态。

4.3.6　上　传

上传是指 STEP 7 可以 CPU 中的组态信息和程序上传到用户的项目中。上传包括两方面：在管理器 SIMATIC 界面中上传、在硬件组态界面和在/离线界面中上传。

1. 在管理器 SIMATIC 界面中上传

在管理器 SIMATIC 中先新建一个空项目“上传”，然后单击菜单栏“PLC”→“将站点上传到 PG”，如图 4-6 所示。在随后弹出的选择节点地址对话框中，先选择目标站点为“本地”，再单击“更新”按钮，最后选择“确定”，开始进行上传，如图 4-7 所示。

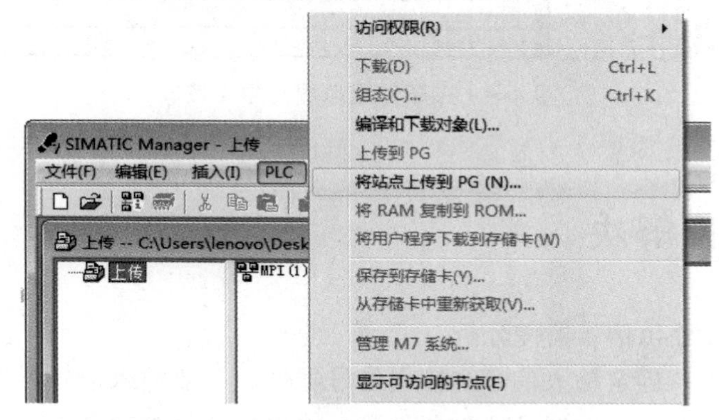

图 4-6　在管理器界面中上传

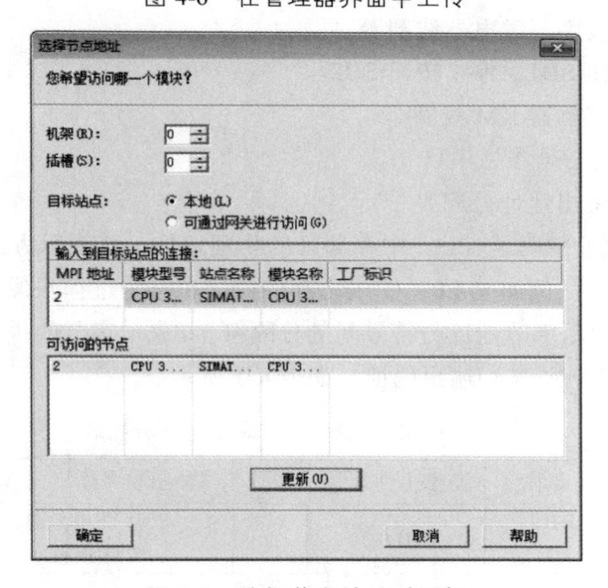

图 4-7　选择节点地址对话框

2. 在硬件组态界面中上传

在 STEP 7 的硬件组态界面中，单击工具栏上的“上传”按钮，如图 4-8 所示。

在随后弹出的目标选择对话框中，先选择目标项目，最后选择“确定”，开始进行上传。

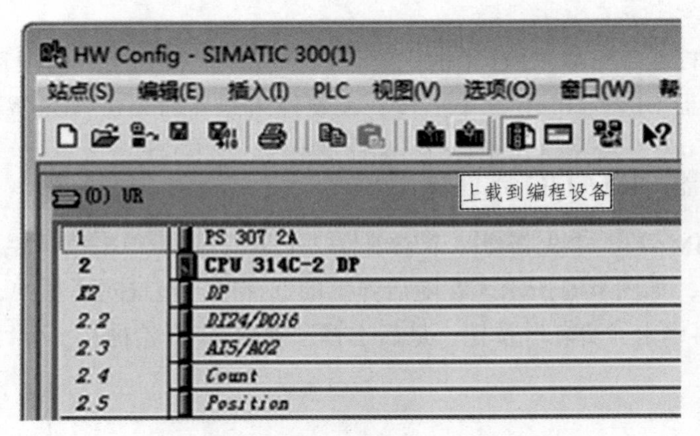

图 4-8　在硬件组态界面中上传

4.4　项目解决

步骤 1：输入/输出信号器件分析。

依据控制要求，确定输入信号和输出信号器件，一般输入信号器件是可以人为控制的各种按钮、开关、传感器及保护器件等，输出器件是被动受控的信号指示灯、接触器线圈、电磁阀线圈、继电器线圈等。

输入：启动按钮 SB1、停止按钮 SB2。

输出：电动机接触器 KM 线圈。

步骤 2：硬件组态（参见项目 3）。

步骤 3：输入/输出地址分配表。

输入/输出的地址指明了 PLC 中存储区的物理地址，其表示方法包括存储器标识符、字节地址和位号。例如 Q4.0，Q 表示存储器标识符为过程映像输出区，4 表示字节的地位，小数点表示字节地址与符号间的分隔符，0 表示字节的位（为 0~7 中的第一位）。依据项目要求分配输入/输出地址，如表 4-1 所示。

表 4-1　电机正反转输入/输出地址分配表

序号	输入信号器件名称	编程元件地址	序号	输出信号器件名称	编程元件地址
1	启动按钮 SB1（常开触点）	I0.0	1	电动机接触器 KM 线圈	Q4.0
2	停止按钮 SB1（常开触点）	I0.1			

步骤 4：输入/输出接线。

依据电动机启停项目输入/输出及地址分配进行接线，如图 4-9 所示。

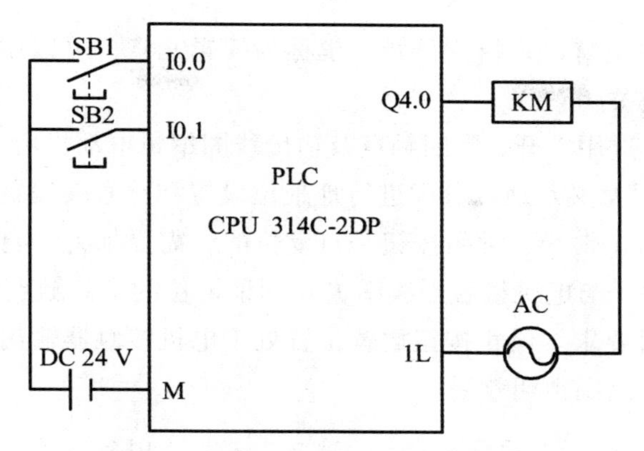

图 4-9　电动机启停 PLC 控制接线图

步骤 5：编写电动机起停控制程序。

本书涉及的编程方法主要以梯形图为例，点击 SIMATIC 管理器界面左边窗口的“块”，然后双击右边窗口的“OB1”，在弹出的组织块属性窗口中，选择创建语言“LAD”即梯形图语言，单击“确定”进入程序编辑界面，如图 4-10 所示。若进入程序编辑器后发现不是梯形图语言编辑界面，可以在菜单栏中的“视图”下拉选项中选择切换，如图 4-11 所示。

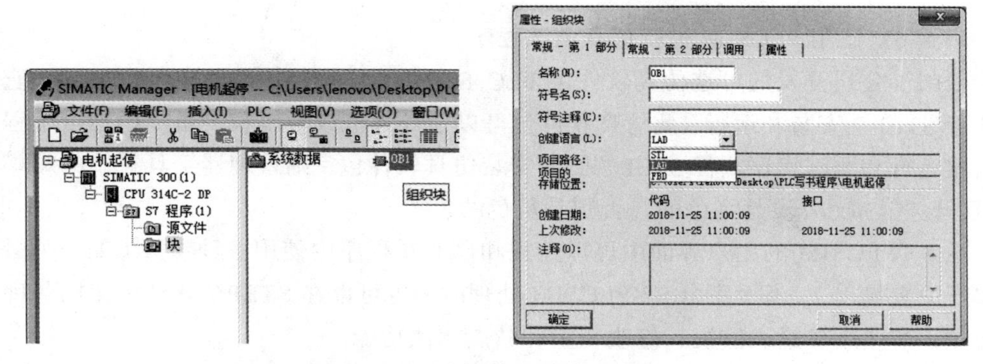

图 4-10　选择梯形图编程语言

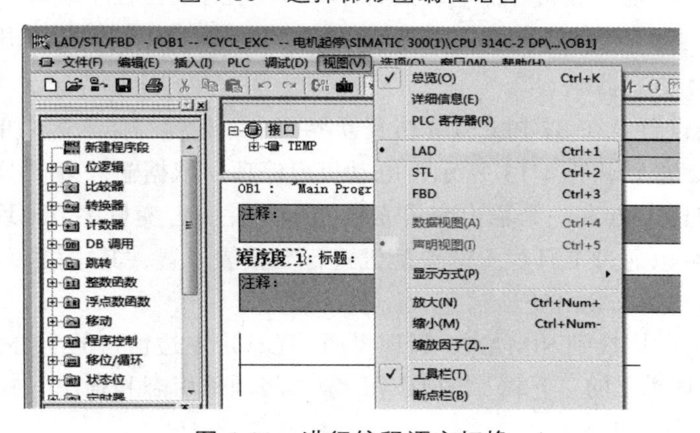

图 4-11　进行编程语言切换

程序编辑器中左边窗口是指令目录，也称为编辑元素，可以用菜单下的“视图”→“总览”来打开或关闭它。

依据项目要求，选用常开、常闭触点及输出线圈编辑电动机启停控制梯形图程序，并按输入/输出的项目意义及地址分配进行地址位设置和符号表编辑，如图 4-12 所示。其中要注意的是，由于常开、常闭按钮是自复位的，需要加上“自锁”电路，即在启动按钮 SB_1 处并联一个与电机接触器线圈 KM 同地址位的常开触点，使得程序具有“自锁”功能，满足项目要求。停止按钮放置位置处于电机接触器输出线圈的“串联”位置，以保证停止指令达到预期效果。

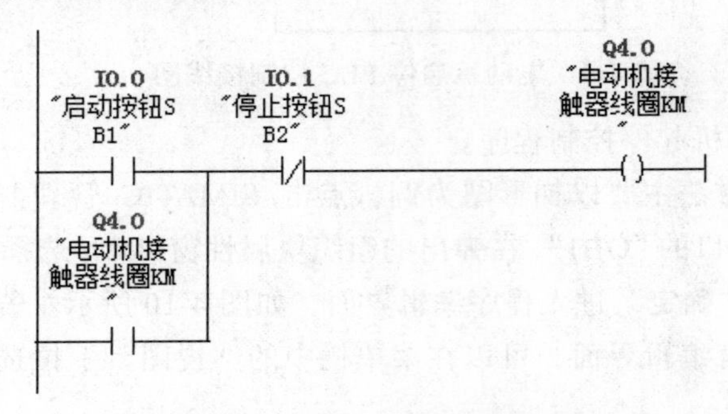

图 4-12　电动机启停控制梯形图程序

步骤 6：使用 PLCSIM 进行仿真调试程序。

西门子公司开发的可选仿真软件包 PLC Simulation，本书简称 S7-PLCSIM，它可以随着 STEP 7 安装和运行，此仿真软件包可以在计算机或者编程设备中模拟可编程序控制器运行和测试程序。若 STEP 7 已经安装仿真软件包，则管理器工具栏中的蝴蝶样“仿真开关”按钮是亮色的，否则是灰色的。

在 S7-PLCSIM 的用户界面中可以监视和修改在程序中使用各种参数（如开关量输入和开关量输出）。当程序由 S7-PLCSIM 处理时，也可以在 STEP 7 软件中使用各种软件功能，如使用变量表监视、修改变量和断点测试功能。

（1）保存程序。对已编辑好的电动机启停梯形图程序，在程序编辑器界面进行保存。

（2）开启仿真。在 SIMATIC 管理界面中，单击工具栏上的“仿真开关”按钮，弹出 S7-PLCSIM 仿真器。

（3）表量表设置。在 S7-PLCSIM 仿真器界面中，选择“插入”菜单栏，依据题目布置输入/输出变量。如图 4-13 所示，电动机启停项目依据输入/输出实际情况，放置一个输入变量表格 IB0 和一个输出变量表格 QB4（注意，变量字节地址要和程序一一对应）。此外也可以通过工具栏上的快捷键进行变量表设置，其中代表“插入输入变量”，代表“插入输出变量”。

（4）下载程序。切换到 SIMATIC 管理界面，先选定左边窗口的“SIMATIC 300（1）”站点，再单击工具栏上的“下载”快捷按钮，将硬件组态和程序下载到 S7-PLCSIM 仿真器中，如图 4-14 所示。

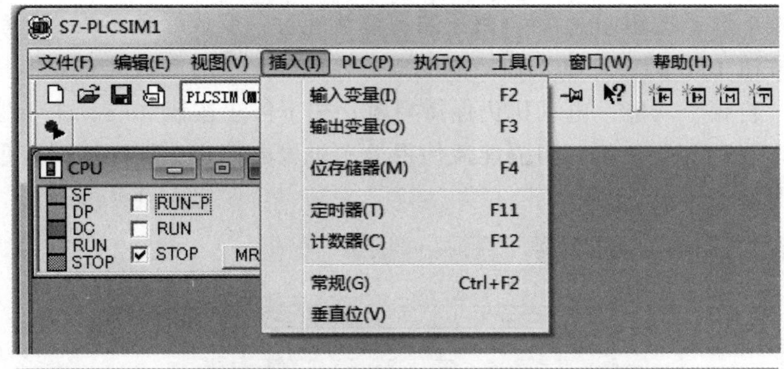

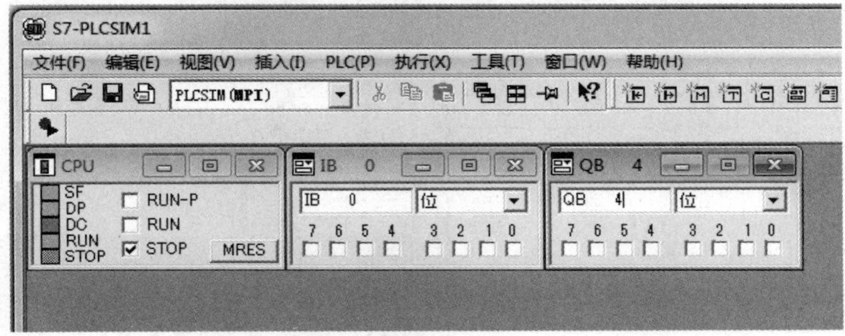

图 4-13　S7-PLCSIM 仿真器输入/输出列表设置

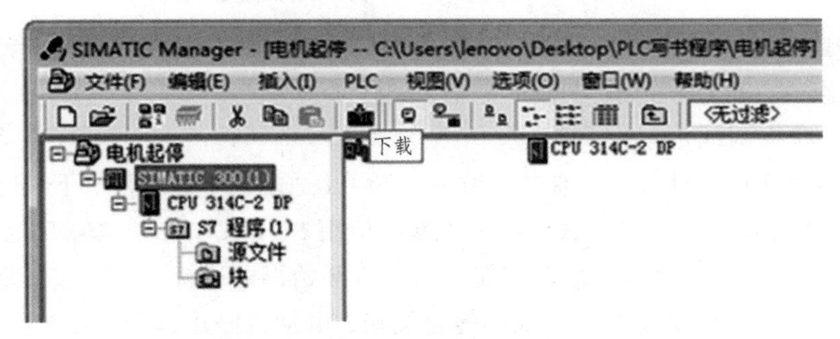

图 4-14　将程序下载到 S7-PLCSIM 仿真器

（5）进行仿真。将 S7-PLCSIM 仿真器中 CPU 的选项置为“RUN”，这时仿真器处于运行状态。点击 I0.0，即在输入变量表 IB0 的第 0 位上打“√”，模拟按下启动按钮，观察到输出变量表上的 Q4.0 自动打“√”，表示电动机处于运行状态；把 I0.0 处的“√”去掉，观察到 Q4.0 处仍有“√”，即常开触点复位后，由于程序自锁的作用，电动机仍在得电运行。点击 I0.1，即在输入变量表 IB0 的第 1 位上打“√”，模拟按下停止按钮，观察到输出变量表上 Q4.0 原有的“√”自动去掉了，表示电动机掉电停止运行。

（6）监视运行。在打开 S7-PLCSIM 仿真器仿真的同时，可通过点击程序编辑器上的 以进入程序监视状态，在监视状态下程序编辑器最上方的项目标题栏会变成淡蓝色。在监视状态下并 S7-PLCSIM 仿真器的 CPU 处于“RUN”状态时，程序编辑器右下方的状态栏会滚动刷新当前状态。配合仿真器上输入/输出变量的“√”情况，可以看到：未按下启动按钮 I0.0 时，电动机接触器线圈 Q4.0 没有能流经过，为蓝色虚线，电动机停止；按下启动按钮 I0.0 后，整条路有能流经过，变成绿色实线，电动机运行；当松开启动按钮 I0.0 后，启动按钮后方变成蓝色虚线，没有能流经过，但是由于另一并联支路的“自锁”功能，电动机仍保持得电；按下停止按钮 I0.1，由于停止按钮的处于程序“串联”部分位置，阻隔能流使得电动机失电停止，程序变回蓝色虚线。监视部分的情况如图 4-15 所示。

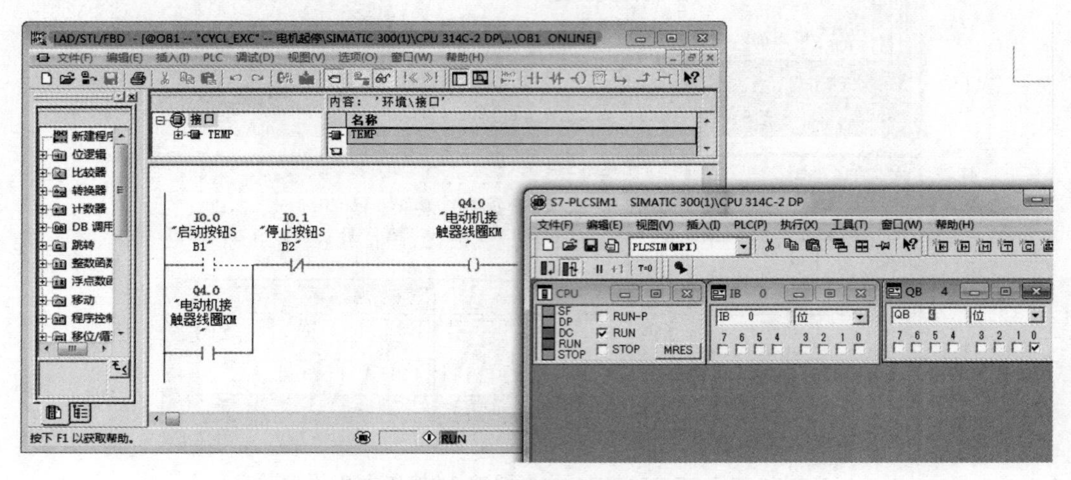

图 4-15　电动机启停程序仿真与监视运行

若 S7-PLCSIM 仿真及监视过程若不符合项目要求，说明程序编写部分有逻辑错误，需进行查找修改，再重新下载与调试。

步骤 7：联机调试。

按照图 4-9 连接硬件接线，通电并通过 PC/MPI 适配器下载程序，下载时候注意关闭 S7-PLCSIM 仿真器，否则下载与调试将默认使用 S7-PLCSIM 仿真器系统。

按下输入变量 I0.0 对应的启动按钮，电动机开始得电运行，启动按钮复位，电动机继续运行；按下输入变量 I0.1 对应的停止按钮，电动机停止运行。若满足项目要求，则说明调试成功。若不满足上述要求，则应检查原因，修改程序，重新调试，直到满足相关要求为止。

巩固练习 4

1. 叙述项目分析中输入、输出变量的含义与区别。

2. 叙述梯形图中常开触点和常闭触点的功能与区别。

3. 叙述 PLC 中 I/O 地址的含义及分配原则。

4. 有一水池，通过一个启动按钮 SB1 控制一台水泵运行，将水抽起注入水池。当水池水满，通过停止按钮 SB2 停止水泵抽水。

5. 设计一个单按钮启停电机控制程序，按一下启动，再按一下停止，可如此反复循环。

6. 有两台电动机分别为 M1 和 M2，它们都由各自的启动和停止按钮控制，但是 M2 要在 M1 启动的情况下才能启动。

7. 用红、黄、绿三种颜色的指示灯监视三台电动机的运行情况，控制任务如下：

（1）每台电动机分别有各自的启动和停止按钮；

（2）无电动机运行时红色指示灯亮；

（3）当一台电动机运行时黄色指示灯亮；

（4）当两台及两台以上电动机运行时绿灯亮。

8. 设计一个监视交通信号灯工作状态的 PLC 控制系统：当红、黄、绿三个灯只有其中一个灯亮时，视为正常状态；当红、黄、绿三个灯都不亮或者两个及两个以上两时，视为故障状态，此时启动蜂鸣器发出报警信号，提醒有关人员修理。

9. 某设备有一台电动机，三台散热风扇。当设备处于工作状态时（即电动机转动时），如果风扇有两台或者三台转动，则绿色指示灯亮；如果只有一台风扇转动，则红色指示灯亮；如果任何风扇都不转动，则报警器响。当设备不工作时，指示灯不亮，报警器不响。

10. 设计一个具有声光报警功能的报警装置，当故障发生时，报警灯亮，报警铃响；工作人员发现故障报警后，按故障响应按钮，此时报警铃声停止，报警灯仍然亮；工作人员解除故障后，按下完成按钮，报警灯灭。

项目 5　电动机正反转 PLC 控制程序设计与调试

5.1　项目要求

按下正转启动按钮 SB1，电动机正转接触器 KM1 线圈接通得电，接触器 KM1 主触点接通，电动机正转启动，按下停止按钮 SB3，电动机正转接触器 KM1 线圈失电，接触器 KM1 主触点断开，电动机停止转动。

按下反转启动按钮 SB2，电动机反转接触器 KM2 线圈接通得电，KM2 接触器主触点接通，电动机反转启动，按下停止按钮 SB3，电动机反转接触器 KM2 线圈失电，KM2 接触器主触点断开，电动机停止。

能够实现正转与反转之间的直接切换，如图 5-1 所示。

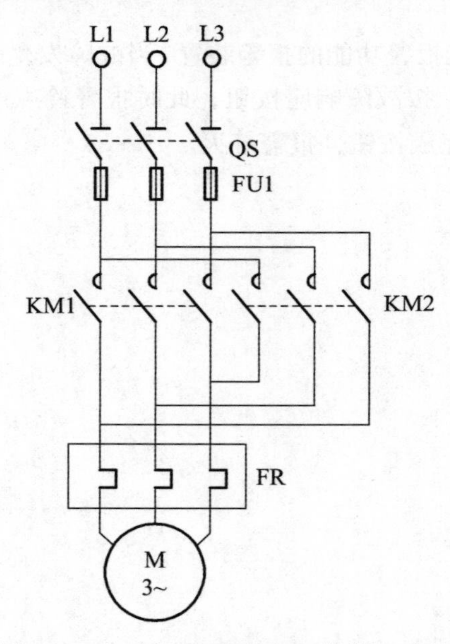

图 5-1　电动机正反转 PLC 控制示意图

5.2　学习目标

（1）加深理解 PLC 的基本工作原理；

（2）学习并掌握 PLCSIM 中使用符号地址；
（3）学习并掌握用变量表监控与调试程序；
（4）学习掌握置位复位指令、触发器、跳变沿指令的使用方法；
（5）巩固学习者对仿真软件与程序状态监控的理解与使用。
（6）能独立完成电动机正反转 PLC 控制程序设计与调试。

5.3　知识链接

5.3.1　在 PLCSIM 中使用符号地址

在前面的程序编辑器与仿真器 PLCSIM 联合仿真调试过程中，若程序输入/输出变量较多，则需要较多的时间和精力进行变量辨认，若在仿真器中使用符号地址可以省去此项冗余工作，大大提高效率。

以本项目电动机正反转 PLC 控制为例来学习符号地址的使用。首先在仿真器 PLCSIM 的设置对话框中，点击插入垂直位按钮，插入两列垂直位列表（英文版显示为 Insert Vertical Bit），手动输入第一个垂直列表的地址为 IB0，按下回车键，自动生成 IB0 下对应的 8 个位地址，手动输入第二个垂直列表的地址为 QB4，按下回车键，自动生成 QB4 下对应的 8 个位地址，如图 5-2 所示。

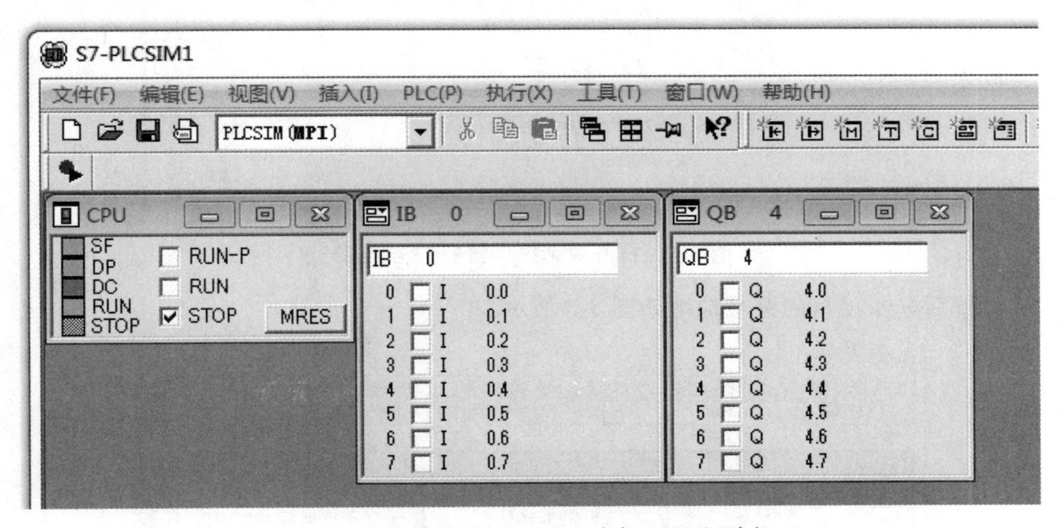

图 5-2　在仿真器 PLCSIM 中插入垂直列表

执行仿真器 PLCSIM 中的菜单命令“工具”→“选项”→“显示符号”（英文版软件显示为“Tools”→“Options”→“Show Symbols”），使该指令被选中，即指令左边出现打钩，如图 5-3 所示。

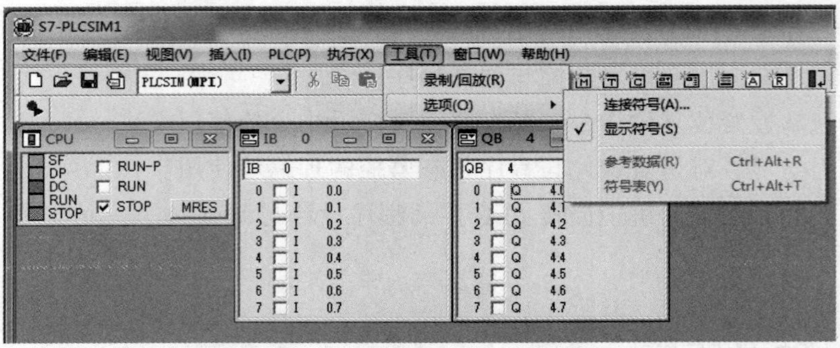

图 5-3　在仿真器 PLCSIM 中设置显示符号

执行仿真器 PLCSIM 中的菜单命令“工具”→“选项”→“连接符号”（英文版软件显示为“Tools”→“Options”→“Attach Symbols”），跳出“打开”对话框，选中要打开的项目，点击项目的 300 站点，选中“S7 程序（1）”，单击右边窗口中的“符号”，使得对象名称文本框中出现“符号”，对象类型文本框中出现“符号表”，最后点击“确定”按钮，如图 5-4 所示。

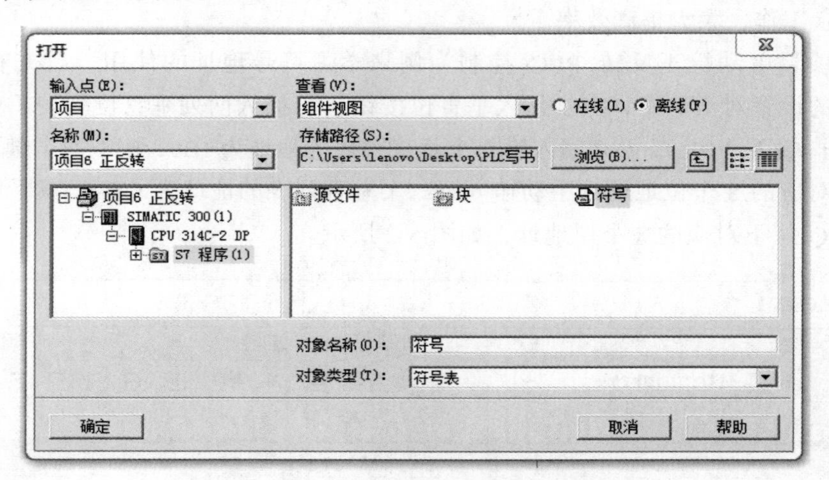

图 5-4　打开对话框中进行符号连接

设置后显示项目的符号地址如图 5-5 所示。

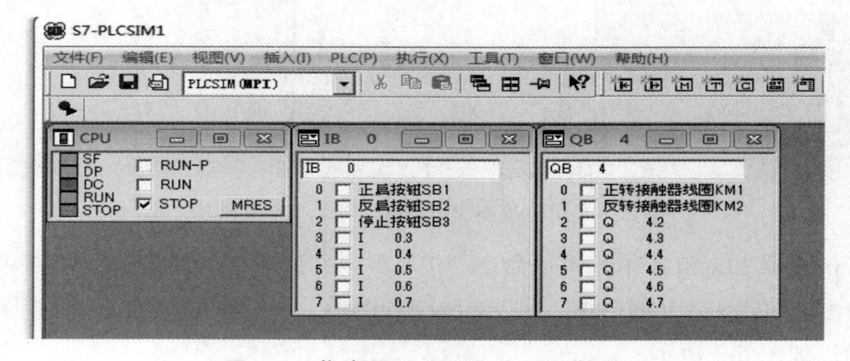

图 5-5　仿真器 PLCSIM 中显示符号

5.3.2　用变量表监控调试程序

在项目中使用变量表可以达到对多个变量同时进行监控与修改，以满足项目的多种调试需求。变量表可监控和修改的变量包括输入/输出继电器、位存储器 M、定时器 T、计数器 C、数据块内的存储单元和外设输入/外设输出（PI/PQ）。

1. 在变量表中输入变量

以电动机正反转 PLC 控制为例，变量表调用路径为：在 SIMATIC 管理器中执行菜单命令“插入”→“S7 块”→“变量表”，打开后即可生成新的变量表，如图 5-6 所示。变量表属性对话框不需要修改参数，直接点击“确定”。

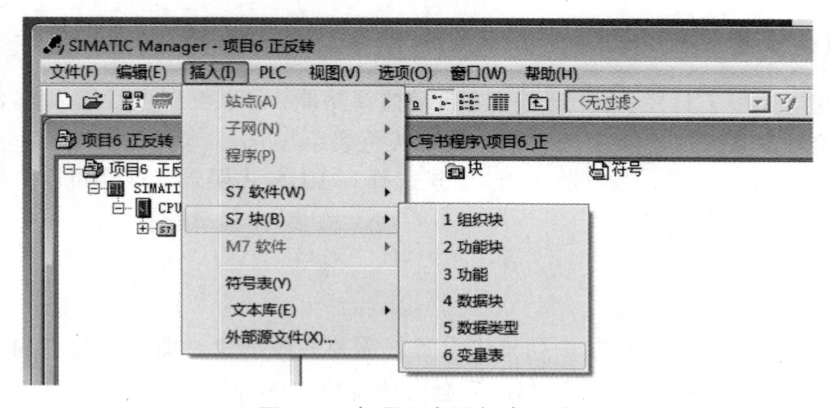

图 5-6　在项目中添加变量表

在变量表的“地址”一列输入本项目的输入/输出变量（I0.0~I0.2，Q4.0~Q4.1），变量表会自动关联之前程序中定义的符号、显示格式等信息，如图 5-7 所示。

变量 - VAT_1

表格(T)　编辑(E)　插入(I)　PLC　变量(A)　视图(V)　选项(O)　窗口(W)　帮助(H)

VAT_1 -- 项目6 正反转\SIMATIC 300(1)\CPU 314C-2 DP\S7 程序(1)

	地址		符号	显示格式	状态值	修改数值
1	I	0.0	"正启按钮SB1"	BOOL		
2	I	0.1	"反启按钮SB2"	BOOL		
3	I	0.2	"停止按钮SB3"	BOOL		
4	Q	4.0	"正转接触器线圈KM1"	BOOL		
5	Q	4.1	"反转接触器线圈KM2"	BOOL		
6						

图 5-7　输入变量表信息

变量表工具栏处选择“视图”，可以在下拉菜单中选择变量表的具体显示内容，如图 5-8 所示。

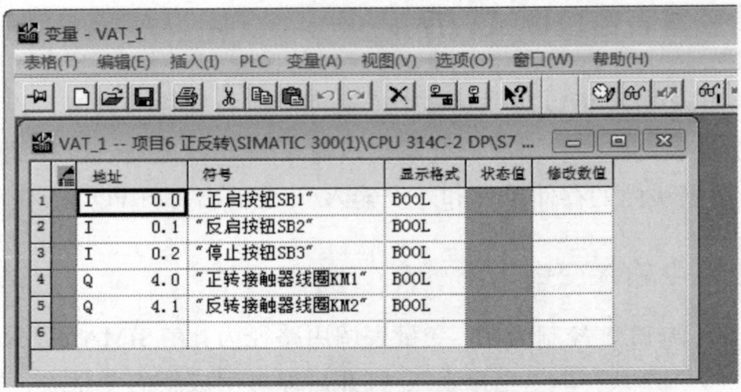

	地址		符号	显示格式	状态值	修改数值
1	I	0.0	"正启按钮SB1"	BOOL		
2	I	0.1	"反启按钮SB2"	BOOL		
3	I	0.2	"停止按钮SB3"	BOOL		
4	Q	4.0	"正转接触器线圈KM1"	BOOL		
5	Q	4.1	"反转接触器线圈KM2"	BOOL		
6						

图 5-8 变量表列显示选择

3. 监视变量

点击变量表中工具栏上的按钮，启动监视功能，可以看到项目输入/输出的状态值按设定的触发条件显示在变量表中，其中灰色表示 false，绿色表示 true。变量表联合 PLCSIM 进行仿真时，最好将 CPU 模式选择到 RUN-P 模式，这样可以更好监控到变量修改前后的变化过程。

4. 修改变量

在变量表的“修改数值”一列预先设置好需要修改的变量值，直接在表格处输入布尔型变量值“0”或“1”，按回车键后会自动变成“false”或“true”。注意，在修改变量过程中要分析项目实际情况，避免出现矛盾或危险的状况。

修改变量后，在监视的状态下点击变量表中工具栏上的按钮，可以看到输出变量依据设定的修改变量及程序本身特点而有所变化。

利用变量表调试电动机正转启动，将正启按钮 I0.0 设定修改值为“1”即“true”，按下键打开变量表监控，再按下键确定修改变量，可观察到在程序的作用下，正转接触器线圈 Q4.0 变为“1”即“true”，电动机处于正转状态，如图 5-9 所示。

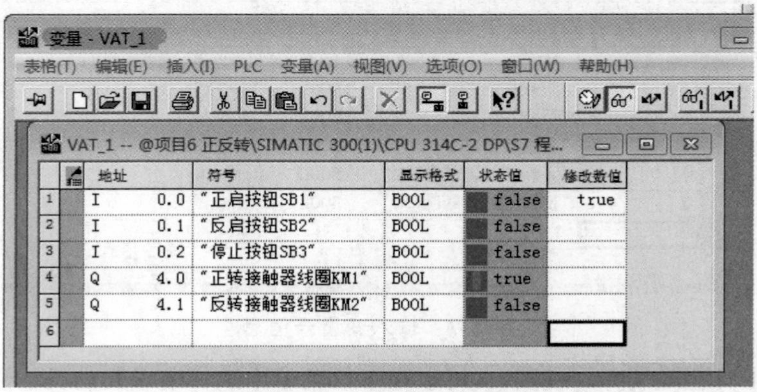

	地址		符号	显示格式	状态值	修改数值
1	I	0.0	"正启按钮SB1"	BOOL	false	true
2	I	0.1	"反启按钮SB2"	BOOL	false	
3	I	0.2	"停止按钮SB3"	BOOL	false	
4	Q	4.0	"正转接触器线圈KM1"	BOOL	true	
5	Q	4.1	"反转接触器线圈KM2"	BOOL	false	
6						

图 5-9 使用变量表调试电动机正转功能

利用变量表调试电动机反转启动，在上述正转调试后，直接将变量表中的反启按钮 I0.1 设定修改值为“1”即“true”，按下键打开变量表监控，再按下键确定修改变量，可观察到在程序的作用下，正转接触器线圈 Q4.0 变为“0”即“false”，反转接触器线圈 Q4.1 变为“1”即“true”，电动机由正转状态切换至反转状态，如图 5-10 所示。

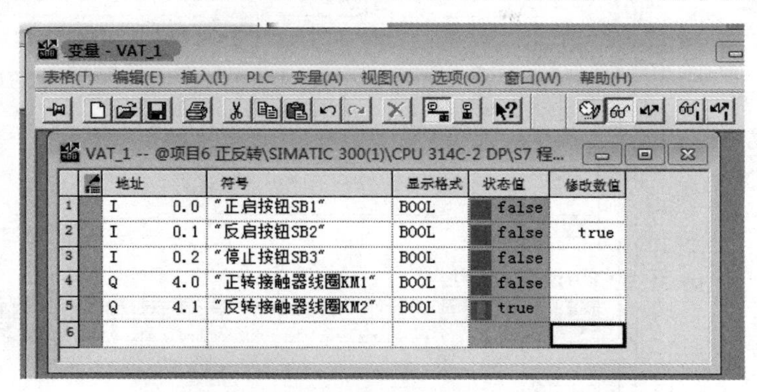

	地址		符号	显示格式	状态值	修改数值
1	I	0.0	“正启按钮SB1”	BOOL	false	
2	I	0.1	“反启按钮SB2”	BOOL	false	true
3	I	0.2	“停止按钮SB3”	BOOL	false	
4	Q	4.0	“正转接触器线圈KM1”	BOOL	false	
5	Q	4.1	“反转接触器线圈KM2”	BOOL	true	
6						

图 5-10　使用变量表调试电动机反转功能

电动机停止、重启等其他状态也可通过变量表进行调试。

5.3.3　置位与复位指令

在电动机启停控制程序中，因为启动按钮是常开触点，需要在启动按钮处并联一个自锁的常开触点 Q4.0，显然比较麻烦。下面介绍一个可以省去自锁步骤的置位与复位指令。

置位指令--（S）：线圈上方需要输入位地址。只有在前面指令的 RLO 为“1”（能流通过线圈）时，才会执行。如果 RLO 为“1”，将把单元的指定地址置位为“1”。RLO = 0 将不起作用，单元的指定地址的当前状态将保持不变。

复位指令--（R）：线圈上方需要输入位地址。只有在前面指令的 RLO 为“1”（能流通过线圈）时，才会执行。如果 RLO 为“1”，将把单元的指定地址复位为“0”。RLO = 0 将不起作用，单元的指定地址的当前状态将保持不变。

置位指令的 S 是 Set 的含义，即置位、置“1”；复位指令的 R 是 Reset 的含义，即复位、置“0”。简单来说，置位指令可以让线圈进入得电状态并一直保持（类似于自锁功能），复位指令可以让线圈处于断电状态并一直保持，这种状态的保持会持续到下次置位或复位线圈（同一位地址）有新的操作信号到来时。

置位指令与复位指令使用时的注意事项：

（1）对于位元件来说一旦被置位，就会持续保持在得电状态，除非对它复位；而一旦被复位就保持在断电状态，除非再对它置位。

（2）置位与复位指令可以互换次序使用，由于 PLC 采用扫描工作方式，当置位、复位指令同时有效时，写在后面的指令具有优先权。

（3）如果有计数器和定时器复位，则计数器和定时器的当前值被清零。

用置位线圈和复位线圈写的启停控制程序如图 5-11 所示。

内容：'环境\接口'
接口
TEMP
名称
TEMP
新建程序段
位逻辑
--| |--
--|/|--
--|NOT|--
--( )
--(#)--
--(R)
--(S)
RS
SR
--(N)--
--(P)--
--(SAVE)
NEG
POS
比较器
转换器
计数器
DB 调用
复位
程序元素
调用结构
程序段 1：电机运行
启动按钮SB1（常开触点）按下时，梯形图触点I0.0接通，输出继电器Q4.0被置位成“1”，电机得电运行。
I0.0
"启动按钮SB1"
Q4.0
"电机接触器线圈KM"
(S)
程序段 2：电机停止
停止按钮SB2（常开触点）按下时，梯形图触点I0.1接通，输出继电器Q4.0被复位成“0”，电机掉电停止。
I0.1
"停止按钮SB2"
Q4.0
"电机接触器线圈KM"
(R)

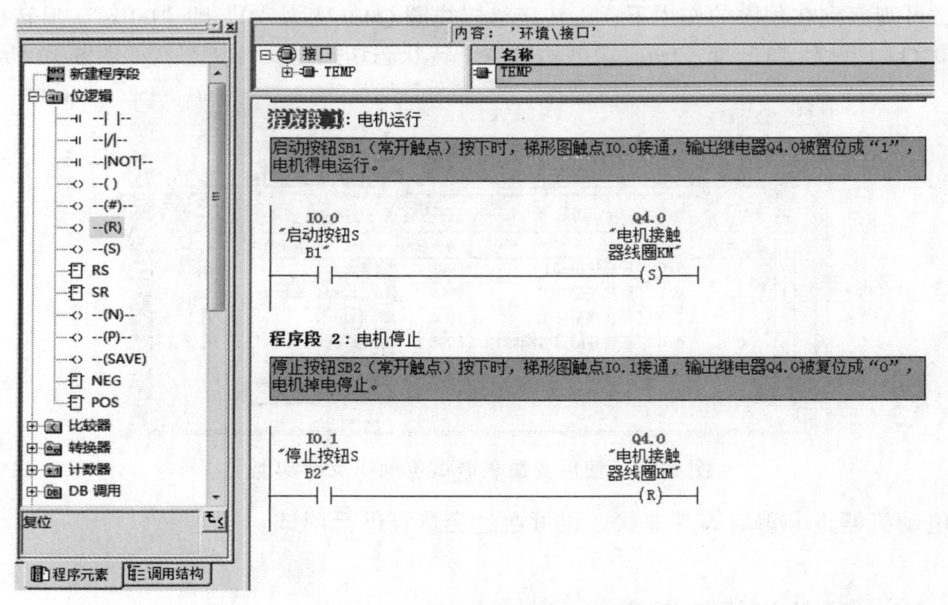

图 5-11　使用置位和复位指令编写电动机启停程序

使用 PLCSIM 进行仿真调试电动机启停程序：

模拟启动按钮 SB1 按下，在仿真器的 I0.0 位地址中打钩，过一会把打钩去掉，可以观察到 Q4.0 被置“1”，电动机运行，对应的置位指令和复位指令的括号都是绿色实线，如图 5-12 所示。

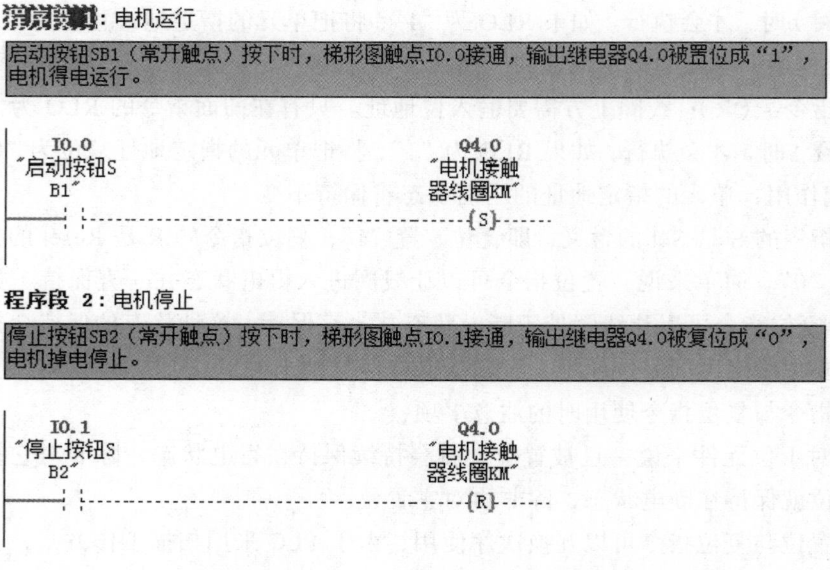

程序段 1：电机运行
启动按钮SB1（常开触点）按下时，梯形图触点I0.0接通，输出继电器Q4.0被置位成“1”，电机得电运行。
I0.0
"启动按钮SB1"
Q4.0
"电机接触器线圈KM"
(S)
程序段 2：电机停止
停止按钮SB2（常开触点）按下时，梯形图触点I0.1接通，输出继电器Q4.0被复位成“0”，电机掉电停止。
I0.1
"停止按钮SB2"
Q4.0
"电机接触器线圈KM"
(R)

图 5-12　置位和复位指令仿真电动机启动过程

模拟启动按钮 SB2 按下，在仿真器的 I0.1 位地址中打钩，过一会把打钩去掉，可以观察到 Q4.0 被置“0”，电动机停止，对应的置位指令和复位指令的括号都是蓝色虚线，如图 5-13 所示。

程序段 1：电机运行

启动按钮SB1（常开触点）按下时，梯形图触点I0.0接通，输出继电器Q4.0被置位成“1”，电机得电运行。

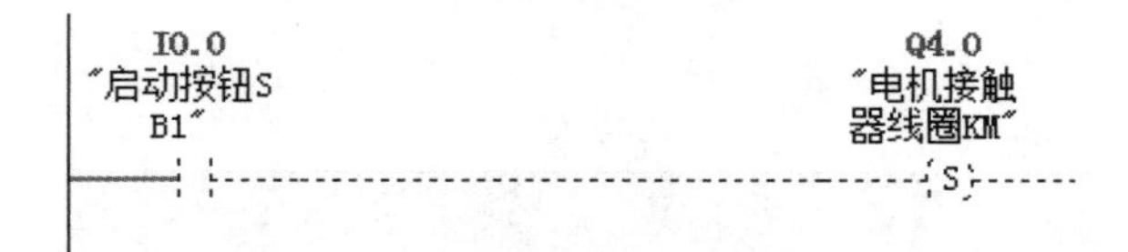

程序段 2：电机停止

停止按钮SB2（常开触点）按下时，梯形图触点I0.1接通，输出继电器Q4.0被复位成“0”，电机掉电停止。

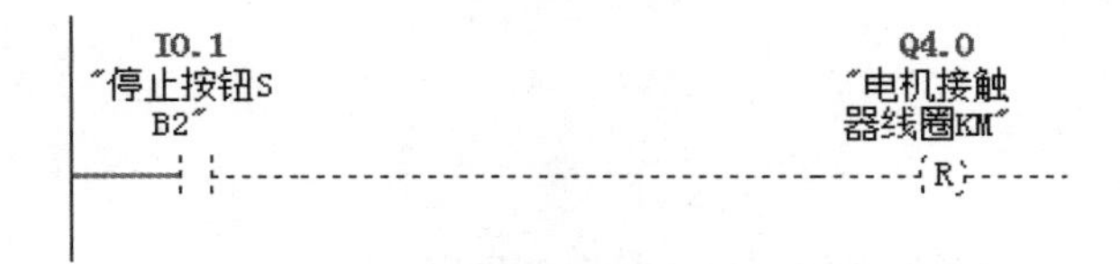

图 5-13　置位和复位指令仿真电动机停止过程

5.3.4　触发器

在梯形图的位逻辑元件中触发器分为置位优先（RS 触发器）和复位优先（SR 触发器）两种类型，“??.?”处为触发器的位地址，如图 5-14 所示。

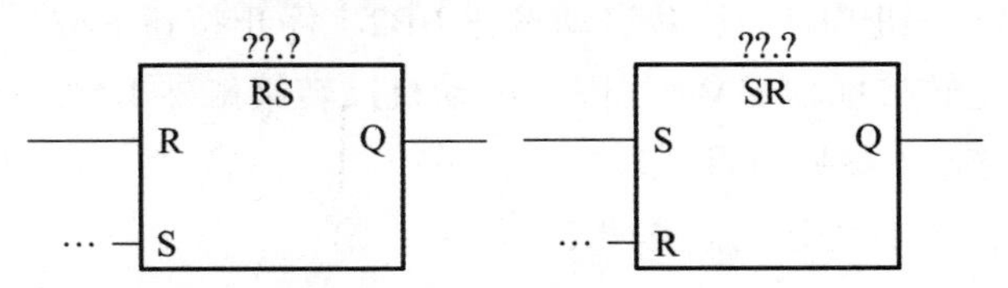

图 5-14　置位优先触发器和复位优先触发器

置位优先型 RS 触发器：如果 R 输入端的信号状态为“1”，S 输入端的信号状态为“0”，则复位触发器；如果 R 输入端的信号状态为“0”，S 输入端的信号状态为“1”，则置位触发器；如果两个输入端的 RLO 状态均为“1”，那么 RS 触发器先在指定地址执行复位指令，然后执行置位指令，以使该地址在执行余下的程序扫描过程中保持置位状态。

复位优先型 SR 触发器：如果 R 输入端的信号状态为“1”，S 输入端的信号状态为“0”，则复位触发器；如果 R 输入端的信号状态为“0”，S 输入端的信号状态为“1”，则置位触发器；如果两个输入端的 RLO 状态均为“1”，那么 SR 触发器先在指定地址执行置位指令，然后执行复位指令，以使该地址在执行余下的程序扫描过程中保持复位状态。

使用复位优先 SR 触发器编写的电动机启停控制程序如图 5-15 所示。按下启动按钮 I0.0 并松手，触发器置位，Q 处持续输出“1”，电动机 Q4.0 得电启动；按下停止按钮 I0.1 并松手，触发器复位，Q 处输出“0”，电动机 Q4.0 断电停止。位存储 M0.0 的状态与 Q 和 Q4.0 两处状态相同。若启动按钮和停止按钮两者同时按下，由复位触发优先可看到电动机处于停止状态。

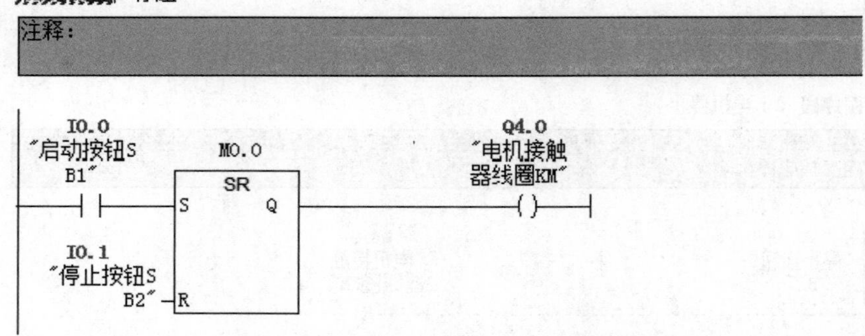

图 5-15　使用触发器编写电动机启停程序

5.4　项目解决

步骤 1：输入/输出信号器件分析。

输入：正转启动按钮 SB1、反转启动按钮 SB2、停止按钮 SB3。

输出：电动机正转接触器 KM1 线圈、电动机反转接触器 KM2 线圈。

步骤 2：硬件组态（参见项目 3）。

步骤 3：输入/输出地址分配，见表 5-1。

表 5-1　电机正反转输入/输出地址分配

序号	输入信号器件名称	编程元件地址	序号	输出信号器件名称	编程元件地址
1	正转启动按钮 SB1（常开触点）	I0.0	1	电动机正转接触器 KM1 线圈	Q4.0
2	反转启动按钮 SB1（常开触点）	I0.1	2	电动机反转接触器 KM2 线圈	Q4.1
3	停止按钮 SB3（常开触点）	I0.2			

步骤 4：输入/输出接线。

为防止正转接触器 KM1 线圈与反转接触器 KM2 线圈同时得电，造成三相电源短路，在 PLC 外部设置了硬件互锁电路。其接线图如图 5-16 所示。

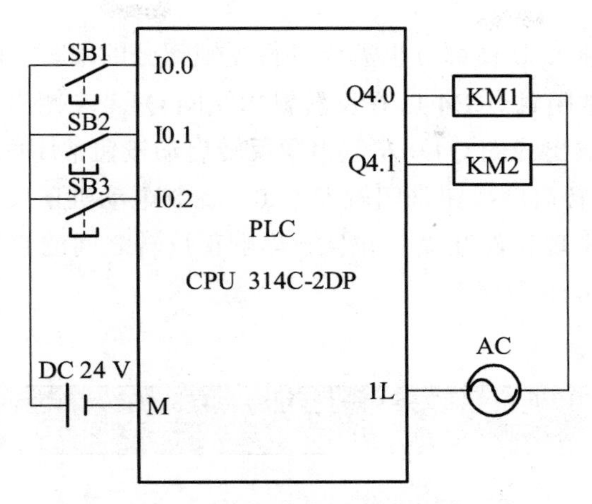

图 5-16 电动机正反转 PLC 控制接线图

步骤 5：编辑符号表。

在 STEP 7 的程序设计过程中，为了增加程序的可读性，可以建立符号表。在程序编辑器 SIMATIC 管理器界面→单击“选项”按钮→单击“符号表”→单击“保存”按钮，如图 5-17 所示。

符号编辑器 - S7 程序(1) (符号)

符号表(S) 编辑(E) 插入(I) 视图(V) 选项(O) 窗口(W) 帮助(H)

全部符号

S7 程序(1) (符号) -- 项目6 正反转\SIMATIC 300(1)\CPU 314C-2 DP

	状态	符号	地址		数据类型	注释
1		正启按钮SB1	I	0.0	BOOL	
2		反启按钮SB2	I	0.1	BOOL	
3		停止按钮SB3	I	0.2	BOOL	
4		正转接触器线圈KM1	Q	4.0	BOOL	
5		反转接触器线圈KM2	Q	4.1	BOOL	
6		VAT_1	VAT	1		
7						

图 5-17 电动机正反转符号表

步骤 6：编写正反转控制程序。

采用线性化编程，所有程序都在组织块 OB1 中。依据任务要求和输入/输出地址分配表，进行如下编程：

首先各自编写正转、反转两个部分的控制启停控制。正转部分：当按下正启动按钮 SB1 时，I0.0“得电”（即输入继电器存储单元位 I0.0 是“1”），因此梯形图中常开触点 I0.0 接通，由于常闭触点 I0.2 是接通状态，所以梯形图线圈 Q4.0 也接通“得电”。自锁触点 Q4.0 的功能是当常开触点 I0.0 断开时，通过自锁触点 Q4.0 仍然能使梯形图线圈 Q4.0 继续接通“得电”。按下停止按钮 SB3 时，I0.2“得电”（即输入继电器存储单元位 I0.2 是“1”），因此梯形图中常闭触点 I0.2 断开，所以线圈 Q4.0 也断开“失电”。反转部分启停控制与正转部分思路一致。

由于正转接触器 KM1 线圈与反转接触器 KM2 线圈两者不能同时得电（前文提到

硬件部分已设置了互锁），软件部分也需要进行互锁部分的编写。在正转输出线圈 Q4.0 左侧串联反转线圈的常闭触点 Q4.1，在反转输出线圈 Q4.1 左侧串联正转线圈的常闭触点 Q4.0；另外在正转输出线圈 Q4.0 左侧串联反转启动按钮常闭触点 I0.1，在反转输出线圈 Q4.1 左侧串联正转启动按钮常闭触点 I0.0，控制电动机正反转接触器的两个线圈不能同时得电，即可实现软件互锁，并且不影响正反转之间的直接切换效果。电动机正反转完整程序如图 5-18 所示。

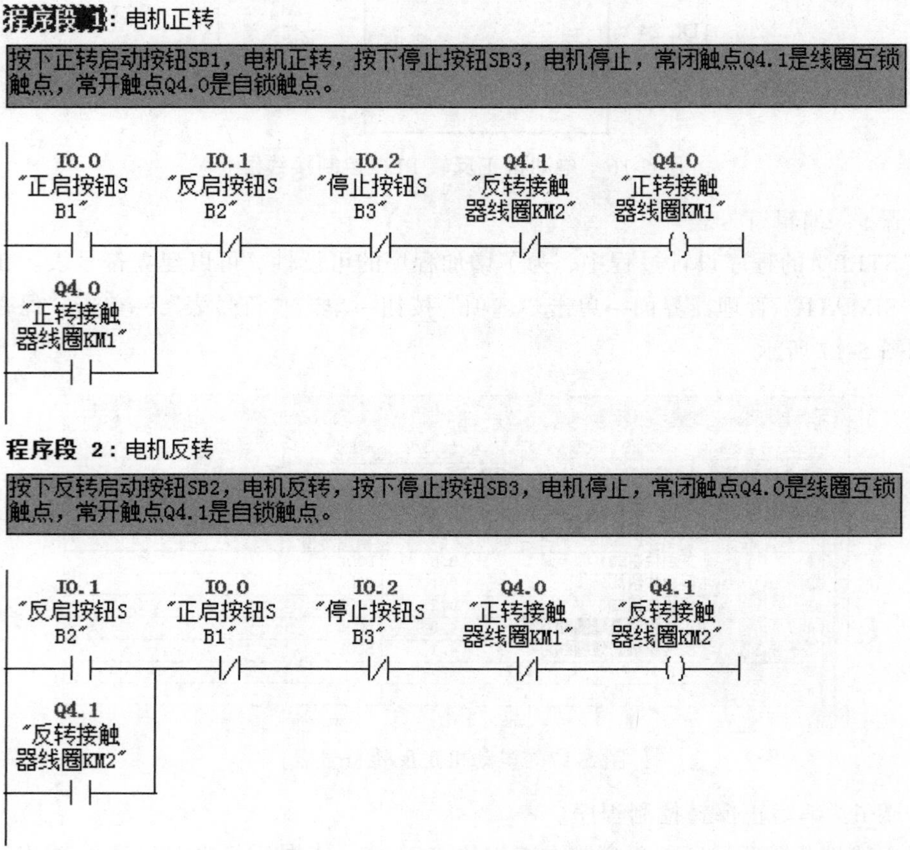

程序段 1：电机正转

按下正转启动按钮SB1，电机正转，按下停止按钮SB3，电机停止，常闭触点Q4.1是线圈互锁触点，常开触点Q4.0是自锁触点。

I0.0 "正启按钮SB1"　I0.1 "反启按钮SB2"　I0.2 "停止按钮SB3"　Q4.1 "反转接触器线圈KM2"　Q4.0 "正转接触器线圈KM1"

Q4.0 "正转接触器线圈KM1"

程序段 2：电机反转

按下反转启动按钮SB2，电机反转，按下停止按钮SB3，电机停止，常闭触点Q4.0是线圈互锁触点，常开触点Q4.1是自锁触点。

I0.1 "反启按钮SB2"　I0.0 "正启按钮SB1"　I0.2 "停止按钮SB3"　Q4.0 "正转接触器线圈KM1"　Q4.1 "反转接触器线圈KM2"

Q4.1 "反转接触器线圈KM2"

图 5-18　电动机正反转完整程序

步骤 7：仿真调试程序。

打开 PLCSIM 仿真器，放置与程序位地址相对应的输入/输出表。如图 5-19 所示，下载程序并打开监视。

正转仿真调试：模拟按下正转启动按钮 SB1（在仿真器 I0.0 处打钩，过一会把打钩去掉），可以看到程序段 1 处的正转输出线圈 Q4.0 "得电"，变成绿色实线，仿真器的 Q4.0 处也自动打钩即为"1"，表示电动机正转。

停止仿真调试：模拟按下停止按钮 SB3（在仿真器 I0.2 处打钩，过一会把打钩去掉），可以看到程序段 1 处的正转输出线圈 Q4.0 "断电"，变成蓝色虚线，仿真器的 Q4.0

处之前的打钩消失即为“0”，表示电动机停止。

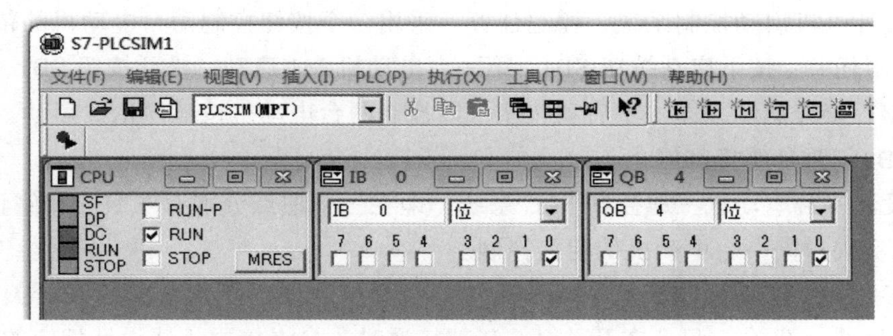

图 5-19　电动机正反转仿真器仿真

反转仿真调试：模拟按下反转启动按钮 SB2（在仿真器 I0.1 处打钩，过一会把打钩去掉），可以看到程序段 2 处的反转输出线圈 Q4.1 “得电”，变成绿色实线，仿真器的 Q4.1 处也自动打钩即为“1”，表示电动机反转。

停止仿真调试：模拟按下停止按钮 SB3（在仿真器 I0.2 处打钩，过一会把打钩去掉），可以看到程序段 2 处的反转输出线圈 Q4.1“断电”，变成蓝色虚线，仿真器的 Q4.1 处之前的打钩消失即为“0”，表示电动机停止。

仿真调试正转和反转之间直接切换：正反转程序同时观察，模拟按下正转启动按钮 SB1（在仿真器 I0.0 处打钩，过一会把打钩去掉），正转输出线圈 Q4.0“得电”为“1”，处于正转状态；模拟按下反转启动按钮 SB2（在仿真器 I0.1 处打钩，过一会把打钩去掉），观察到正转输出线圈 Q4.0 “断电” 为 “0” 的同时，Q4.1 “得电” 为 “1”，电动机切换到反转状态；再次模拟按下正转启动按钮 SB1，观察到反转线圈掉电而正转线圈得电，电动机切换到正转状态，说明程序可以实现电动机正反转直接切换。

步骤 8：联机调试。

连接硬件接线，并下载程序。硬件可实现按下正转启动按钮，电动机正转，按下停止按钮，电动机停止；按下反转按钮，电动机反转，按下停止按钮，电动机停止；按下正转启动按钮，电动机正转，在电动机正转状态下直接按下反转按钮，电动机由正转状态直接切换到反转，在电动机反转状态下直接按下正转按钮，电动机由反转状态直接切换到正转，无论是正转状态或反转状态，按下停止按钮电动机都能停止，则说明满足项目要求，调试成功。

巩固练习 5

1. 在 PLCSIM 中使用符号地址有什么优势？
2. 线圈形式的置位、复位指令与输出线圈有什么区别？

3. 线圈形式的置位、复位指令与触发器有什么区别？

4. 设计电机启动控制系统，控制任务：采用一个按钮控制两台电动机的依次顺序启动，控制任务：按下启动按钮 SB1，第一台电动机 M1 启动，松开按钮 SB1，第二台电动机 M2 接着启动，即一个启动按钮可以控制两台电动机按顺序依次启动。按下停止按钮 SB2，两台电机都停止。

5. 设计一台电动机三地控制 PLC 系统，即在三个地点分别有三组启动停止按钮，它们可以实现对同一台电动机的启停控制。

6. 工厂某工位段有设备开关 A、B、C。按操作规程，开关 B 只有在开关 A 接通时才允许接通，开关 C 只有在开关 A、B 都接通时才允许接通，请设计相应的 PLC 控制系统。

7. 设计一个四路抢答器 PLC 控制系统，控制任务：有四组抢答台和一位主持人，每个抢答台上各有一个抢答按钮和一盏抢答指示灯。参赛者在允许抢答时，第一个按下抢答按钮的抢答台台上的指示灯会亮，而却松开抢答按钮后，指示灯仍会亮，此后其他三个抢答台上的按钮即使按下，其台上的指示灯也不会亮，这样主持人就可以知道谁是第一个按下的。该题回答结束后，主持人按下主持台上的复位按钮，则抢答指示灯灭，又可以进行下一题的抢答。

8. 设计一套自动散热控制系统，控制任务：某设备有两台电动机（编号为一号电动机、二号电动机），三台散热风扇（编号为 A 风扇、B 风扇、C 风扇）。当设备处于满负荷工作状态时（即两台电动机同时转动时），将自动打开 ABC 三台风扇；当设备处于半负荷工作状态时（即只有一台电动机转动时），若是一号电动机转动，则自动开启 AB 两台风扇用于散热，若是二号电机转动，则自动开启 BC 两台风扇散热。当设备不工作时即两台电动机都停止时，风扇也自动停止。

9. 设计三站点呼叫小车系统，控制任务：一辆小车在一条线路上运行，线路上有三个站点，每个站点各设一个行程开关和一个呼叫按钮。要求无小车在哪个站点，当某一个站点按下按钮后，小车将自动行进到发出呼叫的站点，如图 5-20 所示。

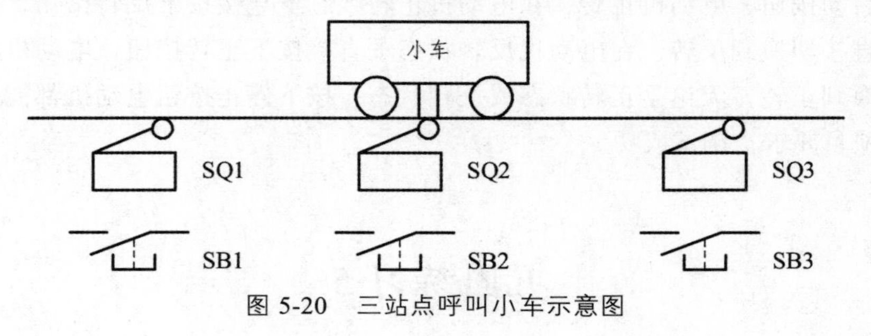

图 5-20　三站点呼叫小车示意图

项目 6　大型设备预警启动 PLC 控制程序设计与调试

6.1　项目要求

为保证运行安全，一些大型机械生产设备在运行启动前，先采用电铃或蜂鸣器发出警报信号，预示设备即将启动，提醒人们远离危险地带。本项目要求设计一个大型设备预警启动 PLC 控制系统，当按下启动按钮 SB1 后，电铃 L 先响铃 5 s，然后电铃停止同时大型设备 M 自动启动并保持运行，按下停止按钮 SB2，设备失电停止运行。大型设备运行过程中若过压或过流，热继电器 FR 将动作，使得设备失电停止运行，如图 6-1 所示。

图 6-1　大型设备预警启动 PLC 控制示意图

6.2　学习目标

（1）掌握定时器指令的分类及接通延时定时器的应用；

（2）区分并了解定时器指令功能框图和线圈形式的用法；
（3）了解过载 FR 的应用；
（4）进一步熟悉程序编写流程与技巧；
（5）巩固程序仿真调试、联机调试能力。
（6）能独立完成大型设备预警启动 PLC 控制程序设计与调试。

6.3 知识链接

6.3.1 定时器

1. 定时器的组成及定时器字的表示方法

STEP 7 为用户提供了一定数量的具有不同功能的定时器，定时器是 PLC 的 CPU 中的一个系统存储区域，该存储区为每个定时器留一个 16 位定时字和一个二进制位存储空间。使用定时器时，定时器的地址编号必须在有效的范围之内。例如，CPU314C-2DP 提供了 256 个定时器，分别为 T0~T255。

定时器的定时时间值规定相应的固定格式，其中 S5TIME 是 STEP 7 中最常用的定时器指令时间数据格式，其数据长度为 16 位，包括时间基准（处于定时器字的第 12~13 位）和时间值（处于定时器字的 0~11 位）两部分，其中时基值由二进制数 00、01、10、11 给出，分别对应的时间基准值为 10 ms、100 ms、1 s、10 s，另外时间值采用三位 BCD 码给出，定时器字如图 6-2 所示。

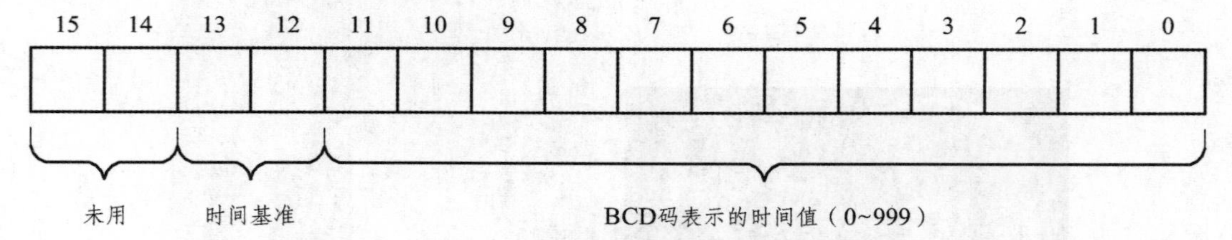

图 6-2 定时器字的时间基准与时间值组成图

时间长度计算公式为：

时间长度=时间基准×时间值（BCD 码）

例如：定时器字为 0001010100110010，所表示的时间为 100 ms×532=53 200 ms=53.2 s。

梯形图中，预装时间的格式为“S5T#aaH_bbM_ccS_ddMS”，其中，aa、bb、cc、dd 分别为小时、分、秒、毫秒的值。预装时间的格式可直接输出秒数，如键入“S5T#146S”，按下回车后自动变成“S5T#2M26S”。结合定时器字的概念，可知定时时间的最大值为 10 s×999=9 990 s，即定时范围为 S5T#10MS 至 S5T#2H46M30S。

2. 定时器的分类及功能

STEP7 中给出了 5 种不同定时器，分别是：脉冲定时器（SP）、扩展脉冲定时器（SE）、接通延时定时器（SD）、保持型接通延时定时器（SS）、断开延时定时器（SF）。

对于这 5 种不同定时器，在梯形图中分别有功能框图形式和线圈形式两种表示方法，见表 6-1。

表 6-1　定时器的功能框图形式和线圈形式

序号	名称	功能框图形式	线圈形式
1	脉冲定时器 SP	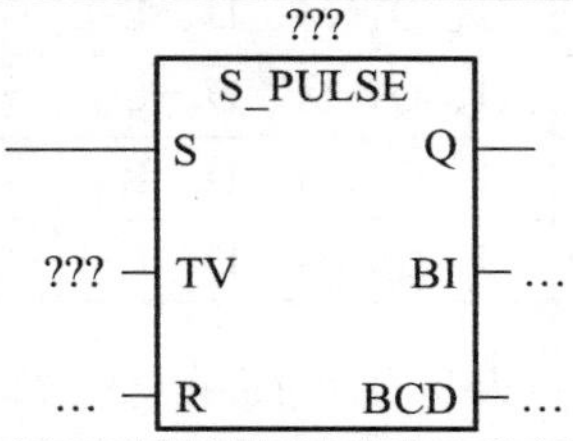 ??? S_PULSE S　Q ??? TV　BI … … R　BCD …	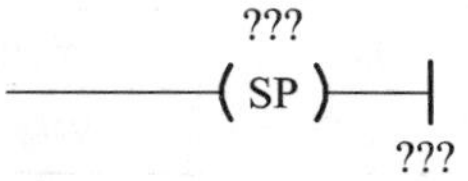 ??? (SP) ???
2	扩展脉冲定时器 SE	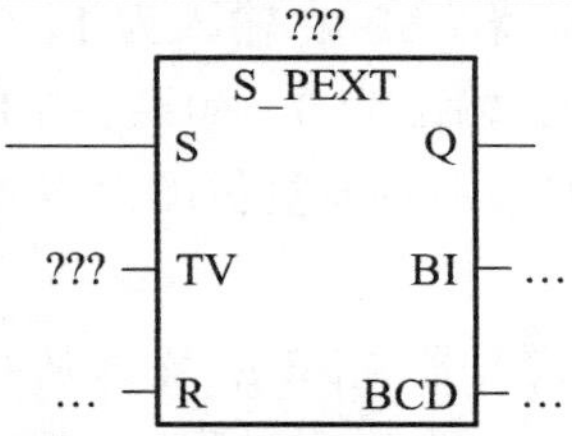 ??? S_PEXT S　Q ??? TV　BI … … R　BCD …	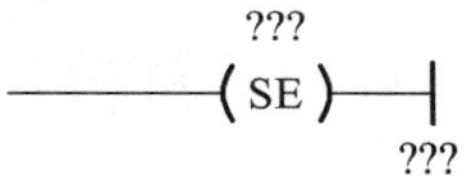 ??? (SE) ???
3	接通延时定时器 SD	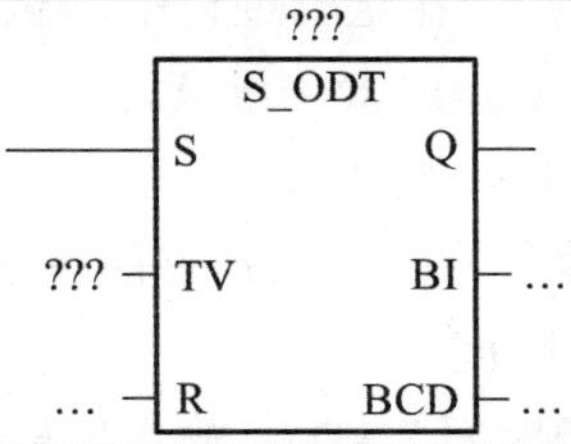 ??? S_ODT S　Q ??? TV　BI … … R　BCD …	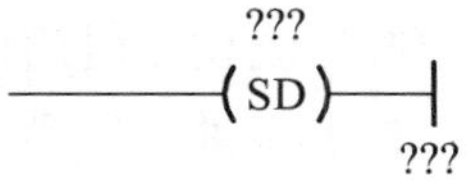 ??? (SD) ???
4	保持型接通延时定时器 SS	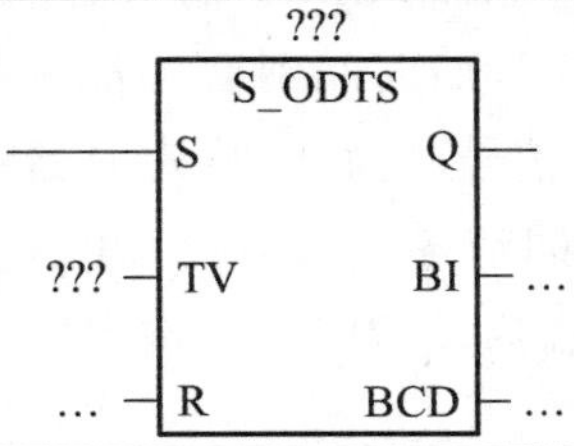 ??? S_ODTS S　Q ??? TV　BI … … R　BCD …	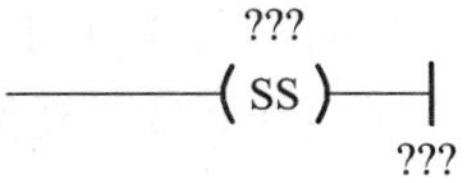 ??? (SS) ???
5	断开延时定时器 SF	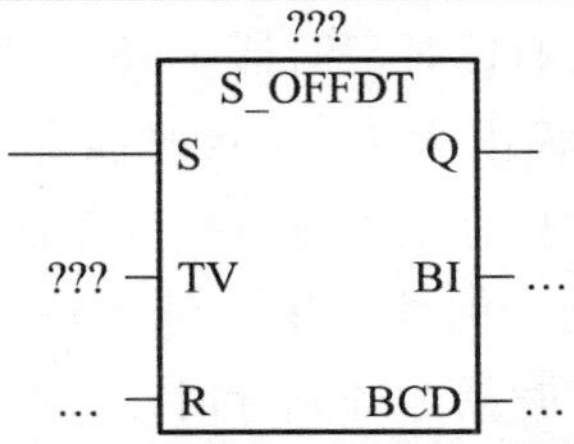 ??? S_OFFDT S　Q ??? TV　BI … … R　BCD …	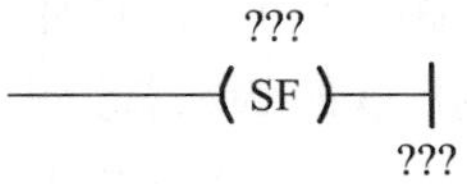 ??? (SF) ???

无论是功能框图形式的定时器还是线圈形式的定时器，其上方问号代表的均是 Tno，即定时器编号，如 T0、T1；下方问号输入 S5TIME 的数据类型，代表设置时间，

如 S5T#10S，设定定时时间为 10 s。

其余定时器端脚的功能由表 6-2 给出。

表 6-2　定时器端脚参数数据类型与功能

参数	数据类型	存储区	功能描述
T no	TIMER	T	定时器编号
S	BOOL	I、Q、M、D、L	启动输入
TV	S5TIME	I、Q、M、D、L	预设时间值
R	BOOL	I、Q、M、D、L	复位输入
Q	BOOL	I、Q、M、D、L	定时器状态输出
BI	WODR	I、Q、M、D、L	剩余时间值（十六进制整型格式）
BCD	WODR	I、Q、M、D、L	剩余时间值（BCD 码格式）

5 种定时器使用时的特点及区别可简单总结如下：

（1）S_PULSE 脉冲定时器（SP）：输入为 1，定时器开始计时，此时输出为 1；计时时间到，定时器停止工作，输出为 0。如果在定时时间未到时，输入变为 0，则定时器停止工作，输出变为 0。如果定时器复位端 R 从 0 变为 1，则定时器复位，时间清零，输出变为 0。

（2）S_PEXT 扩展脉冲定时器（SE）：输入从 0 到 1 时，定时器开始工作计时，输出为 1；定时时间到，输出为 0。在定时过程中，输入信号断开不影响定时器的计时（即开始定时后，输入端由 1 变 0 定时器仍继续计时）。如果定时器复位端 R 从 0 变为 1，则定时器复位，时间清零，输出变为 0。

扩展脉冲定时器与脉冲定时器的区别是前者在定时过程中，输入信号断开不影响定时器的计时（只需接通一瞬间）。

（3）S_ODT 接通延时定时器（SD）：输入信号为 1，定时器开始计时，此时输出为 0；计时时间到，输出为 1。计时时间到后，若输入信号断开，则定时器输出为 0。如果在计时时间未到时，输入信号变为 0，则定时器停止计时。如果定时器复位端 R 从 0 变为 1，则定时器复位，时间清零，输出变为 0。

“接通延时”的含义是在启动定时器（输出信号为 1）并且到达定时时间后，定时器输出 Q 才接通。

（4）S_ODTS 保持型接通延时定时器（SS）：输入信号为 1，定时器开始计时，此时输出为 0；计时时间到，输出为 1。当定时器定时结束后，不管输入信号状态如何，输出 Q 的状态总为 1，此时只有使用复位指令才能使输出变为 0。

（5）S_OFFDT 断开延时定时器（SF）：输入信号由 0 到 1 时定时器复位，输出为 1；当输入信号由 1 到 0 时，定时器才开始计时，计时时间到，输出为 0。在计时过程中，如果输出信号由 0 到 1 则定时器复位，停止计时，输出为 1，等待输入由 1 到 0 时才重新开始计时。

6.3.2　接通延时定时器

S_ODT 接通延时定时器（SD）是使用最多的定时器，下面我们举例说明其使用方法和注意事项。

如图 6-3 所示梯形图程序，按下按钮 SB1（I0.0）并保持，从按下瞬间定时器 T0 开始启动定时，此时输出 Q 为 0，灯 L（Q4.0）未得电为熄灭状态；定时时间 3 s 到达后，输出 Q 变为 1，灯 L（Q4.0）得电点亮。这个时候把原来按下按钮 SB1（I0.0）的手拿走，即按钮复位（I0.0=0），这时定时器输出 Q 变回 0。在任意时刻触发按钮 SB2（I0.1），即触发定时器复位输入 R，定时器复位，输出 Q 置 0，定时时间也清零。

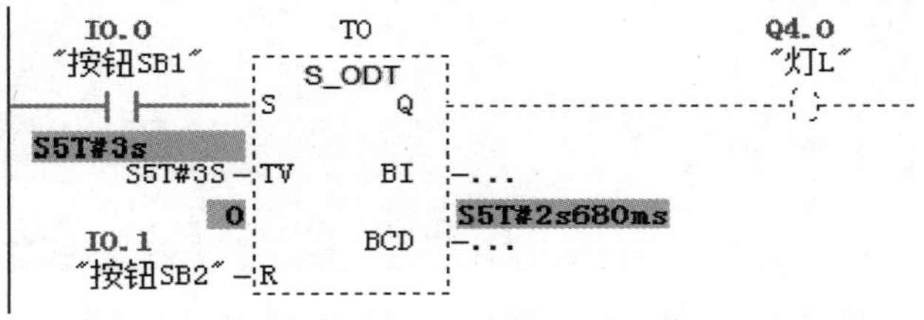

（a）接通延时定时器已启动未到达定时时间

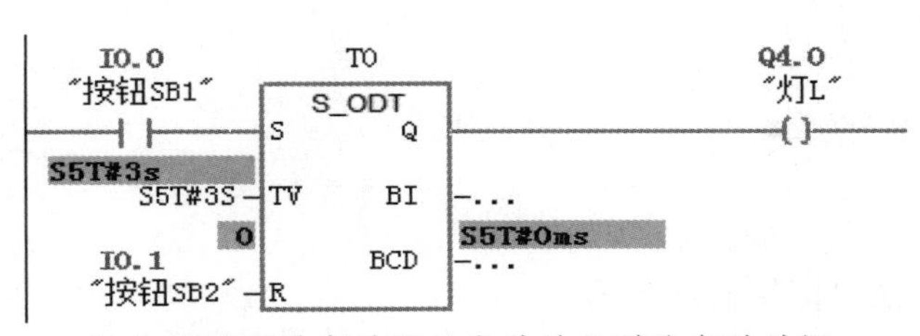

（b）接通延时定时器已启动并已到达定时时间

图 6-3　接通延时定时器使用特性举例

以上例子若采用接通延时定时器的线圈形式进行编程，如图 6-4 所示程序（注：此程序未包括复位部分功能）。由程序可知：线圈形式的定时器在梯形图程序应用时，需开启新程序段以便另行调用。

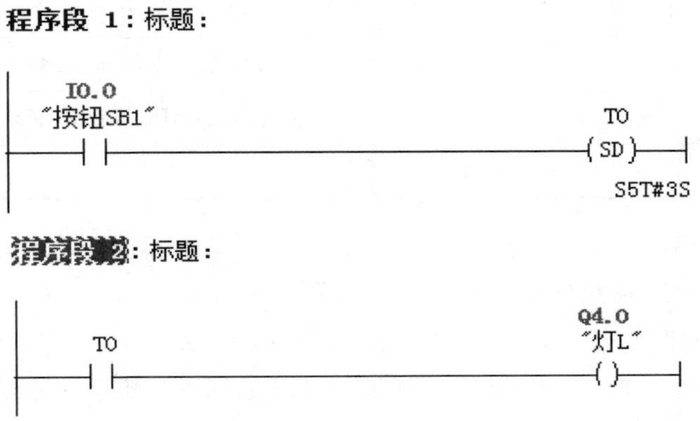

程序段 1：标题：

程序段 2：标题：

图 6-4　接通延时定时器线圈形式使用特性举例

使用 S7-PLCSIM 对含有定时器的程序调试时，可在仿真器菜单上点击 进行“插入定时器”，如图 6-5 所示，注意按实际程序情况修改定时器编号。

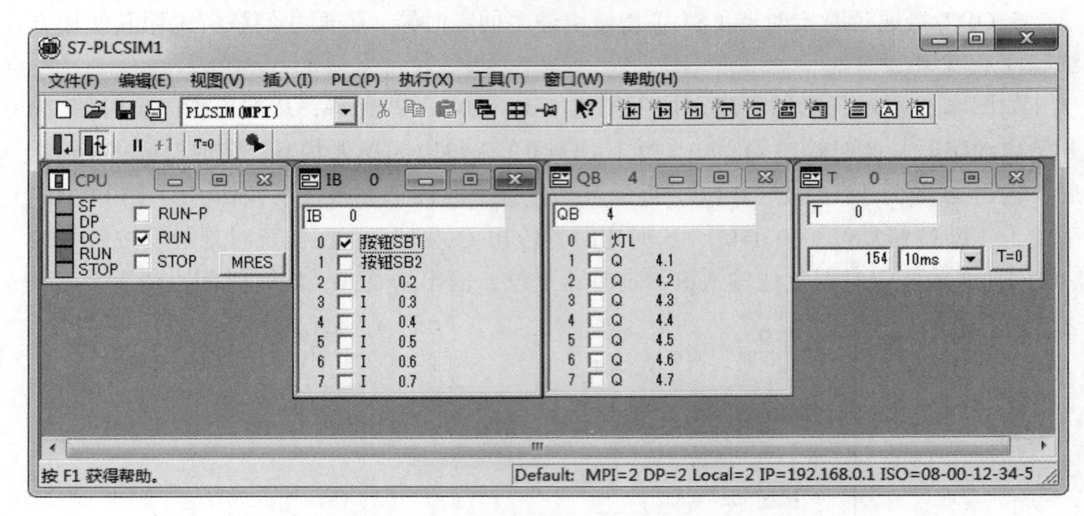

图 6-5　接通延时定时器 S7-PLCSIM 仿真示意图

6.4　项目解决

步骤 1：输入/输出信号器件分析。

输入：启动按钮 SB1、停止按钮 SB2、热继电器 FR。

输出：电铃 L、大型设备 M。

步骤 2：硬件组态（参见项目 3）。

步骤 3：输入/输出地址分配见表 6-3。

表 6-3　输入/输出地址分配

序号	输入信号器件名称	编程元件地址	序号	输出信号器件名称	编程元件地址
1	启动按钮 SB1（常开触点）	I0.0	1	电铃 L（接触器 KM1）	Q4.0
2	停止按钮 SB1（常开触点）	I0.1	2	大型设备 M（接触器 KM2）	Q4.1
3	热继电器 FR（常闭触点）	I0.2			

步骤 4：输入/输出接线。

依据项目输入输出及地址分配进行接线如图 6-6 所示。

步骤 5：编写大型设备预警启动 PLC 控制程序。

大型设备预警启动 PLC 控制程序（线圈形式）如图 6-7 所示，注意在编写过程中，对输入/输出变量用符号进行提示以便程序调试。

SB1
SB2
SB3
I0.0
I0.1
I0.2
Q4.0
Q4.1
KM1
KM2
PLC
CPU 314C-2DP
AC
DC 24 V
M
1L

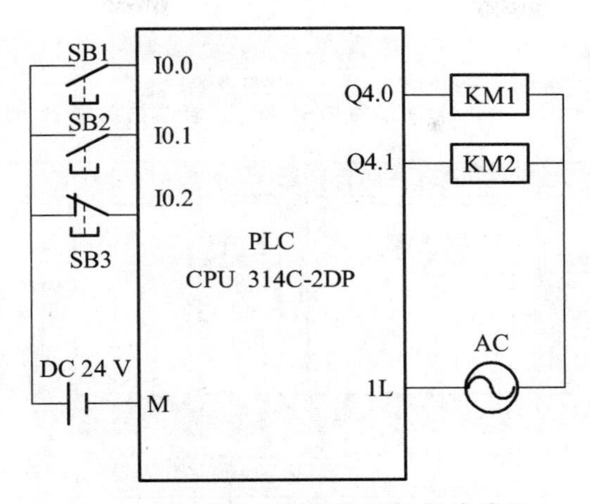

图 6-6　大型设备预警启动控制接线图

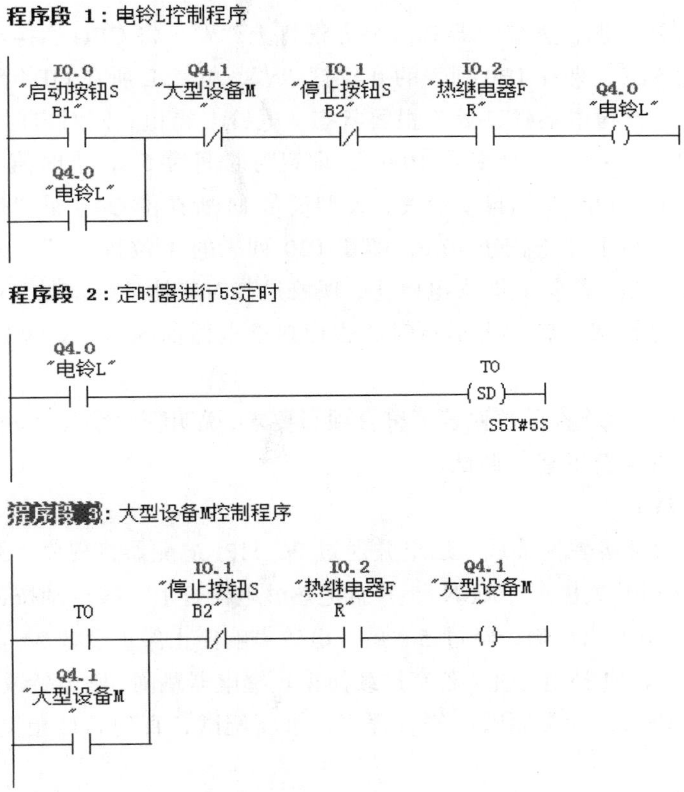

程序段 1：电铃L控制程序
I0.0
"启动按钮SB1"
Q4.1
"大型设备M"
I0.1
"停止按钮SB2"
I0.2
"热继电器FR"
Q4.0
"电铃L"
Q4.0
"电铃L"
程序段 2：定时器进行5S定时
Q4.0
"电铃L"
T0
SD
S5T#5S
程序段 3：大型设备M控制程序
T0
I0.1
"停止按钮SB2"
I0.2
"热继电器FR"
Q4.1
"大型设备M"
Q4.1
"大型设备M"

图 6-7　大型设备预警启动控制 PLC 程序图（输出线圈形式）

步骤 6：使用 PLCSIM 进行仿真调试程序。

注意：热继电器的作用是保护设备，其效果相当于按下停止按钮，因此在程序中处于“串联”位置，并且由于是常闭线圈，在调试中需先闭合热继电器，即仿真时将 I0.2 变量打钩，如图 6-8 所示。为便捷调试程序和进行仿真，S7-PLCSIM 采用垂直列表并关联项目符号。

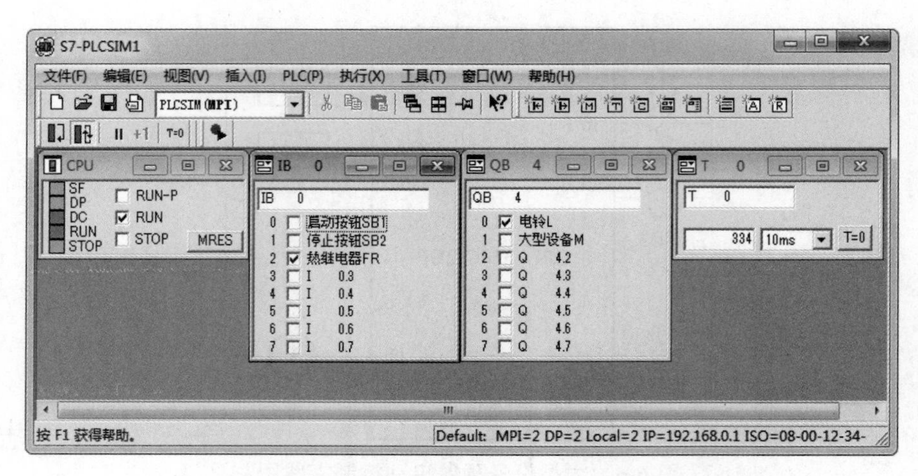

图 6-8　大型设备预警启动控制 PLCSIM 仿真示意图

下载程序并打开监视，热继电器 I0.2 前方框打上“√”，将 CPU 切换至“RUN”状态，按下启动按钮 SB1，即在 IB0 列表的 0 位打“√”，电铃 L 所在 QB4 列表的 0 位也自动打“√”，说明电铃得电响铃正处于报警状态；电铃 L 得电，同时定时器 T0 开始倒计时，时值为 500 开始减少，时基为 10 ms，即定时时间为 5 s，当时值不断减少至 0 时，电铃 L 所在位 Q4.0 前“√”自动消失，大型设备 M 所在位 Q4.1 处“√”自动出现，表明设备得电启动；按下停止按钮 I0.1，即在 IB0 列表的 1 位打“√”，无论是当前是电铃得电还是设备得电，都将立即失电停止，现象是其对应地址位前的“√”自动去掉；模拟过载环节，在电铃或设备得电运行时，去掉热继电器前的“√”，电铃或设备都立即失电停止。

若 S7-PLCSIM 仿真及监视过程若不符合项目要求，说明程序编写部分有逻辑错误，需进行查找修改，再重新下载与调试。

步骤 7：联机调试。

按照图 6-6 原理连接硬件接线，通电并通过 PC/MPI 适配器将程序下载至 PLC 中。

在 CPU 上的状态开关拨至“RUN”，并且把热继电器合上，按启动按钮 SB1，电铃 L（实验室为蜂鸣器）发出声响，经过 5 s 后，电铃声响停止停止设备 M 自动启动；按下停止按钮 SB2，设备 M 掉电停止。若有过载使得热继电器跳闸，则电铃或设备将断电。

若不满足上述要求，检查原因，修改程序，重新调试，直到满足相关要求为止。

巩固练习 6

1. 叙述定时器指令功能框图和线圈形式的用法。
2. 叙述接通延时定时器指令的使用特点。
3. 设计一个电动机 Y-Δ启动程序，控制要求：按下启动按钮，电动机先做 Y 形启动，经过 6 s 后，自动转换到△运行；按下停止按钮，电动机立即停止工作。电动机设置了热继电器 FR 对其进行过载保护。

4. 设计电动机系统控制程序，该电动机系统由两台电动机 M1 和 M2 构成，要求：按下启动按钮后，首先 M1 电动机工作，它所对应的指示灯亮，10 s 后电动机 M2 自动启动，其指示灯亮；按下停止按钮时，电动机 M1 立即停止，它对应的指示灯灭，10 s 后电动机 M2 自动停止，指示灯灭。

5. 三盏彩灯 HL1、HL2 和 HL3，控制要求：

（1）按下启动按钮立即点亮 HL1，经过 3 s 后 HL2 接着被点亮，再经过 3 s 后 HL3 也被点亮。按下停止按钮所有彩灯都熄灭。

（2）按下启动按钮立即点亮 HL1，经过 3 s 后 HL1 熄灭同时 HL2 被点亮，再经过 3 s 后 HL2 被熄灭，同时 HL3 被点亮。按下停止按钮所有彩灯都熄灭。

6. 设计送料小车自动循环控制系统，要求：小车处于最左端时，按下启动按钮，计时 10 s（小车进料过程），然后向右运动；行至最右端后，计时 5 s（小车倒料过程），然后向左运动，至初始位置；以此不断循环送料过程。按下停止按钮，小车回到初始位置后停车。小车左右两端行程位置开关分别设为 SQ1 和 SQ2。

7. 某设备有四台电动机 M1、M2、M3、M4，分别拖动四条传输带，启动时，按照 M1→M2→M3→M4 的顺序依次顺向启动，启动时间间隔为 5 s；停止时按照 M4→M3→M2→M1 顺序依次逆向停止，停止时间间隔为 5 s。

（1）在启动过程中，若按下了停止按钮，则实现逆向停止；在停止过程中，若按下了启动按钮，则实现顺向启动。

（2）当某台电动机发生过载时（如 M2），则编号小的电动机立即停止（M2、M1），编号大的电机则继续按逆序停止要去运行一段时间后再停止。

8. 锅炉上煤控制系统，控制要求：

（1）当按下系统启动按钮 SB1 时，电铃 L 响起，以提示附近人员撤离，响铃 10 s 后铃声停止，同时绿灯 HL 开始亮，亮 8 s 后，系统开始正常运行，二号皮带运输机启动，3 s 后，破碎机启动，3 s 后，筛煤机启动，3 s 后，一号皮带运输机启动，3 s 后，料斗出料阀启动。

（2）在系统正常工作时按下停止按钮 SB2，则料斗出料阀立即停止，4 s 后，一号皮带运输机停止，4 s 后，筛煤机停止，4 s 后，破碎机停止，4 s 后，二号皮带运输机停止。

（3）若在运行过程中，二号或者一号皮带运输机中任何一个发生过载，整个系统立即停止。

项目 7　天塔之光程序设计与调试

按国家标准，顶部高出其地面 45 m 以上的高层建筑必须设置航标灯。为了与一般用途的照明灯有所区别，航标灯不是长亮着而是闪亮，闪光频率不低于 20 次/min，不高于 70 次/min，不论哪种障碍标志灯，其在不同高度的障碍标志灯数目及排列，应能从各个方面都能看出该物体或物体群轮廓，并且考虑障碍标志灯的同时和顺序闪烁，以达到明显的警示作用。

7.1　项目要求

有 9 盏彩灯 L1~L9，当按下启动按钮 SB1 时，9 盏彩灯按照 L1~L9 的顺序亮灭，移到最高位 L9 后，再回到 L1，数码管实时显示被点亮的彩灯号，重复循环下去。彩灯移动的时间间隙为 1 s。按下停止按钮 SB2 后，彩灯熄灭停止工作。

7.2　学习目标

（1）熟练使用 STEP 7 编程软件。
（2）掌握计数器指令、比较指令并熟练应用。
（3）掌握并熟练应用 LED 数码管。
（4）熟练设计并运行调试指示灯控制等相关实例。
（5）能独立完成天塔之光的设计与调试。

7.3　知识链接

7.3.1　数码管原理

LED 即发光二极管，英文全称为 Light Emitting Diode。单独的发光二极管便是一个最简单的 LED，通过控制其亮灭来作为信号指示，一般用于电源指示灯、工作状态指示等。单个的发光二极管使用比较简单。

LED 数码管是由若干个发光二极管组成的显示字段的显示器件，一般简称为数码管。当数码管中的某个发光二极管导通的时候，相应的一个字段便发光，不导通的则不发光。LED 数码管可以根据控制不同组合的二极管导通，来显示各种数据和字符。

目前通常使用较多的是 7 段 LED 数码管，它由 7 个发光二极管组成。这 7 个发光二极管 a ~ g 呈“日”字形排列，其结构及连接如图 7-1 所示。当某个发光二极管导通时，相应地点亮某一点或某一段笔画，通过控制笔段发光，数码管可以显示数字 0 ~ 9，以及一些字母符号等。

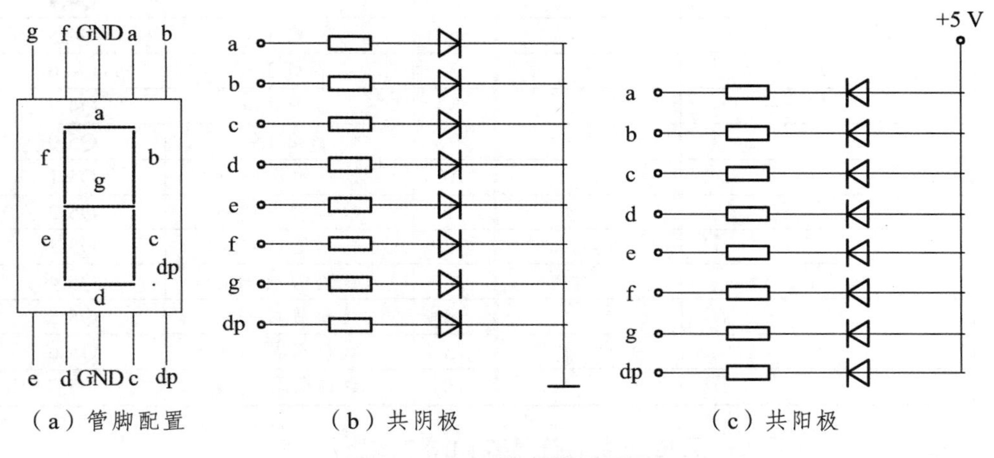

（a）管脚配置　（b）共阴极　（c）共阳极

图 7-1　LED 数码管原理图

7.3.2　数码管分类

LED 数码管可以分为共阴极和共阳极两种，共阴极数码管的内部 8 个 LED 的阴极连接在一起作为公共引出端，只有在公共端接低电平时，该数码管才会亮。共阳极数码管的内部 8 个 LED 的阳极连接在一起作为公共引出端，只有在公共端接高电平时，该数码管才会亮。

7.4　项目解决

步骤 1：输入/输出器件。

输入：启动按钮 SB1，停止按钮 SB2。

输出：彩灯 L1，彩灯 L2，彩灯 L3，彩灯 L4，彩灯 L5，彩灯 L6，彩灯 L7，彩灯 L8，彩灯 L9，数码管段码 a，数码管段码 b，数码管段码 c，数码管段码 d，数码管段码 e，数码管段码 f，数码管段码 g。

步骤 2：硬件组态（参见项目 3）。

步骤 3：输入/输出地址分配见表 7-1。

表 7-1　输入/输出地址分配

序号	输入信号器件名称	编程元件地址	序号	输出信号器件名称	编程元件地址
1	启动按钮（常开触点）	I0.0	1	彩灯 L1	Q4.0
2	停止按钮（常开触点）	I0.1	2	彩灯 L2	Q4.1
			3	彩灯 L3	Q4.2
			4	彩灯 L4	Q4.3
			5	彩灯 L5	Q4.4
			6	彩灯 L6	Q4.5
			7	彩灯 L7	Q4.6
			8	彩灯 L8	Q4.7
			9	彩灯 L9	Q5.0
			10	数码管段码 a	Q5.1
			11	数码管段码 b	Q5.2
			12	数码管段码 c	Q5.3
			13	数码管段码 d	Q5.4
			14	数码管段码 e	Q5.5
			15	数码管段码 f	Q5.6
			16	数码管段码 g	Q5.7

步骤 5：建立符号表，天塔之光的符号表如图 7-2 所示。

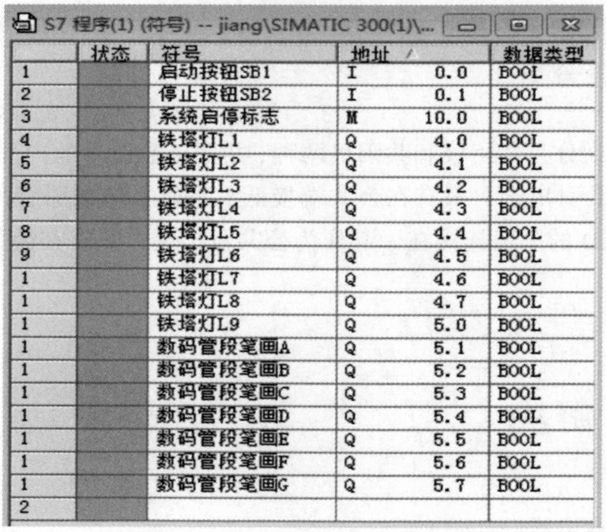

S7 程序(1) (符号) -- jiang\SIMATIC 300(1)\...

	状态	符号	地址		数据类型
1		启动按钮SB1	I	0.0	BOOL
2		停止按钮SB2	I	0.1	BOOL
3		系统启停标志	M	10.0	BOOL
4		铁塔灯L1	Q	4.0	BOOL
5		铁塔灯L2	Q	4.1	BOOL
6		铁塔灯L3	Q	4.2	BOOL
7		铁塔灯L4	Q	4.3	BOOL
8		铁塔灯L5	Q	4.4	BOOL
9		铁塔灯L6	Q	4.5	BOOL
1		铁塔灯L7	Q	4.6	BOOL
1		铁塔灯L8	Q	4.7	BOOL
1		铁塔灯L9	Q	5.0	BOOL
1		数码管段笔画A	Q	5.1	BOOL
1		数码管段笔画B	Q	5.2	BOOL
1		数码管段笔画C	Q	5.3	BOOL
1		数码管段笔画D	Q	5.4	BOOL
1		数码管段笔画E	Q	5.5	BOOL
1		数码管段笔画F	Q	5.6	BOOL
1		数码管段笔画G	Q	5.7	BOOL
2					

图 7-2　天塔之光的符号表

步骤 6：接线图。

天塔之光接线图如图 7-3 所示。

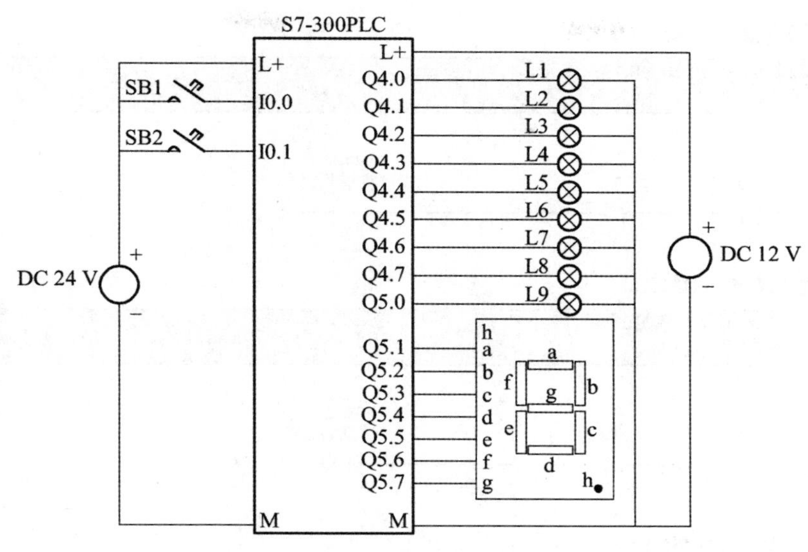

图 7-3　天塔之光接线图

步骤 7：编写程序，如图 7-4 所示。

程序段 1：系统启停控制

把本地和画面的启动或者停止状态 保存在 系统启动标志中

I0.0 "启动按钮SB1"　I0.1 "停止按钮SB2"　M10.0 "系统启停标志"

M10.0 "系统启停标志"

程序段 2：定时器设置

系统运行（M10.0得电）后，对定时器进行设置，T9为循环周期

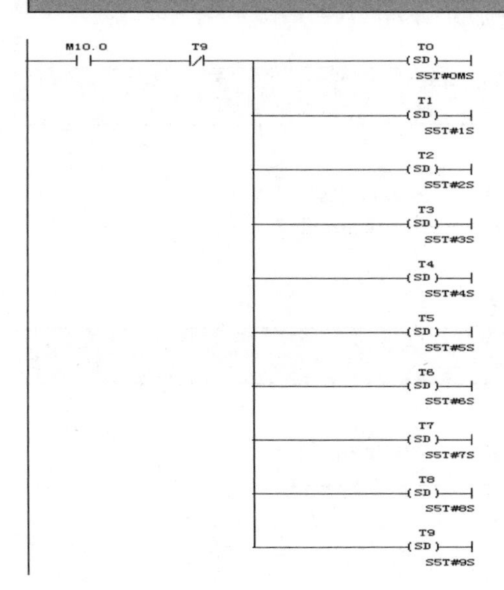

程序段 3：铁塔灯L1

T0到T1（1S）铁塔灯L1亮

T0　T1　Q4.0 "铁塔灯L1"

程序段 4：铁塔灯L2

T1到T2（1S）铁塔灯L2亮

T1　T2　Q4.1 "铁塔灯L2"

程序段 5：铁塔灯L3

T2到T3（1S）铁塔灯L3亮

T2　T3　Q4.2 "铁塔灯L3"

程序段 6：铁塔灯L4

T3到T4（1S）铁塔灯L4亮

T3　T4　Q4.3 "铁塔灯L4"

程序段 7：铁塔灯L5

T4到T5（1S）铁塔灯L5亮

T4　T5　Q4.4 "铁塔灯L5"

程序段 8：铁塔灯L6

T5到T6（1S）铁塔灯L6亮

T5　T6　Q4.5 "铁塔灯L6"

程序段 9：铁塔灯L7

T6到T7（1S）铁塔灯L7亮

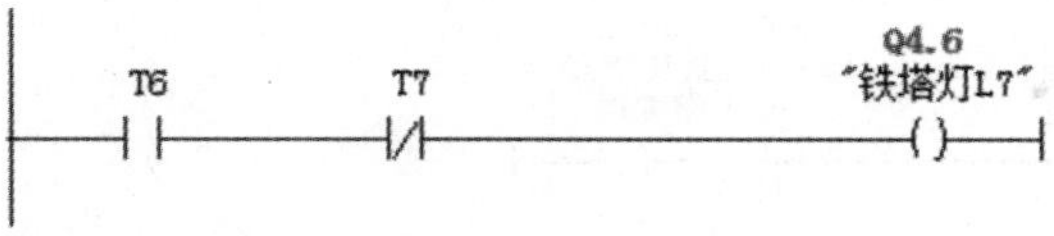

T6　T7　Q4.6 "铁塔灯L7"

程序段 10：铁塔灯L8

T7到T8（1S）铁塔灯L8亮

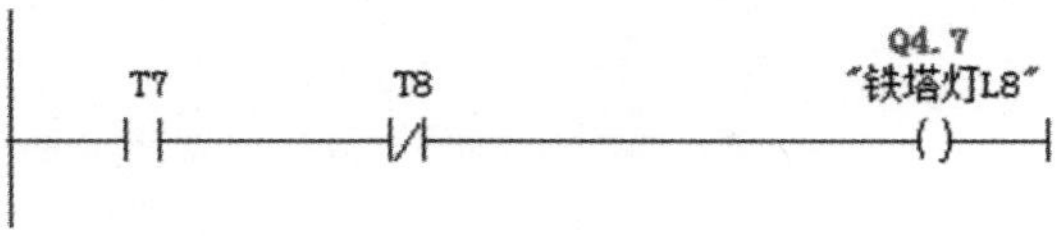

T7　T8　Q4.7 "铁塔灯L8"

程序段 11：铁塔灯L9

T8到T9（1S）铁塔灯L9亮

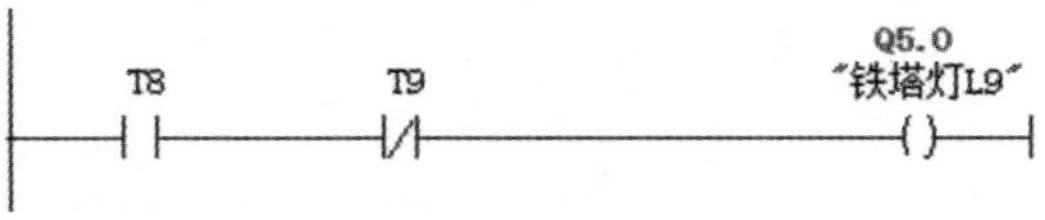

T8　T9　Q5.0 "铁塔灯L9"

程序段 12：数码管段笔画A

铁塔灯2、3、5、6、7、8、9亮时，数码管段笔画A亮

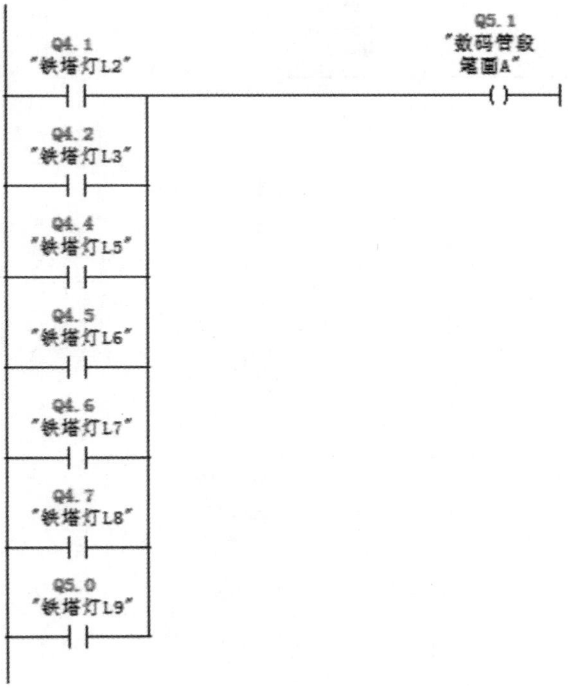

Q4.1 "铁塔灯L2"　Q5.1 "数码管段笔画A"

Q4.2 "铁塔灯L3"

Q4.4 "铁塔灯L5"

Q4.5 "铁塔灯L6"

Q4.6 "铁塔灯L7"

Q4.7 "铁塔灯L8"

Q5.0 "铁塔灯L9"

程序段 13：数码管段笔画B

铁塔灯1，2，3，4，7，8，9亮时，数码管段笔画B亮

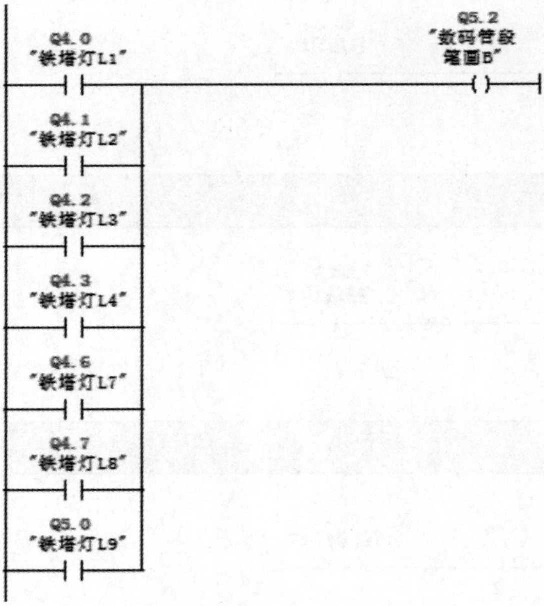

Q4.0 "铁塔灯L1"
Q4.1 "铁塔灯L2"
Q4.2 "铁塔灯L3"
Q4.3 "铁塔灯L4"
Q4.6 "铁塔灯L7"
Q4.7 "铁塔灯L8"
Q5.0 "铁塔灯L9"
Q5.2 "数码管段笔画B"

程序段 14：数码管段笔画C

铁塔灯1，3，4，5，6，7，8，9亮时，数码管段笔画C亮

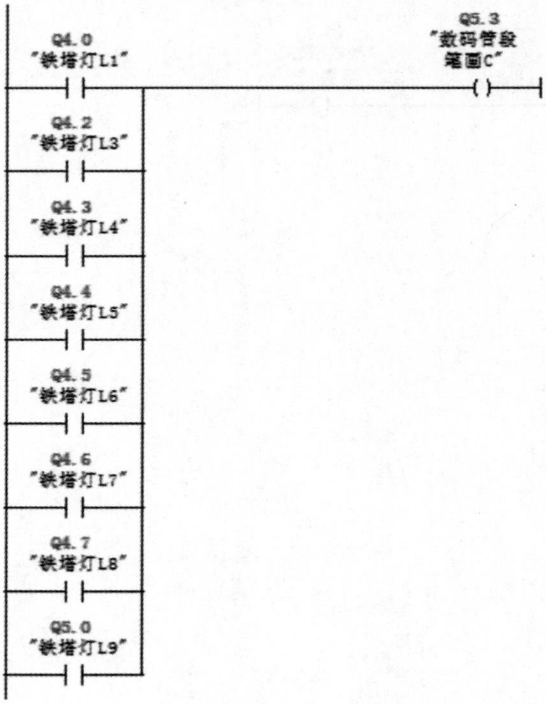

Q4.0 "铁塔灯L1"
Q4.2 "铁塔灯L3"
Q4.3 "铁塔灯L4"
Q4.4 "铁塔灯L5"
Q4.5 "铁塔灯L6"
Q4.6 "铁塔灯L7"
Q4.7 "铁塔灯L8"
Q5.0 "铁塔灯L9"
Q5.3 "数码管段笔画C"

程序段 15：数码管段笔画D

铁塔灯2，3，5，6，8，9亮时，数码管段笔画D亮

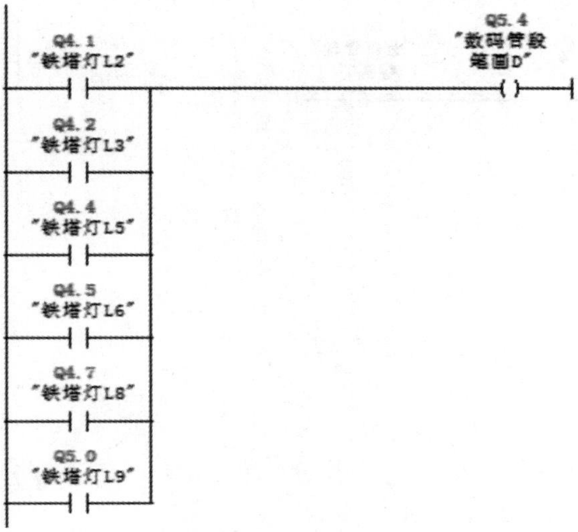

Q4.1 "铁塔灯L2"
Q4.2 "铁塔灯L3"
Q4.4 "铁塔灯L5"
Q4.5 "铁塔灯L6"
Q4.7 "铁塔灯L8"
Q5.0 "铁塔灯L9"
Q5.4 "数码管段笔画D"

程序段 16：数码管段笔画E

铁塔灯2，6，8亮时，数码管段笔画E亮

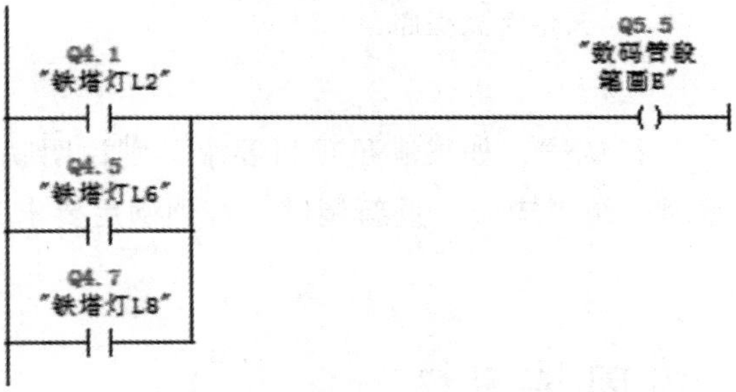

Q4.1 "铁塔灯L2"
Q4.5 "铁塔灯L6"
Q4.7 "铁塔灯L8"
Q5.5 "数码管段笔画E"

程序段 17：数码管段笔画F

铁塔灯4，5，6，8，9亮时，数码管段笔画F亮

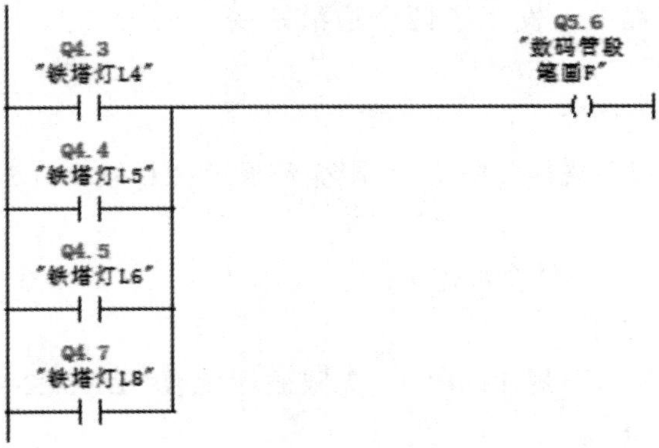

Q4.3 "铁塔灯L4"
Q4.4 "铁塔灯L5"
Q4.5 "铁塔灯L6"
Q4.7 "铁塔灯L8"
Q5.6 "数码管段笔画F"

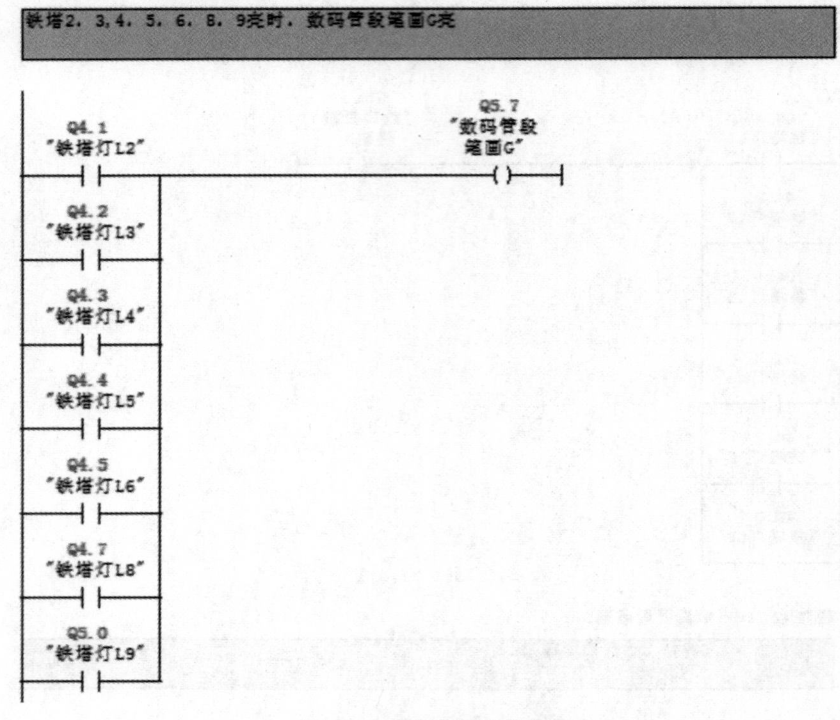

图 7-4　天塔之光程序

步骤 8：联机调试。

连接硬件接线，并下载程序，进行调试，如果满足项目要求，则说明联机调试成功。如果不能满足要求，应检查原因，纠正错误，重新调试，直到满足要求为止。

巩固练习 7

1. 对触点的边沿检测指令与对 RLO 的边沿检测指令有何区别？

2. 一个常开按钮按下的过程中，发生了两个边沿跳变，何谓“上升沿”？在 S7-300PLC 中如何检测“上升沿”？

3. 现有 9 盏彩灯，控制要求如下：

（1）按下启动按钮 SB1，按照以下规律间隔 1 s 无限循环显示：L1→L2→L3、L4→L5、L6、L7→L8、L9。

（2）当按下停止按钮 SB1，9 盏彩灯全部熄灭。

4. 现有 9 盏彩灯，控制要求如下：

（1）按下启动按钮 SB1，按照以下规律间隔 1 s 无限循环显示：L1→L2→L1、L3、L4→L2、L5、L6→L7→L4、L8、L9。

（2）当按下停止按钮 SB1，9 盏彩灯全部熄灭。

5. 现有 16 盏彩灯，控制要求如下：

（1）按下启动按钮 SB1，按照以下规律间隔 1 s 无限循环显示：L1→L2→L3→L4→L5→L6→L7→L8→L9→L10→L19→L12→L13→L14→L15→L16。

（2）当按下停止按钮 SB1，16 盏彩灯全部熄灭。

6. 音乐喷泉控制要求为：

（1）闭合“启动”开关，指示灯按以下规律循环显示 L1、L2、L3、L4→L5、L6、L7、L8→L1、L2、L3、L4、L5、L6、L7、L8→循环。

（2）间隔时间为 1 s。

（3）关闭“启动”开关，音乐喷泉控制系统停止运行。

项目 8　洗衣机 PLC 控制程序设计与调试

8.1　项目要求

洗衣机有两个按钮：一个是启动，一个是停止。按下启动按钮，洗衣机开始如下流程：

（1）进水阀打开，开始进水，直到触发“上限”按钮进水阀关闭；

（2）搅轮机运动，先正搅拌 1 s，然后反搅拌 1 s，正反搅拌不断循环，来回 6 次共 12 s；

（3）排水阀打开，开始排水，直到触发“下限”按钮排水阀关闭；

（4）甩干 4 s，4 s 后停止。

（1）~（4）过程重复 3 遍，最后有一个洗完提示蜂鸣器响 5 s 后全程结束。

洗完后重新按启动按钮，洗衣机重复以上过程；若洗衣中途按停止按钮，则全过程将停止下来。

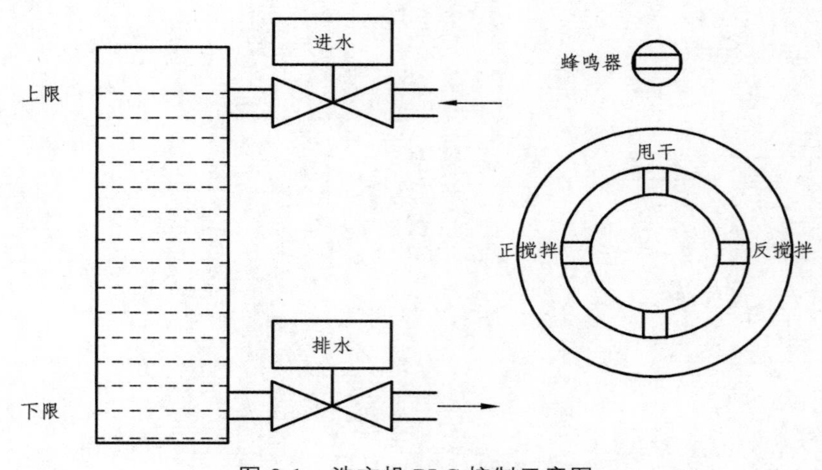

图 8-1　洗衣机 PLC 控制示意图

8.2　学习目标

（1）掌握计数器指令的分类及应用方法。

（2）掌握比较器指令的分类及应用方法。

（3）进一步熟悉顺序程序的编写技巧。

（4）巩固程序仿真调试、联机调试能力。

（5）能独立完成洗衣机 PLC 控制程序设计与调试。

8.3　相关知识

8.3.1　计数器

STEP 7 为用户提供了一定数量的计数器，计数器是 S7-300PLC 中 CPU 内的一个系统存储区域，该存储区为每个计数器留一个 16 位计数字和一个二进制位存储空间。使用计数器时，计数器的地址编号必须在有效的范围之内。例如，CPU314C-2DP 提供了 256 个计数器，分别为 C0~C255。

计数器的当前计数值规定了相应的固定格式，其数据长度为 16 位，第 0 位到第 11 位存放 BCD 码格式的计数值，三位 BCD 码表示的范围是 0~999（即最大计数值为 999），第 12 到第 15 位没有用途。定时器字如图 8-2 所示。

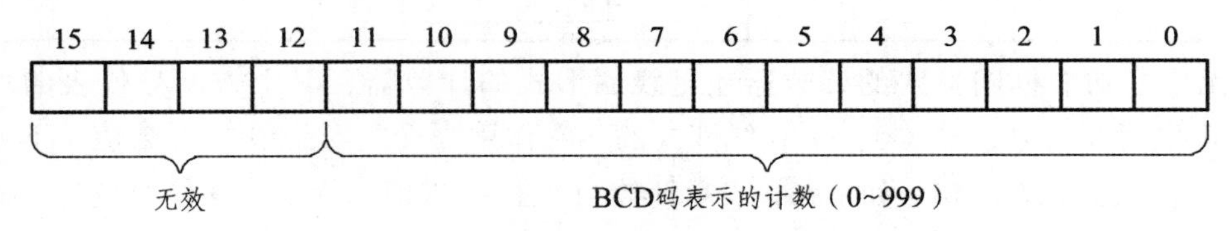

图 8-2　计数器字

例如：计数器字为 0001010100110010，表示计数器当前的计数值为 BCD 码 532。

STEP 7 中给出了 3 种不同计数器，分别是：加计数器 S_CU、减计数器 S_CD、加减计数器 S_CUD。

计数器指令的梯形图表示方法有功能框图形式和线圈形式，见表 8-1。

表 8-1　计数器的功能框图形式和线圈形式

序　号	名　称	功能框图形式	线圈形式
1	加计数器 S_CU/ 设定计数器值	??? S_CU CU　Q … S　CV … … PV　CV_BCD … … R	??? (SC) ???

续表

序　号	名　称	功能框图形式	线圈形式
2	减计数器 S_CD	??? S_CU CU　Q … S　CV … … PV　CV_BCD … … R	??? (CU) ???
3	加减计数器 S_CUD	??? S_CUD CU　Q … CD　CV … … PV　CV_BCD … … PV … R	??? (CD) ???

无论是功能框图形式的计数器还是线圈形式的计数器，其上方问号代表的均是 C_{no}，即定时器编号，如 C0、C1；线圈式的 SC 作用为设置当前/初次计数值，下方问号输入计数器常数 C#值，如 C#6，表示计数当前值/初次值为 6 次，其作用与功能框图的 PV 部分相似。

其余计数器端脚的功能具体如下：

（1）CU 为加计数器输入端，该端每出现一个上升沿，计数器自动加“1”，若当计数器当前计数值达到最大值 999 时，计数值不再增加，加“1”操作无效。

（2）CD 为减计数器输入端，该端每出现一个上升沿，计数器自动减“1”，若当计数器当前计数值为 0 时，计数值不再减，此时减“1”操作无效。

（3）S 为预置信号输入端，该端出现上升沿时，将 PV 端设置好的计数初值作为当前值。

（4）PV 为计数初值输入端，初值的范围为 0~999，可以通过字存储器（如 MW0、IW1 等）为计数器提供预置初值，也可以直接输入“C#常数”格式的 BCD 码格式值进行预置初值，如 C#6、C#99。

（5）R 为计数器复位信号输入端，任何情况下，只要该端出现上升沿，计数器就会立即复位。复位后计数器的当前值变为 0，输出状态为“0”。

（6）CV 为以整数形式显示或输出的计数器当前值，如 16#0008、16#002c，该端可连接各种字存储器，如 MW0、QW2、IW3 等，也可悬空。

（7）CV_BCD 为以 BCD 码形式显示或输出的计数器当前值，如 C#005、C#023，该端可连接各种字存储器，也可悬空。

（8）Q 为计数器状态输出端，只要计数器当前值不为 0，计数器的状态就为“1”，反之为 0。该端可连接为存储器，如 Q4.0、M5.1，也可悬空。

加减计数器应用时涵盖了加计数器和减计数器两者的功能，我们以加减计数器功能框图指令举例进行学习。在 STEP 7 的程序编辑器中输入如图 8-3 所示的程序。

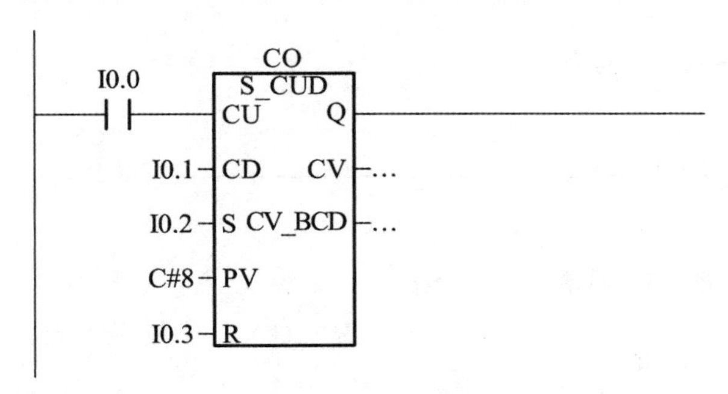

图 8-3　加减计数器功能框图指令程序

使用 S7-PLCSIM 对程序仿真，可以通过点击菜单栏上的按钮进行“插入计数器”，如图 8-4 所示，注意按实际程序情况修改计数器编号。仿真结果如下：当 S 处（按下 I0.2）出现上升沿时，由于 PV 端设置了 C#8，计数初值被置为 8，CV 端显示当前计数值为 16#0008，与 S7-PLCSIM 中 C0 的计时器字 0000_0000_0000_1000 相对应；当 CU 处（按下 I0.0）处每出现一个上升沿，CV 端显示数值增加 1；当 CD 处（按下 I0.1）处每出现一个上升沿，CV 端显示数值减少 1，直至计数值减为 0；无论当前计数值为多少，当 R 处出现上升沿（按下 I0.3）时，计数器 C0 被复位，计数值 CV 变为 0。

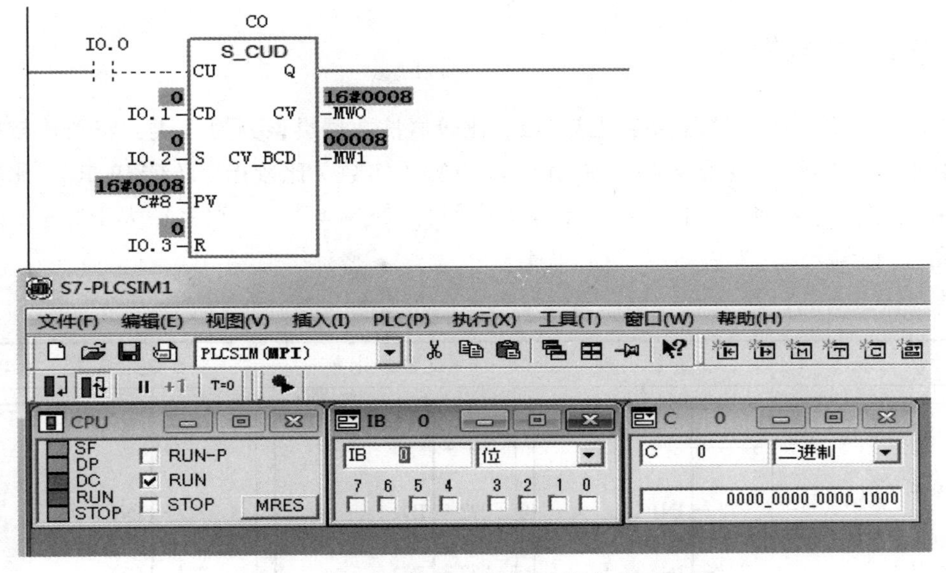

图 8-4　加减计数器功能框图指令应用示例

线圈形式的加、减计数器及设置计数值举例如图 8-5 所示，通过仿真可知 SC 指令与 CU 和 CD 指令及复位线圈配合可以实现 S_CUD 加减计数器指令的功能。

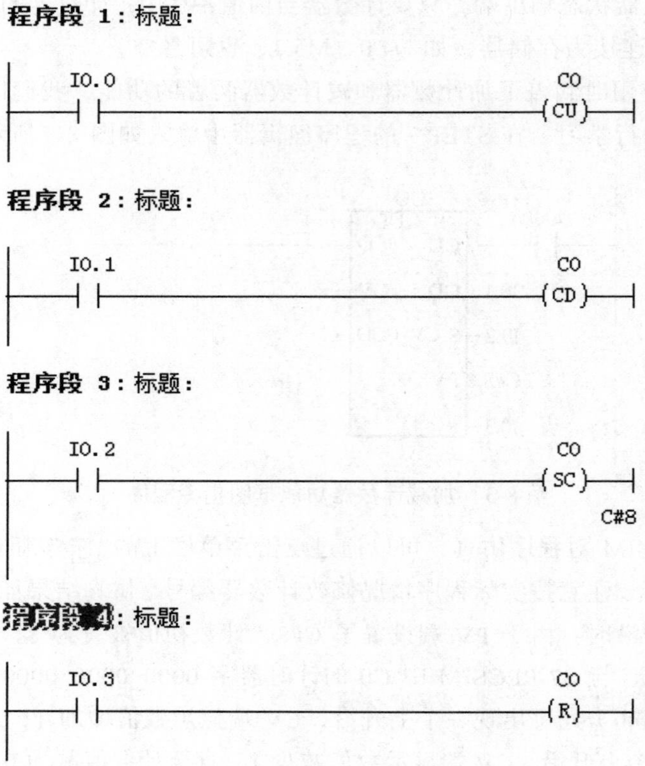

程序段 1：标题：

I0.0 CO (CU)

程序段 2：标题：

I0.1 CO (CD)

程序段 3：标题：

I0.2 CO (SC) C#8

程序段 4：标题：

I0.3 CO (R)

图 8-5 加减计数器线圈指令应用示例

8.3.2 比较器

STEP 7 提供的比较器指令见表 8-2。比较器按数据类型分为 3 类：整数比较指令（CMP_I）、双整数比较指令（CMP_D）、浮点数（实数）比较指令（CMP_R）。比较器按比较类型分为 6 种：等于（==）、不等于（<>）、大于（>）、小于（<）、大于等于（>=）、小于等于（<=）。

表 8-2 比较器指令

功 能	整数比较	长整数比较	浮点数（实数）比较
等于（EQ）	CMP==1 ??? — IN1 ??? — IN2	CMP==D ??? — IN1 ??? — IN2	CMP==R ??? — IN1 ??? — IN2

续表

功　能	整数比较	长整数比较	浮点数（实数）比较
不等于（NE）	CMP<>I ??? — IN1 ??? — IN2	CMP<>D ??? — IN1 ??? — IN2	CMP<>R ??? — IN1 ??? — IN2
大于（GT）	CMP>I ??? — IN1 ??? — IN2	CMP>D ??? — IN1 ??? — IN2	CMP>R ??? — IN1 ??? — IN2
小于（LT）	CMP<I ??? — IN1 ??? — IN2	CMP<D ??? — IN1 ??? — IN2	CMP<R ??? — IN1 ??? — IN2
大于等于（GE）	CMP>=I ??? — IN1 ??? — IN2	CMP>=D ??? — IN1 ??? — IN2	CMP>=R ??? — IN1 ??? — IN2
小于等于（LE）	CMP<=I ??? — IN1 ??? — IN2	CMP<=D ??? — IN1 ??? — IN2	CMP<=R ??? — IN1 ??? — IN2

比较器指令将累加器 1 与累加器 2 中的数据做比较，被比较的两个数要求是同样的数据类型，如果比较结果满足，则比较器逻辑输出“1”，比较结果不满足则比较器输出“0”。比较器的输入端可以悬空，也可以给相应触点或其他指令作为限制；比较器必须在有能流经过时才开始进行比较，否则即使比较结果满足，也不会输出“1”的结果。

整数类型的等于比较器应用较多，结合计数器对其用法进行举例说明，如图 8-6 所示。

每当 I0.0 出现上升沿，计数器 C0 的加计数端有效，则 CV 处当前计数值加 1，即 MW0 加 1，整数型等于比较器放置在计数器 C0 的输出端 Q 处，计数值为 1 以及大于 1 以上 Q 输出为 1，此时比较器开始工作，当计数值 MW0 为 3 时，由于 IN2=3，符合比较等于条件，比较器输出端出“1”，线圈 Q4.0 得电。

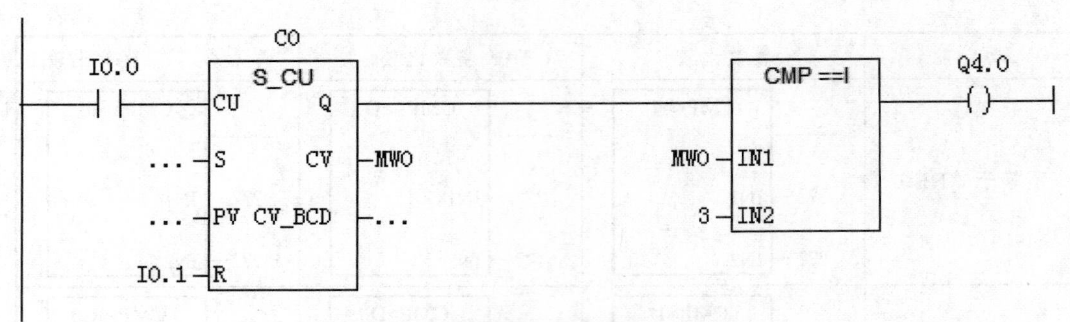

图 8-6　整数型等于比较器应用示例

8.4　项目解决

步骤 1：输入/输出信号器件分析。

输入：启动按钮、停止按钮、上限传感器、下限传感器。

输出：进水阀、排水阀、正搅拌、反搅拌、甩干、蜂鸣器。

步骤 2：硬件组态（参见项目 3）。

步骤 3：输入/输出地址分配见表 8-3。

表 8-3　输入/输出地址分配

序号	输入信号器件名称	编程元件地址	序号	输出信号器件名称	编程元件地址
1	启动按钮（常开触点）	I0.0	1	进水阀（KM1）	Q4.0
2	停止按钮（常开触点）	I0.1	2	排水阀（KM2）	Q4.1
3	上限传感器（常开触点）	I0.2	3	正搅拌（KM3）	Q4.2
4	下限传感器（常开触点）	I0.2	4	反搅拌（KM4）	Q4.3
			5	甩干（KM5）	Q4.4
			6	蜂鸣器（KM6）	Q4.5

步骤 4：输入/输出接线。

依据项目输入/输出及地址分配进行接线，如图 8-7 所示。

步骤 5：编写洗衣机 PLC 控制程序。

洗衣机 PLC 控制程序（线圈形式）如图 8-8 所示，在编写过程中，对输入/输出变量用符号进行提示以便程序调试。由于洗衣机控制较为复杂，可以联合 S7-PLCSIM 边编写边调试，注意区分计数器和比较器对搅拌次数的统计及对洗衣环节次数的统计两个不同的环节。

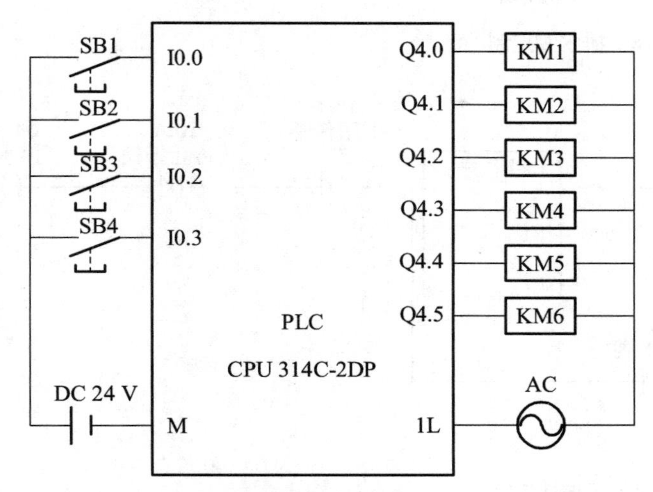

图 8-7　洗衣机 PLC 控制接线图

程序段 1：进水阀控制

I0.0 "启动按钮"
I0.2 "上限传感器"
Q4.5 "蜂鸣器"
I0.1 "停止按钮"
Q4.0 "进水阀"
Q4.0 "进水阀"
T2

程序段 2：正反搅拌计数器

Q4.2 "正搅拌"
C0
S_CU
CU　Q
...　S　CV　MW0
...　PV　CV_BCD　...
I0.0 "启动按钮"
R
I0.3 "下限传感器"
I0.1 "停止按钮"

程序段 3：排水阀控制

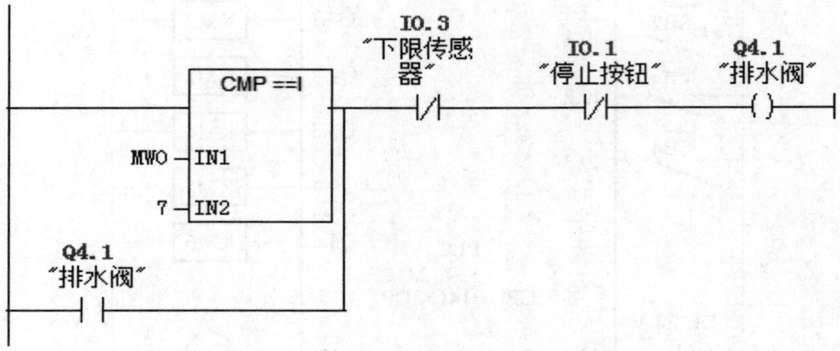

程序段 4：正搅拌控制

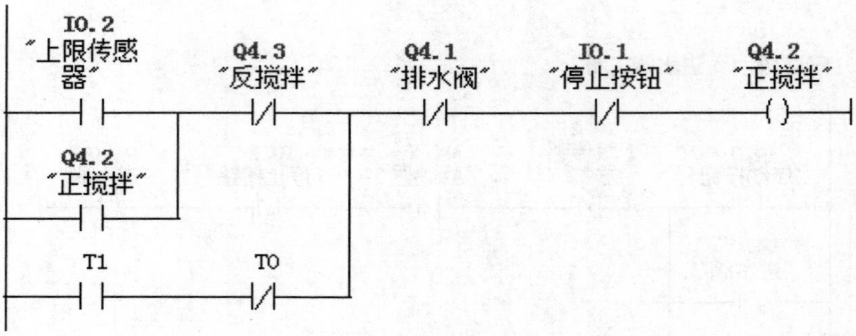

程序段 5：反搅拌控制

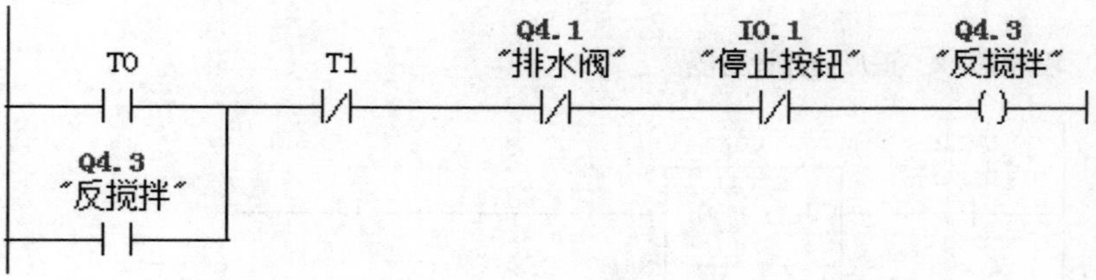

程序段 6：甩干控制

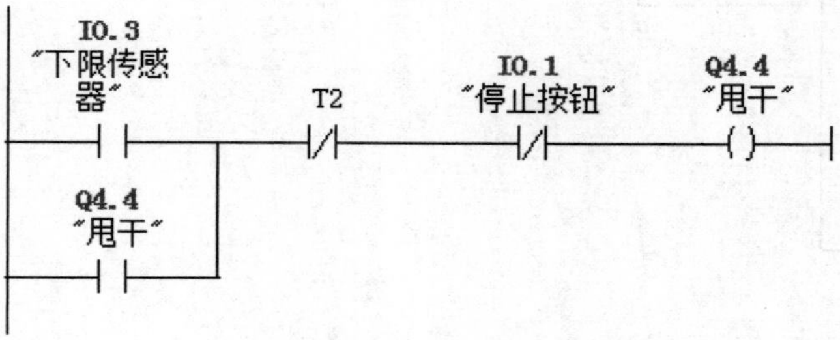

程序段 7：洗涤次数计数器

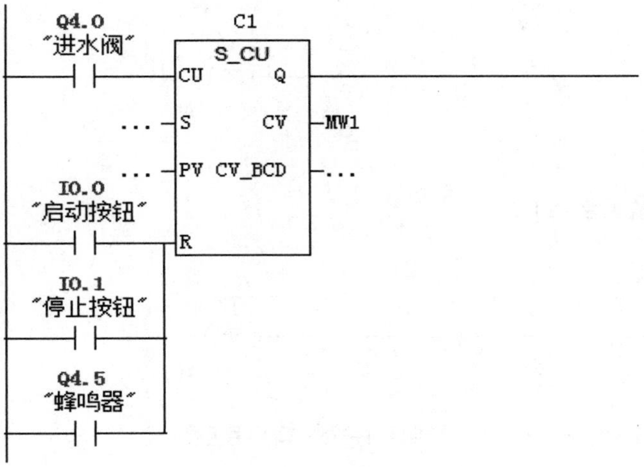

Q4.0 "进水阀"　C1 S_CU　CU　Q　S　CV　MW1　PV　CV_BCD　I0.0 "启动按钮"　R　I0.1 "停止按钮"　Q4.5 "蜂鸣器"

程序段 8：蜂鸣器控制

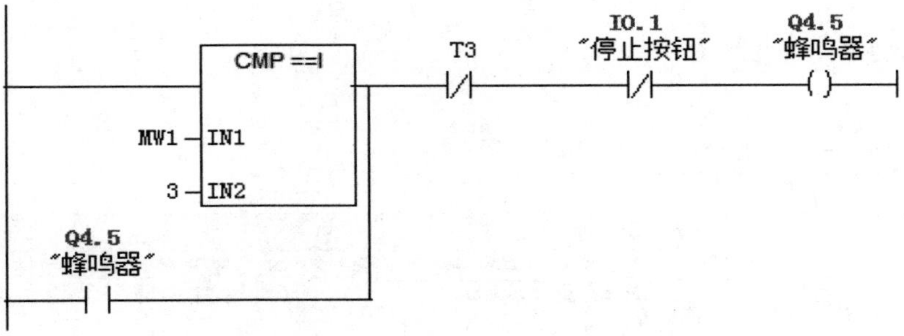

CMP ==I　T3　I0.1 "停止按钮"　Q4.5 "蜂鸣器"　MW1　IN1　3　IN2　Q4.5 "蜂鸣器"

程序段 9：正搅拌定时

Q4.2 "正搅拌"　T0　SD　S5T#1S

程序段 10：反搅拌定时

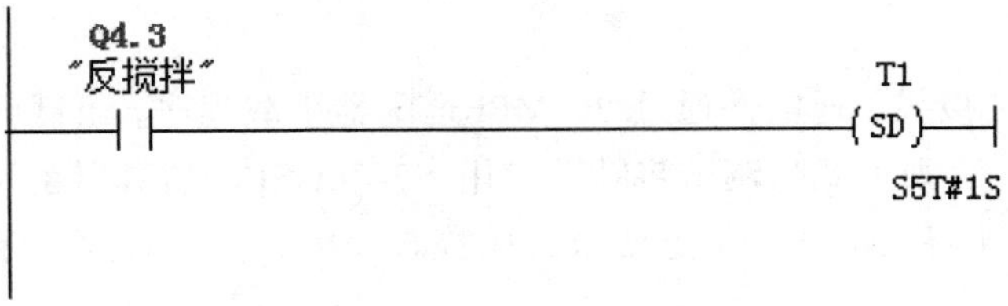

Q4.3 "反搅拌"　T1　SD　S5T#1S

程序段 11：甩干定时

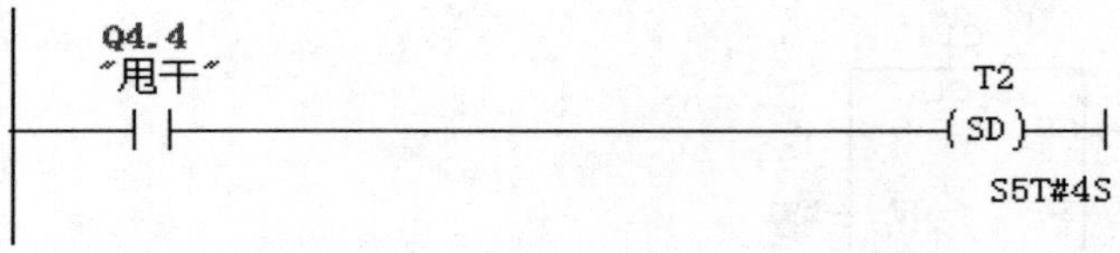

Q4.4
"甩干"
T2
SD
S5T#4S

程序段 12：蜂鸣器定时

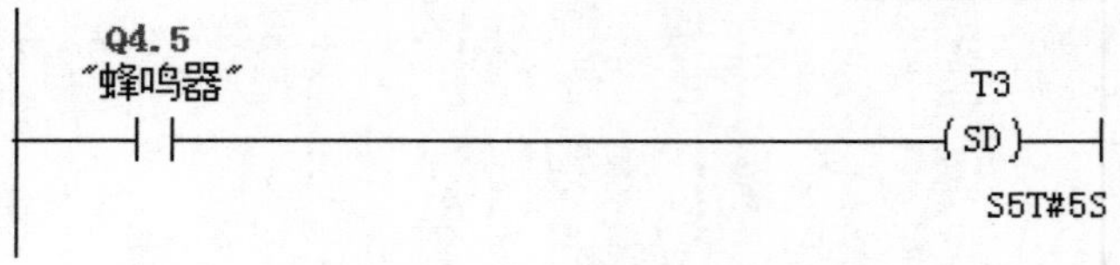

Q4.5
"蜂鸣器"
T3
SD
S5T#5S

图 8-8　洗衣机 PLC 控制程序图（输出线圈形式）

步骤 6：使用 S7-PLCSIM 进行仿真调试程序。

为便捷调试程序和进行仿真，S7-PLCSIM 采用垂直列表并关联项目符号，如图 8-9 所示。

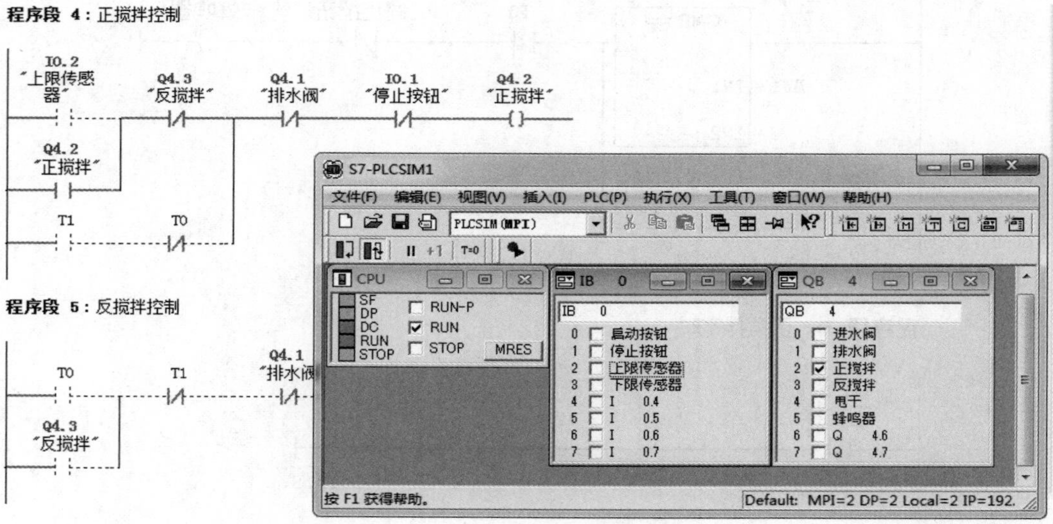

图 8-9　洗衣机 PLC 控制仿真与监视运行

若 S7-PLCSIM 仿真及监视过程不符合项目要求，则说明程序编写部分有逻辑错误，需进行查找、修改，再重新下载与调试。

步骤 7：联机调试。

按照图 8-7 连接硬件接线，通电并通过 PC/MPI 适配器下载程序，下载时候注意关闭 S7-PLCSIM 仿真器，否则下载与调试将默认使用 S7-PLCSIM 仿真器系统。对照洗衣机项目的要求进行硬件调试，若不满足要求，应检查原因，修改程序，重新调试，直到满足相关要求为止。

巩固练习 8

1. 叙述计数器指令功能框图和线圈形式的用法。

2. 叙述等于比较器指令的使用特点。

3. 一盏彩灯 HL1，要求按下启动按钮第 3 次时点亮，第 4 次时熄灭。熄灭后再按 3 次启动按钮又可重新点亮，按第 4 次时熄灭。要求：

（1）分析输入/输出信号器件；

（2）进行 I/O 地址分配；

（3）画出接线图；

（4）编写梯形图程序；

（5）仿真调试程序。

4. 三盏彩灯 HL1、HL2 和 HL3，要求按下启动按钮后，按照 HL1→HL2→HL3 为一组循环顺序，每隔 1 s 亮一盏。当循环次数到达 10 组后，所有彩灯自动熄灭。

5. 用一个按钮控制组合吊灯三挡亮度，功能如下：控制按钮按第一下，吊灯中的 1 个灯泡亮；控制按钮按第二下，吊灯中的 2 个灯泡亮；控制按钮按第三下，吊灯中的 3 个灯泡全亮；控制按钮按第四下，灯泡全熄灭。

6. 水性笔包装控制：生产线自动完成某品牌水性笔的包装控制，其检测传感器每检测到 10 支水性笔后自动归入小盒包装，当产品小袋包装累积到 30 个以后自动归入大箱包装（即一箱产品中有 30 小盒，每小盒有 10 支水性笔）。请设计相应的水性笔包装控制程序。

7. 霓虹灯广告屏控制器设计。如图 8-10 所示，按下启动按钮 SB1 后，广告屏的 8 个灯管点亮时序为 1→2→3→4→5→6→7→8，依次点亮时间间隔为 1 s，全亮后，保持 10 s，再反过来 8→7→6→5→4→3→2→1 依次熄灭，时间间隔为 1 s，全熄灭后，保持 2 s，再重头开始按照以上规律依次点亮和熄灭；循环三次后，8 个灯管全部以 1 Hz 的频率闪烁，闪烁 30 次后，又重头开始执行依次点亮和熄灭，周而复始。当按下停止按钮，全部灯管熄灭。

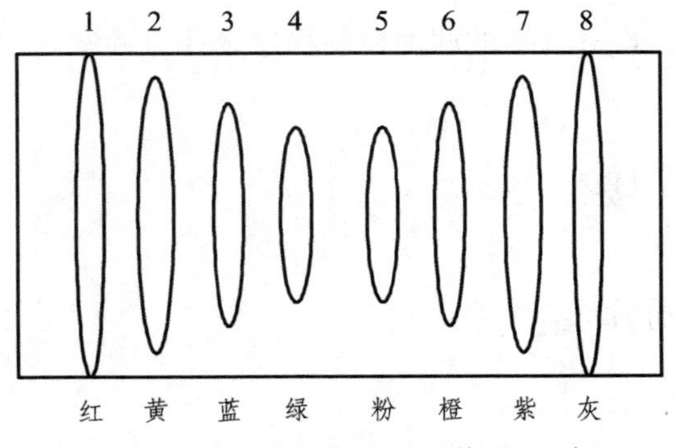

图 8-10　霓虹灯广告屏 PLC 控制示意图

项目 9　基于 MCGS 的两地控制程序设计与调试

9.1　项目要求

编程实现电动机启停现场控制及 MCGS 监控（A 地点与 B 地点都能控制即两地控制）。控制要求：

（1）按下现场启动按钮，能启动现场电动机，可通过昆仑通态触摸屏画面中电动机图形颜色变化监视电动机的启动运行状态。按下现场停止按钮可以停止现场电动机的运行，也可通过昆仑通态触摸屏画面中电动机图形颜色变化监视电动机的停止状态。

（2）在触摸屏画面上按下启动按钮，能启动现场的电动机，也能通过触摸屏画面中电动机图形颜色变化显示电动机的启动运行状态。在触摸屏画面上按下停止按钮，能停止现场的电动机运行，也能通过触摸屏画面中电动机图形颜色变化显示电动机的停止状态。

9.2　学习目标

（1）了解 MCGS 功能及特点。

（2）掌握 MCGS 组成。

（3）掌握 MCGS 组态过程。

（4）掌握 MCGS 监控及调试方法。

（5）掌握两地控制含义。

（6）能独立完成基于 MCGS 的两地控制程序设计与调试。

9.3　知识链接

9.3.1　MCGS 简介

1. MCGS 简介

MCGS（Monitor and Control Generated System）是由北京昆仑通态自动化软件科技

有限公司开发的一款全中文的 32 位工业自动化控制组态软件，用于快速构造和生成上位机监控系统的组态软件系统，可运行于 Microsoft Windows 95/98/Me/NT/2000/Win7 等操作系统。

MCGS 为用户提供了解决实际工程问题的完整方案和开发平台，能够完成现场数据采集、实时和历史数据处理、报警和安全机制、流程控制、动画显示、趋势曲线和报表输出及企业监控网络等功能。

使用 MCGS，用户无须具备计算机编程的知识，就可以在短时间内轻而易举地完成一个运行稳定、功能全面、维护量小且具备专业水准的计算机监控系统的开发工作。

2. MCGS 组态软件的功能和特点

（1）全中文、可视化、面向窗口的组态开发界面，符合中国人的使用习惯和要求。

（2）庞大的标准图形库、完备的绘图工具及丰富的多媒体支持。

（3）支持目前绝大多数硬件设备，同时可以方便地定制各种设备驱动。

（4）强大的数据处理功能，能够对工业现场产生的数据以各种方式进行统计处理。

（5）强大的网络功能，支持 TCP/IP、Modem、485/422/232，以及各种无线网络和无线电台等多种网络体系结构。

9.3.2　MCGS 系统组成

MCGS 软件系统包括组态环境和运行环境两个部分。组态环境相当于一套完整的工具软件，帮助用户设计和构造自己的应用系统。MCGS 组态环境是生成用户应用系统的工作环境，由可执行程序 McgsSet.exe 支持，用户在 MCGS 组态环境中完成动画设计、设备连接、编写控制流程、编制工程打印报表等全部组态工作后，生成扩展名为.mcg 的工程文件，又称为组态结果数据库，其与 MCGS 运行环境一起，构成了用户应用系统，统称为“工程”。运行环境则按照组态环境中构造的组态工程，以用户指定的方式运行，并进行各种处理，完成用户组态设计的目标和功能，由可执行程序 McgsRun.exe 支持，在运行环境中完成对工程的控制工作。

MCGS 工控组态软件主要有五大组成部分：主控窗口、设备窗口、用户窗口、实时数据库和运行策略，如图 9-1 所示。

图 9-1　MCGS 工控组态软件组成

1. 主控窗口

主控窗口确定了工业控制中工程作业的总体轮廓，以及运行流程、菜单命令、特性参数和启动特性等项内容，是应用系统的主框架。

2. 设备窗口

设备窗口专门用来放置不同类型和功能的设备构件，实现对外部设备的操作和控制，是 MCGS 系统与外部设备联系的媒介。设备窗口通过设备构件把外部设备的数据采集进来，送入实时数据库，或把实时数据库中的数据输出到外部设备。一个应用系统只有一个设备窗口，运行时，系统自动打开设备窗口，管理和调度所有设备构件正常工作，并在后台独立运行。注意，对用户来说，设备窗口在运行时是不可见的。

3. 用户窗口

用户窗口实现了数据和流程的“可视化”，用户窗口中可以放置 3 种不同类型的图形对象：图元、图符和动画构件。图元和图符对象为用户提供了一套完善的设计制作图形画面和定义动画的方法。动画构件对应于不同的动画功能，它们是从工程实践经验中总结出的常用的动画显示与操作模块，用户可以直接使用。通过在用户窗口内放置不同的图形对象，搭制多个用户窗口，用户可以构造各种复杂的图形界面，用不同的方式实现数据和流程的“可视化”。

组态工程中的用户窗口，最多可定义 512 个。所有的用户窗口均位于主控窗口内，其打开时窗口可见；关闭时窗口不可见。允许多个用户窗口同时处于打开状态。用户窗口的位置、大小和边界等属性可以随意改变或设置，如可以让一个用户窗口在顶部作为工具条，也可以放在底部作为状态条，还可以使其成为一个普通的最大化显示窗口等。多个用户窗口的灵活组态配置，就构成了丰富多彩的图形界面。

4. 实时数据库

实时数据库相当于一个数据处理中心，同时也起到公用数据交换区的作用，MCGS 用实时数据库来管理所有实时数据。从外部设备采集来的实时数据送入实时数据库，实时数据库将数据传送给系统其他部分，操作系统其他部分操作的数据也来自实时数据库。实时数据库自动完成对实时数据的报警处理和存盘处理，同时它还根据需要把有关信息以事件的方式发送给系统的其他部分，以便触发相关事件，进行实时处理。因此，实时数据库所存储的单元，不单单是变量的数值，还包括变量的特征参数（属性）及对该变量的操作方法（报警属性、报警处理和存盘处理等）。这种将数值、属性、方法封装在一起的数据，我们称之为数据对象。实时数据库采用面向对象的技术，为其他部分提供服务，提供了系统各个功能部件的数据共享。

5. 运行策略

运行策略本身是系统提供的一个框架，其里面放置有策略条件构件和策略构件组成的“策略行”，通过对运行策略的定义，使系统能够按照设定的顺序和条件操作实时数据库，控制用户窗口的打开、关闭并确定设备构件的工作状态等，从而实现对外部设备工作过程的精确控制。

一个应用系统有 3 个固定的运行策略：启动策略、循环策略和退出策略。用户也可根据具体需要创建新的用户策略、循环策略、报警策略、事件策略、热键策略，并且用户最多可创建 512 个用户策略。启动策略在应用系统开始运行时调用，退出策略在应用系统退出运行时调用，循环策略由系统在运行过程中定时循环调用，用户策略供系统中的其他部件调用。

综上所述，一个应用系统由主控窗口、设备窗口、用户窗口、实时数据库和运行策略 5 个部分组成。组态工作开始时，系统只为用户搭建了一个能够独立运行的空框架，提供了丰富的动画部件与功能部件。如果要完成一个实际的应用系统，应主要完成以下工作：首先，在组态环境中用系统提供的或用户扩展的构件构造应用系统，配置各种参数，形成一个有丰富功能可实际应用的工程；然后，把组态环境中的组态结果提交给运行环境。运行环境和组态结果一起就构成了用户自己的应用系统。

9.4　项目解决

步骤 1：现场输入/输出信号器件分析（参考项目五）。

步骤 2：硬件组态（参考项目三）。

步骤 3：编写 PLC 控制程序并下载（参考项目五）。电动机 PLC 控制符号表如图 9-2 所示。

	状态	符号	地址		数据类型
1		现场启动按钮SB1	I	0.0	BOOL
2		现场停止按钮SB1	I	0.1	BOOL
3		画面启动按钮SB	M	0.0	BOOL
4		画面停止按钮SB	M	0.1	BOOL
5		电动机接触器KM线圈	Q	4.0	BOOL
6					

图 9-2　电动机 PLC 控制符号表

把项目五的电动机启停控制程序改为如图 9-3 所示的两地控制 PLC 程序，并下载到 PLC 中，通过接线、联机调试。

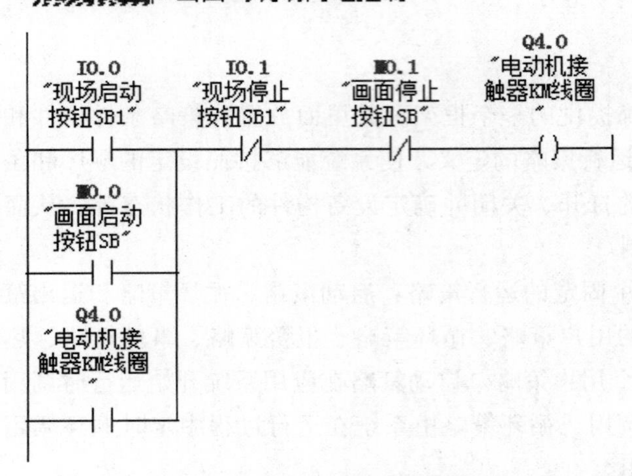

图 9-3　两地控制 PLC 程序

步骤 4：MCGS 画面组态及调试过程。

（1）新建工程

双击 MCGS 软件图标，打开该软件，单击文件功能菜单的“新建工程（N）”按钮，如图 9-4 所示，在 TPC 栏选择触摸屏的类型，在背景栏选择择触摸屏背景颜色和网络。

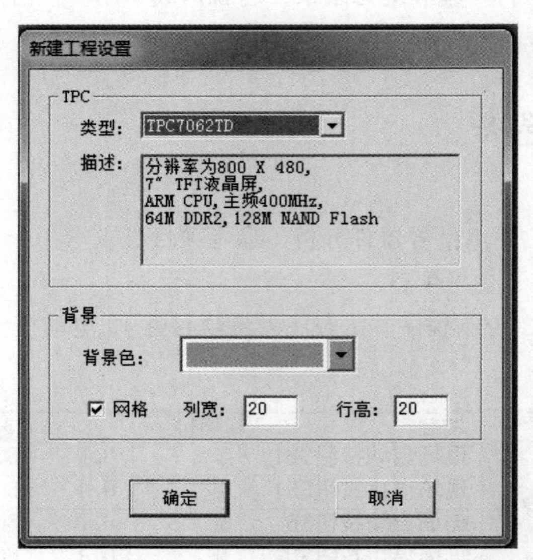

图 9-4　创建 MCGS 项目

（2）设置实时数据库

单击图 9-4 中的“确定”按钮，进入 MCGS 组态软件的工作台，单击工作台的“实时数据库”图标，单击“新增对象”，如图 9-5 所示。

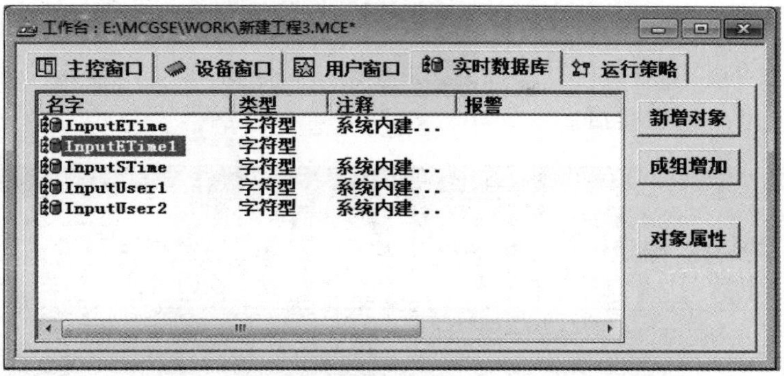

图 9-5　新增变量

双击新增变量“InputETimel”，如图 9-6 所示，单击“基本属性”，在“对象定义”栏中的对象名称栏中输入“画面启动”，对象初值栏输入“0”。把“对象类型”栏中的“◉开关”项选中，单击确认即可完成“画面启动”变量的定义。

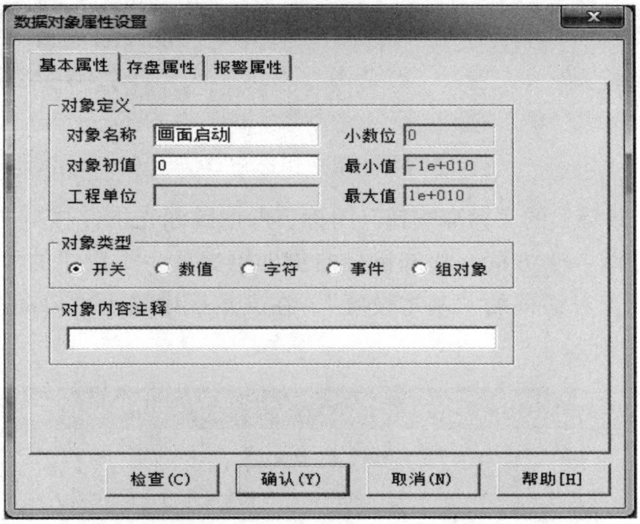

图 9-6　数据对象属性设置

同理，添加“画面停止”“电动机接触器 KM 线圈”变量，如图 9-7 所示。

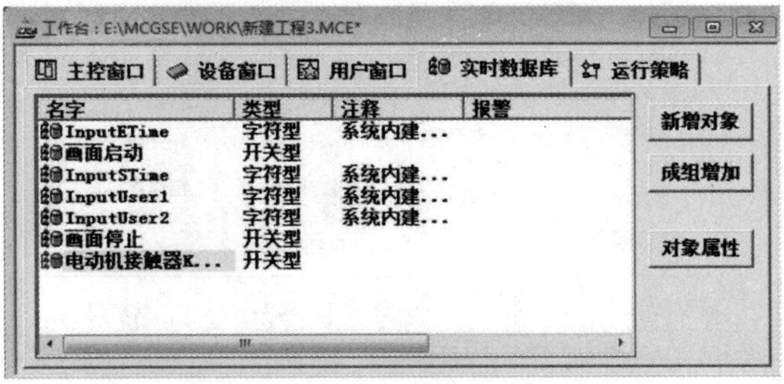

图 9-7　实时数据库设置

（3）新建用户窗口。

单击工作台的“用户窗口”图标，单击“新建窗口”，双单击“窗口 0”，如图 9-8 所示，进入用户组态窗口。

图 9-8　用户组态窗口

单击“工具箱”的“标准按钮”图标，再把鼠标光指针移至“动画组态窗口”，按住鼠标右键画一个方框，松开鼠标右键即可完成一个按钮的放置。单击标准按钮构件属性设置对话框的“基本设置”，在文本框中输入“启动按钮”，单击“确认”，如图 9-9 所示。

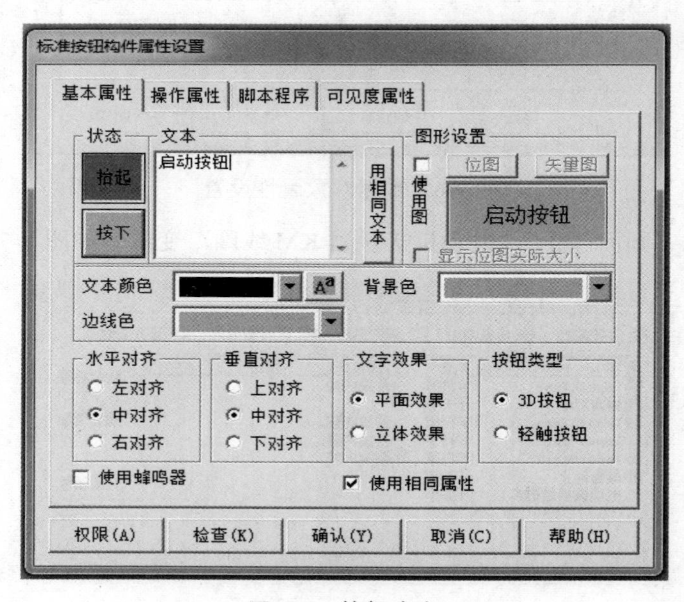

图 9-9　按钮命名

单击标准按钮构件属性设置对话框的“操作属性”，单击“按下”。勾选“数据对象值操作”，选择“置 1”，单击“？”选择画面启动变量，单击“确认”，如图 9-10 所示。

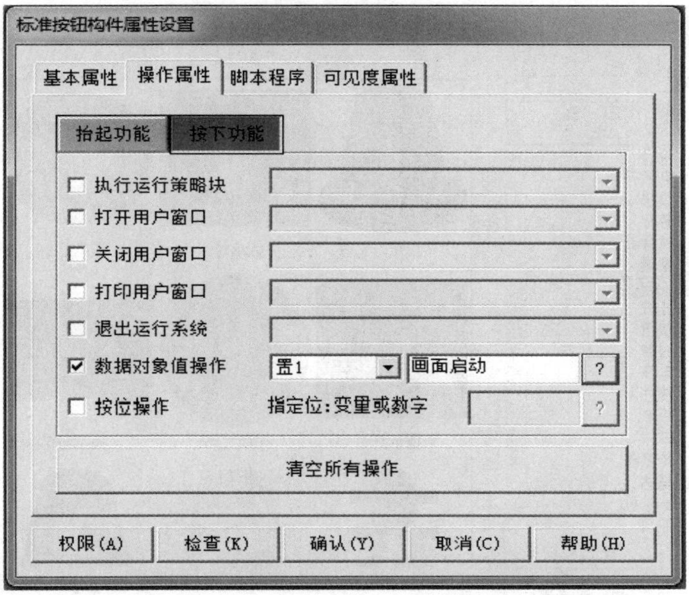

图 9-10　标准按钮构件属性设置

单击标准按钮构件属性设置对话框的“操作属性”，单击“抬起”。勾选“数据对象值操作”，选择“置 0”，单击“？”选择画面启动变量，单击“确认”，如图 9-11 所示。

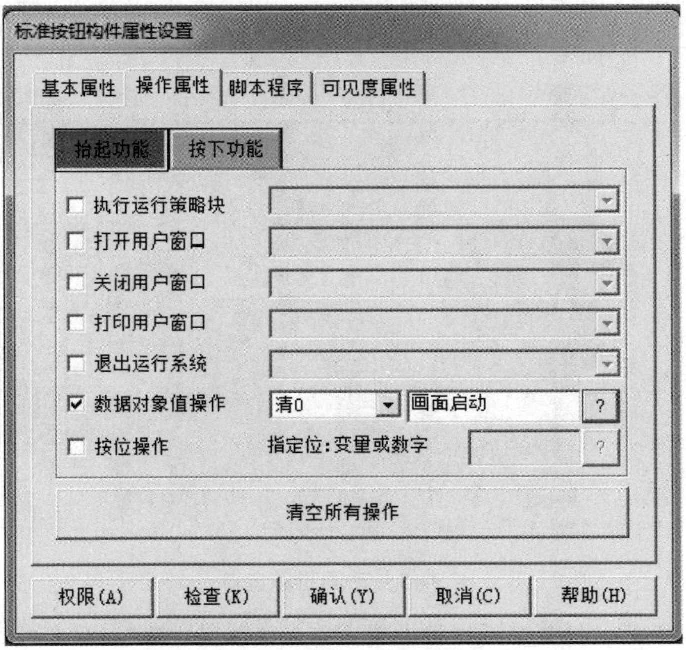

图 9-11　标准按钮构件属性设置

同样的方法设置“停止按钮”。单击“工具箱”的“插入元件”图标，如图 9-12 所示。

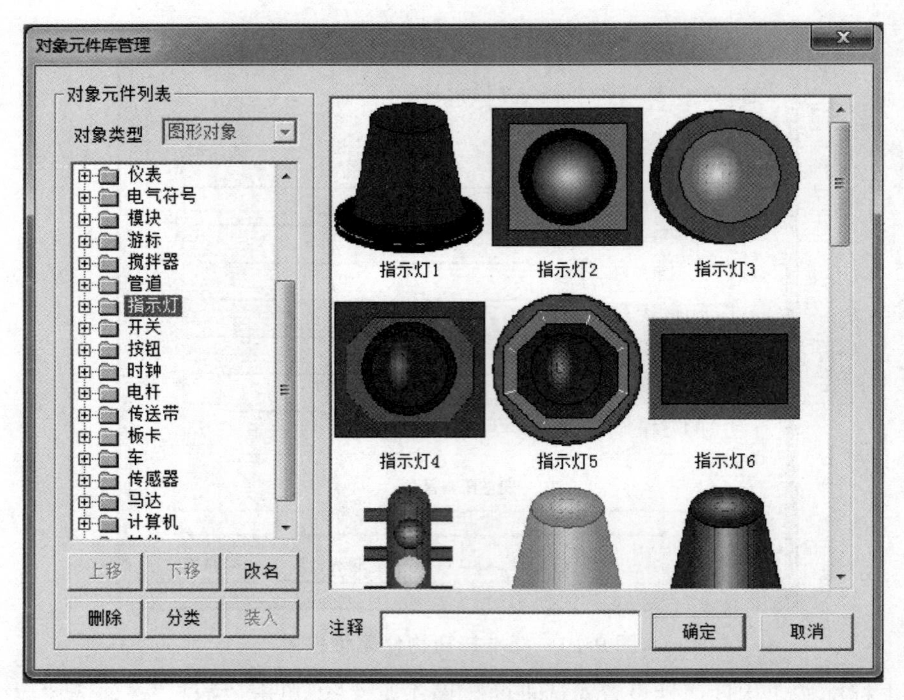

图 9-12　对象元件库管理

单击“指示灯”（图 9-12 中的选项），选中“指示灯 3”，单击“确定”按钮，如图 9-13 所示。

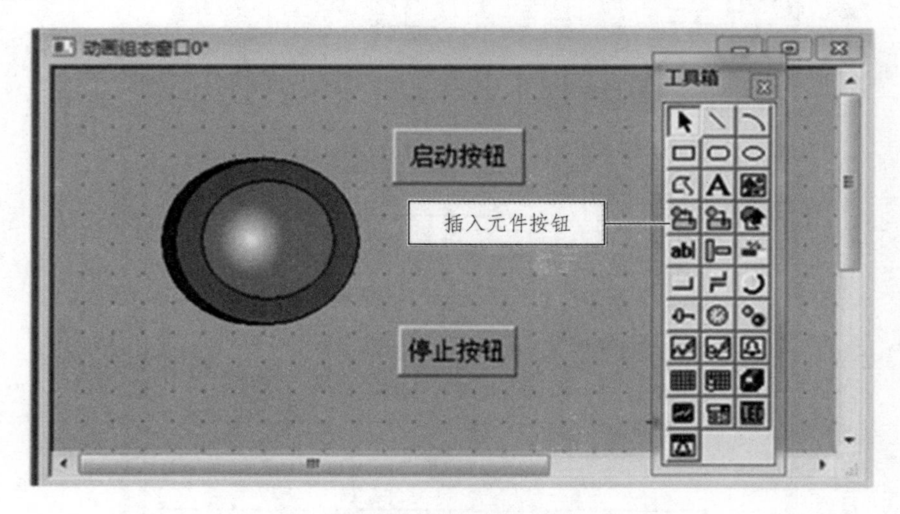

图 9-13　动画组态窗口

双击“指示灯 3”，打开单元属性设置，单击“数据对象”，双击可见度，选择“电动机接接触器 KM 线圈”，如图 9-14 所示。

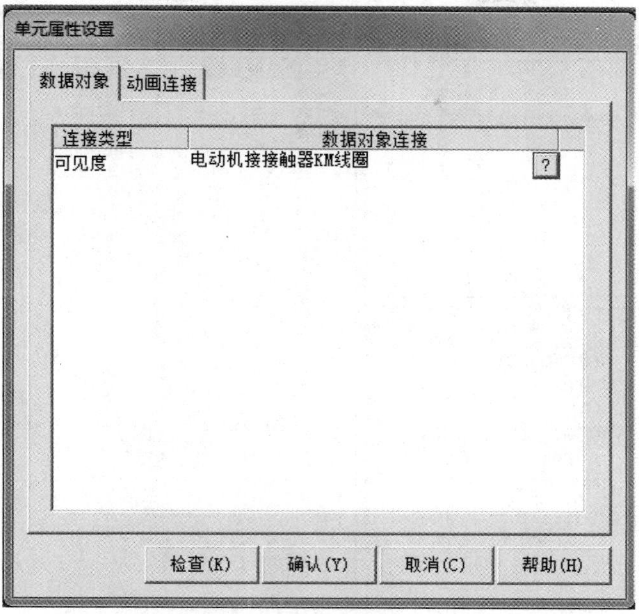

图 9-14　单元属性设置

单击“确认”，完成“用户窗口”组态。

（4）设备窗口组态。

在“工作台”中，单击“设备窗口”，双击选择框中的“设备窗口”图标，单击图标或者在设备窗口空白处单击鼠标右键，单击“设备工作箱”，如图 9-15 所示。

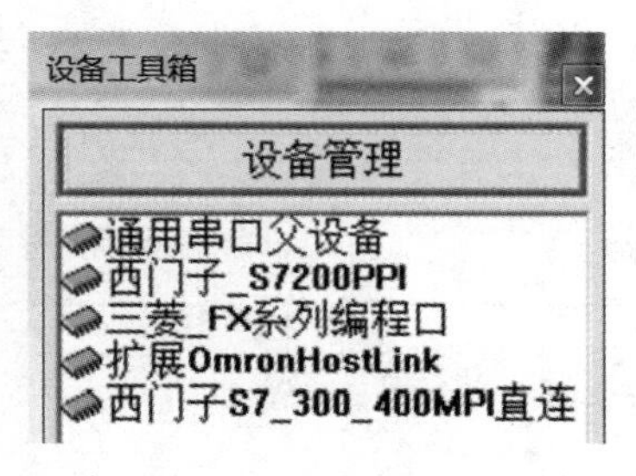

图 9-15　设备窗口

先双击设备工具箱的“通用串口父设备”，将其加到设备窗口。再双击设备工具箱的“西门子 S7_300_400 直连”，将其添加到设备窗口，如图 9-16 所示。

图 9-16　设备窗口

双击“设备窗口”中的“设备 0——[西门子 S7_300_400 直连] ”，如图 9-17 所示。

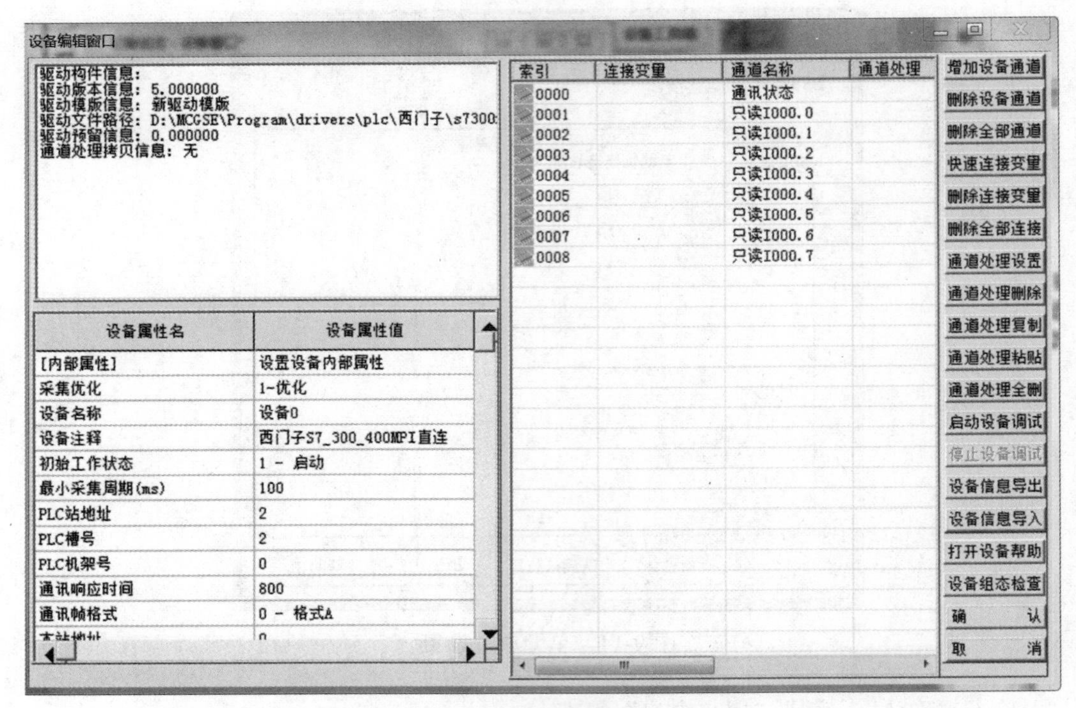

图 9-17　设备编辑窗口

点击“删除全部通道”把默认的通道全部删除，再点击“增加设备通道”，在通道类型中选“M 寄存器”，在数据类型中选“通道的第 00 位”，在通道地址中选“0”，在通道个数中选“1”，在读写方式中选“读写”，如图 9-18 所示，单击“确认”按钮即可完成增加一个通道。

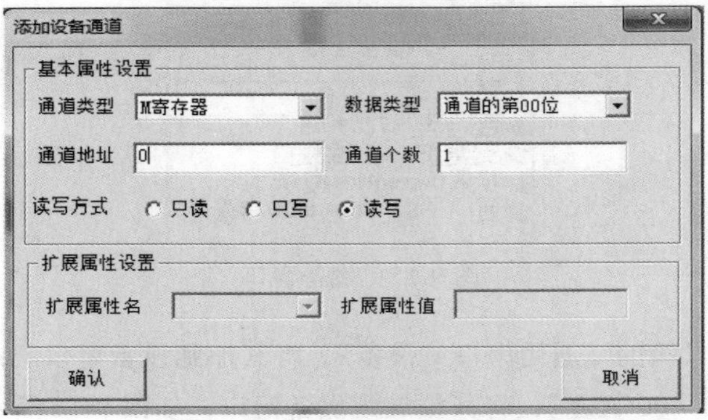

图 9-18　添加设备通道

单击右上角的“增加设备通道”，在通道类型中选“M 寄存器”，在数据类型中选“通道的第 01 位”，在通道地址中选“0”，在通道个数中选“1”，在读写方式中选“读写”，单击“确认”按钮即可完成增加一个通道。

单击右上角的“增加设备通道”，在通道类型中选“Q 寄存器”，在数据类型中选“通道的第 00 位”，在通道地址中选“4”，在通道个数中选“1”，在读写方式中选“读写”，单击“确认”按钮即可完成增加一个通道。

添加完成设备通道后，如图 9-19 所示。

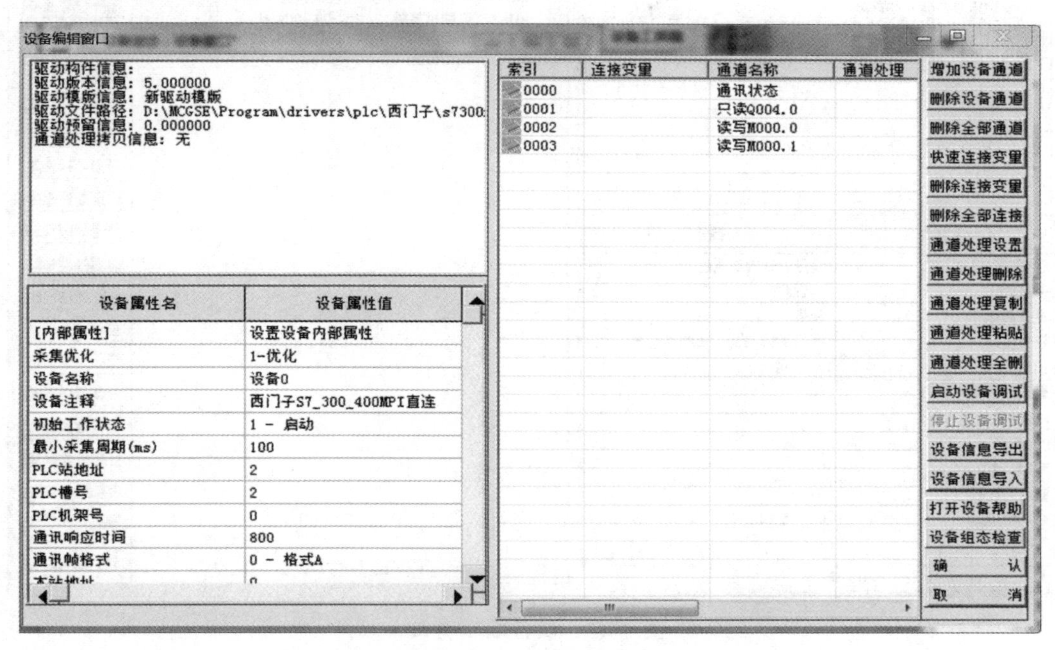

图 9-19　设备编辑窗口

双击“001 通道”，选择“电动机接接触器 KM 线圈”变量，如图 9-20 所示，单击“确认”按钮。

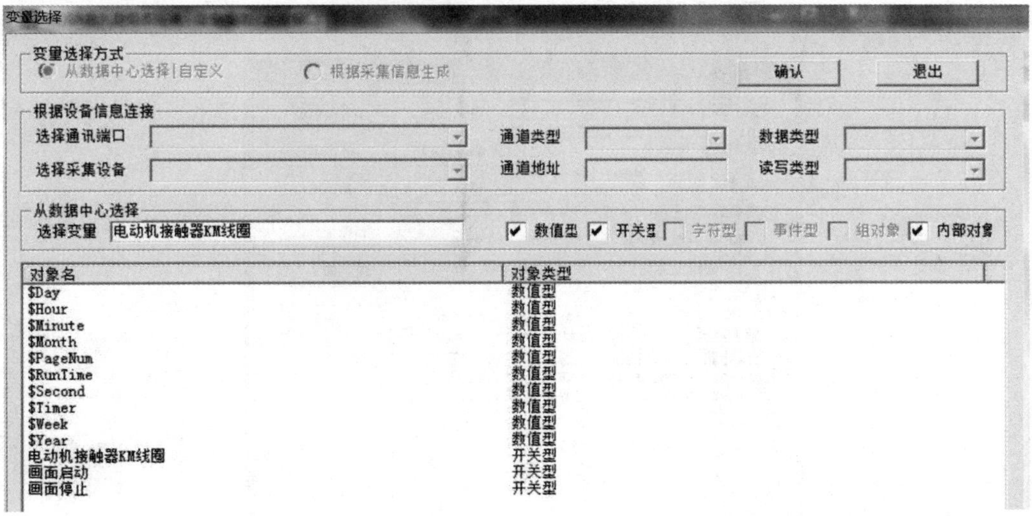

图 9-20　选择“电动机接接触器 KM 线圈”变量

同理，双击“002 通道”，选择“画面启动”变量，双击“003 通道”，选择“画面停止”变量、单击确认。变量选择完成后，界面如图 9-21 所示，单击“确认”按钮。

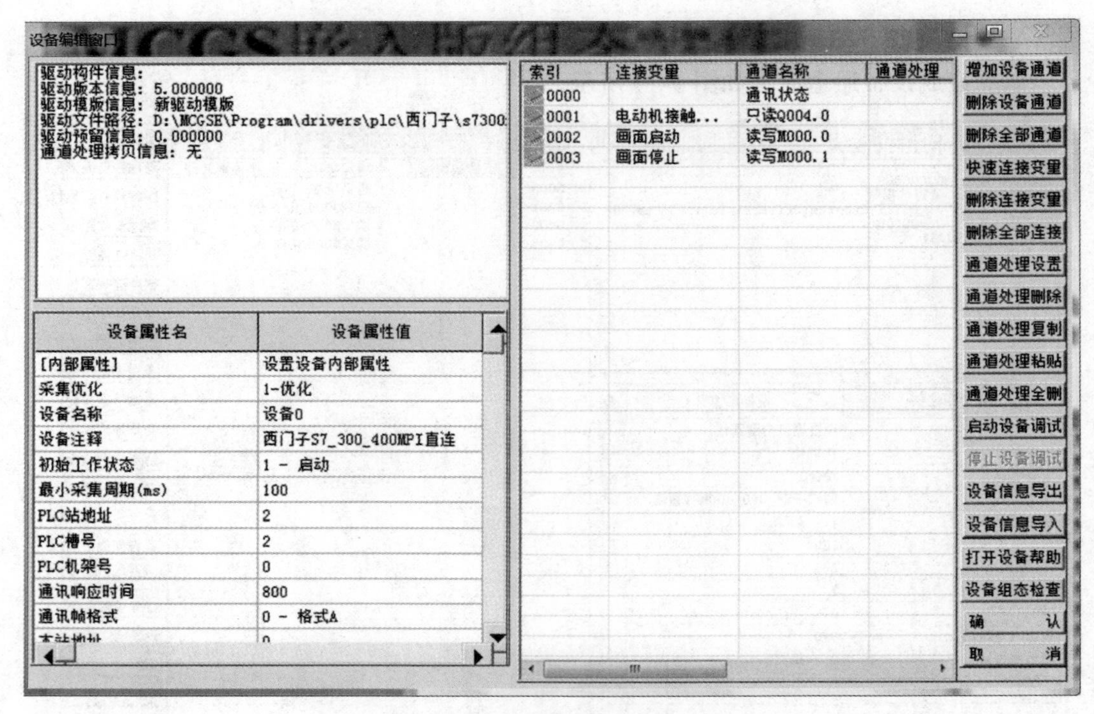

图 9-21　设备编辑窗口

把计算机与 MCGS 触摸屏的 USB 通信线接上，单击任务栏中的“工具”，单击下拉菜单中的“下载配置”，单击“连机运行”，在连接方式中选择“USB 通迅”，在下载选项中勾选“清除配方数据”和“清除报警记录”。如图 9-22 所示，单击“工程下载”，即可完成组态。

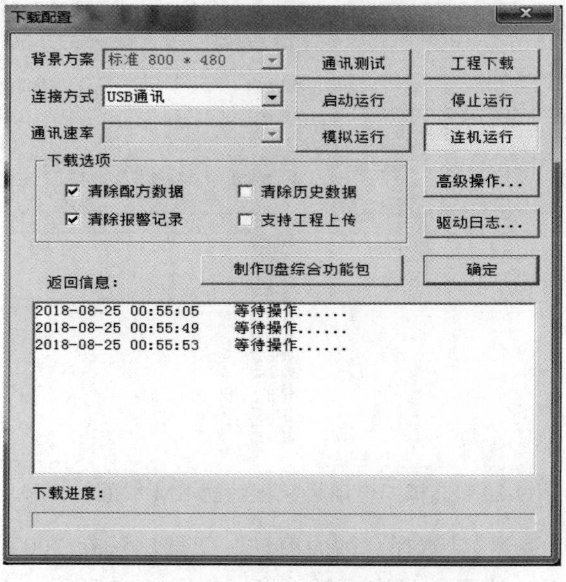

图 9-22　下载配置

步骤 5：两地控制联机调试。

电动机启动运行的画面如图 9-23 所示。

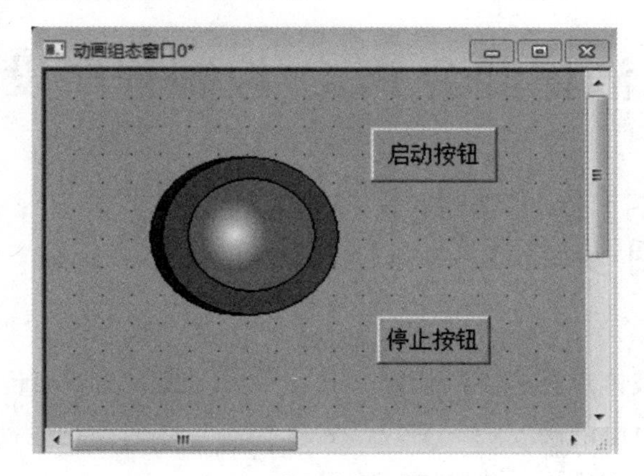

图 9-23 电动机启动运行的画面

在断电的情况下，检查根据项目 4 电动机启停 PLC 控制接线图进行 PLC 与外部设备的正确接线，PLC 与 MCGS 触摸屏之间的 MPI 连接电缆正确接线。

A 地为现场控制，现场启动按钮 SB1 按下给 PLC 输入信号，通过 PLC 程序执行，控制现场电动机的启动运行，并且使画面电动机图形颜色变为绿色，表示电动机启动运行；现场启动按钮 SB2 按下给 PLC 输入信号，通过 PLC 程序执行，控制现场电动机停止，并且使画面电动机图形颜色变为红色，表示电动机停止。

B 地为画面控制，在 MCGS 画面中，用手指按下触摸屏上的“启动按钮”，MCGS 画面中电动机图形颜色变为绿色，表示电动机启动运行；用手指按下触摸屏上的“停止按钮”，MCGS 画面中电动机图形颜色变为红色，表示电动机停止。

如果满足以上要求，说明两地联机调试成功。如果不能满足要求，则应检查原因，纠错误，重新调试，直到满足要求为止。

巩固练习 9

1. 使用 MCGS 完成项目 5 两地控制。
2. 使用 MCGS 完成项目 6 两地控制。
3. 使用 MCGS 完成项目 7 两地控制。
4. 使用 MCGS 完成项目 8 两地控制。

项目 10　液体混合 PLC 控制程序设计与调试

10.1　项目要求

本装置为两种液体混合的模拟装置，SL1、SL2、SL3 为液面传感器，液体 A 阀门与混合液阀门分别由电磁阀 YV1、YV2、YV3 控制，M 为搅均电动机，液体混合控制的任务示意图如图 10-1 所示。控制要求如下：

（1）初始状态：装置投入运行时，容器空，液体 A 阀门、液体 B 阀门与混合液阀门关闭。

（2）按下启动按钮 SB1，装置就开始按下列约定的规律运行：液体 A 阀门打开，液体 Al 流入容器，当液面淹没 SL2 时，SL2 接通，关闭液体 A 阀门，打开液体 B 阀门。液体淹没 SL1 时，关闭液体的 B 阀门，搅均电动机工作 6 s 后停止搅均，混合液阀门打开，开始放出混合液。当液面下降到 SL3 时，SL3 由接通变为断开，再过 2 s 后，容器液体放空，混合液阀门关闭，开始下一周期。

（3）停止操作：按下停止按钮 SB2 后，只有在当前的混合液排放完毕后，才停止工作（停在初始状态上）。

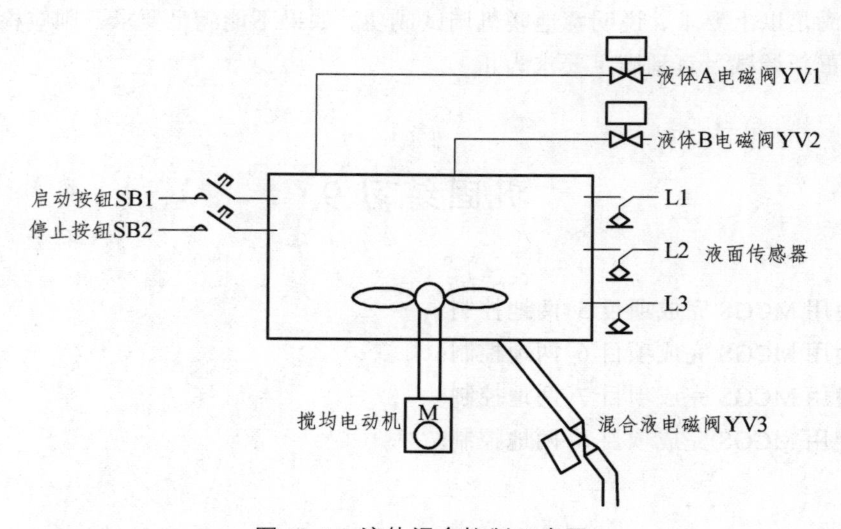

图 10-1　液体混合控制示意图

10.2　学习目标

（1）掌握液体混合的原理。
（2）掌握跳变沿指令的应用。
（3）巩固定时器指令和位存储器应用。
（4）巩固 MCGS 的编程应用能力。
（5）能独立完成液体混合 PLC 控制程序设计与调试。

10.3　知识链接

10.3.1　正跳变沿检测指令

当信号状态发生变化时就产生跳变沿：从 0 变到 1 时，产生一个上升沿（也称正跳沿），从 1 变到 0 时，产生一个下降沿（也称负跳沿），跳变沿检测指令可以分别检测正跳沿和负跳沿。

正跳沿检测指令-（P）-：检测地址中“0”到“1”的信号变化，并在指令后将其显示为 RLO =“1”。将 RLO 中的当前信号状态与地址的信号状态（边沿存储位）进行比较。如果在执行指令前地址的信号状态为“0”，RLO 为“1”，则在执行指令后 RLO 将是“1”（脉冲），在所有其他情况下将是“0”。

10.3.2　负跳变沿检测指令

负跳沿检测指令-（N）-：检测地址中“1”到“0”的信号变化，并在指令后将其显示为 RLO =“1”。将 RLO 中的当前信号状态与地址的信号状态（边沿存储位）进行比较。如果在执行指令前地址的信号状态为“1”，RLO 为“0”，则在执行指令后 RLO 将是“1”（脉冲），在所有其他情况下将是“0”。

值得注意的是，所谓脉冲是指跳变沿检测到跳变指令后，往右边通电时间只有一个扫描周期，时间很短。

用跳变沿指令编写的电动机启停控制程序如图 10-2 所示。注意，此程序中的启动和停止按钮都是同一个按钮 SB1，位地址为 I0.0。在仿真器调试时可以看到，第一次点击 I0.0，上升沿检测指令（位地址为 M2.0）检测到上升沿，往右侧发送一个周期的“1”状态，由于 Q4.0 是置位线圈，因此可以保持置位状态，电动机得电运行。第二次按下启停按钮 I0.0，下降沿检测指令（位地址为 M2.1）检测到下降沿，往右侧的复位线圈

Q4.0 发送一个周期的“1”状态，电动机停止。

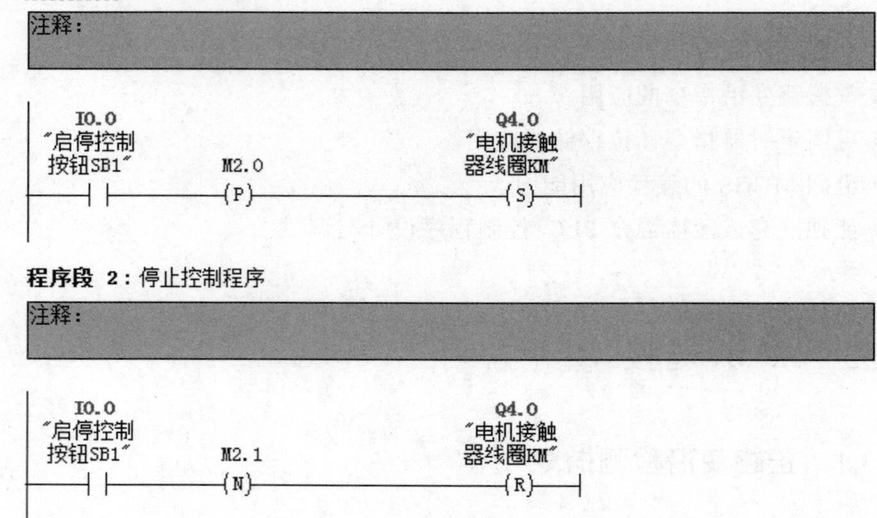

图 10-2　使用跳变沿指令编写电动机启停程序

10.4　项目解决

步骤 1：输入/输出信号器件分析。

输入：启动按钮 SB1（常开触点）、停止按钮 SB2（常开触点）、液面传感器 SL1（常开触点）、液面传感器 SL2（常开触点）、液面传感器 SL3（常开触点）。

输出：液体 A 电磁阀 YV1 线圈、液体 B 电磁阀 YV2 线圈、混合液电磁阀 YV3 线圈、搅均电动机接触器 KM 线圈。

步骤 2：硬件组态（参见项目 3）。

步骤 3：输入信号/输出信号地址分配见表 10-1。

表 10-1　输入/输出地址分配表

序号	输入信号器件名称	编程元件地址	序号	输出信号器件名称	编程元件地址
1	启动按钮 SB1（常开）	I0.0	1	搅匀电动机接触器 KM 线圈	Q4.0
2	停止按钮 SB2（常开）	I0.4	2	液体 A 电磁阀 YV1 线圈	Q4.1
3	液面传感器 SL1（常开）	I0.1	3	液体 B 电磁阀 YV2 线圈	Q4.2
4	液面传感器 SL2（常开）	I0.2	4	混合液电磁阀 YV3 线圈	Q4.3
5	液面传感器 SL3（常开）	I0.3			

步骤 4：接线图。

液体混合 PLC 控制接线图如图 10-3 所示。

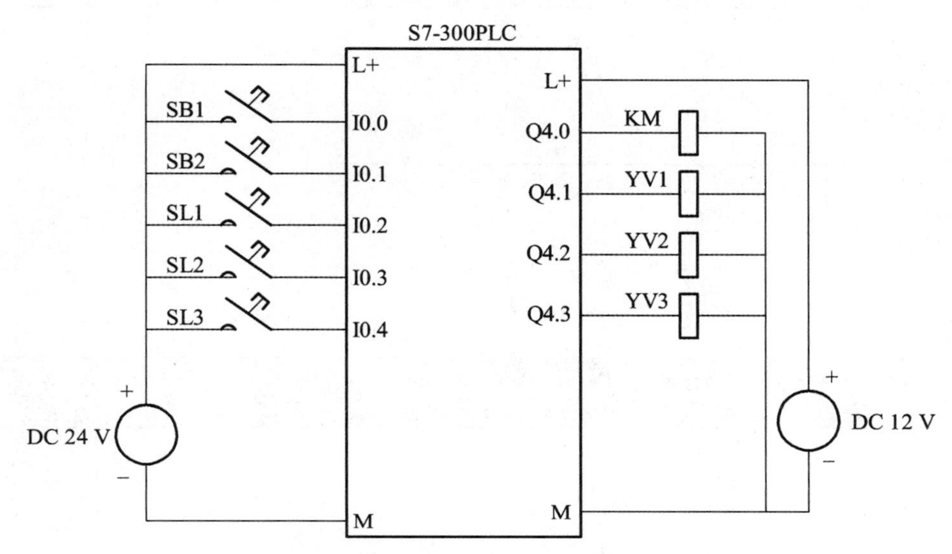

图 10-3　液体混合 PLC 控制接线图

步骤 5：建立符号表。

液体混合 PLC 控制的符号表如图 10-4 所示。

符号编辑器 - S7 程序(1) (符号)

符号表(S)　编辑(E)　插入(I)　视图(V)　选项(O)　窗口(W)　帮助(H)

全部符号

S7 程序(1) (符号) -- HHH\SIMATIC 300(1)\CPU 314C-2 DP

	状态	符号	地址		数据类型	注释
1		搅匀电动机接触器KM线圈	Q	4.0	BOOL	
2		启动按钮SB1（常开）	I	0.0	BOOL	
3		停止按钮SB2（常开）	I	0.4	BOOL	
4		液面传感器SL1（常开）	I	0.1	BOOL	
5		液面传感器SL2（常开）	I	0.2	BOOL	
6		液面传感器SL3（常开）	I	0.3	BOOL	
7		液体A电磁阀YV1线圈	Q	4.1	BOOL	
8		液体B电磁阀YV2线圈	Q	4.2	BOOL	
9		液体C电磁阀YV3线圈	Q	4.3	BOOL	
1						

按下 F1 获取帮助。

图 10-4　液体混合控制的符号表

步骤 6：编写液体混合控制程序。

根据任务及地址，液体混合控制程序如图 10-5 所示。

程序段 1：

复位M0.5启动自动循环。

I0.0
"启动按钮SB1（常开）"

M7.0

M0.5
(R)

程序段 2：

通过置位M0.5，完成当前周期结束后停止循环。

I0.4
"停止按钮SB2（常开）"

M7.1

M0.5
(S)

程序段 3：

按下启动按钮SB1，常开触点I0.0接通，线圈Q4.1接通，接通A阀YV1。T1常开触点接通，M0.5复位，可以自动接通A阀YV1。

I0.0
"启动按钮SB1（常开）"

I0.2
"液面传感器SL2（常开）"

Q4.1
"液体A电磁阀YV1线圈"

M7.0

Q4.1
"液体A电磁阀YV1线圈"

T1

M0.5

程序段 4:

传感器SL2常开触点闭合，常开触点I0.2接通，线圈Q4.2接通，接通B阀YV2。

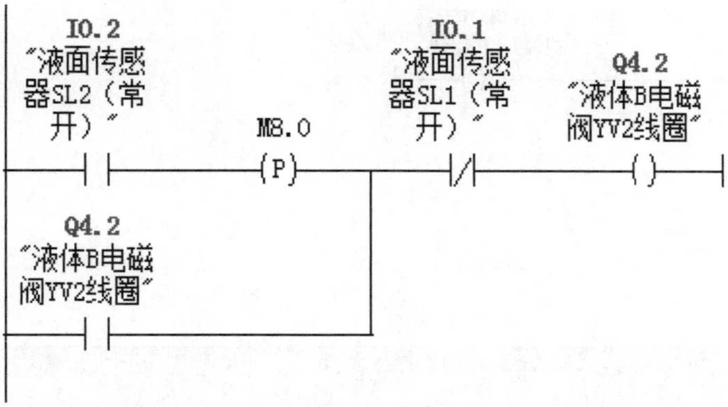

I0.2
"液面传感器SL2（常开）"
M8.0
(P)
I0.1
"液面传感器SL1（常开）"
Q4.2
"液体B电磁阀YV2线圈"
( )
Q4.2
"液体B电磁阀YV2线圈"

程序段 5:

常开Q4.0触点接通，启动接通延时定时器T0。

Q4.0
"搅匀电动机接触器KM线圈"
T0
(SD)
S5T#6S

程序段 6:

传感器SL1常开触点闭合，常开触点I0.1接通，接通线圈Q4.0，启动搅匀电动机。

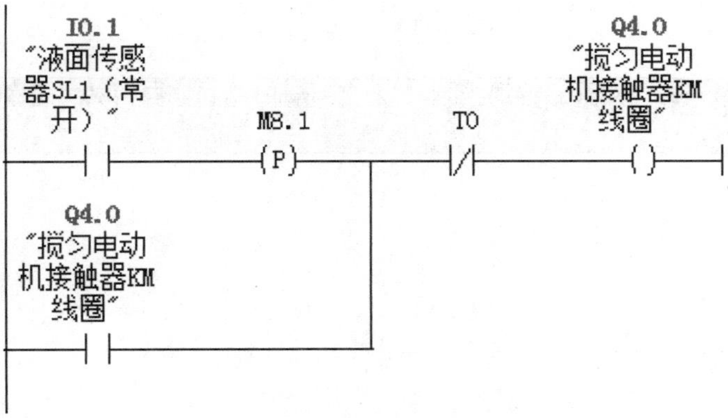

I0.1
"液面传感器SL1（常开）"
M8.1
(P)
T0
Q4.0
"搅匀电动机接触器KM线圈"
( )
Q4.0
"搅匀电动机接触器KM线圈"

程序段 7：

T0定时时间到，T0常开触点接通，接通接圈Q4.3，接通混合液YV3混合液体排出。

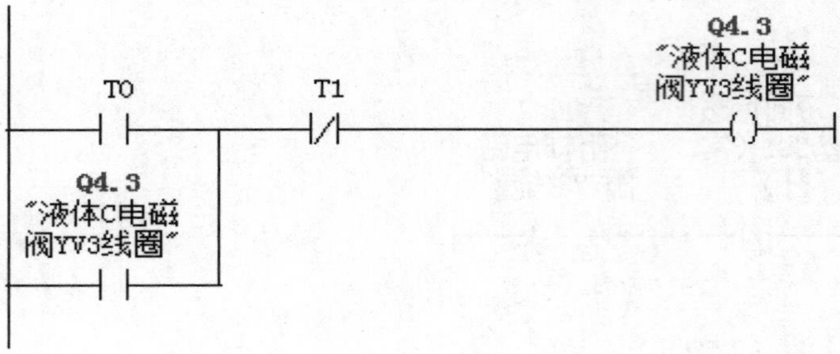

T0　T1　Q4.3 "液体C电磁阀YV3线圈"　Q4.3 "液体C电磁阀YV3线圈"

程序段 8：

混合液面降至SL3以下，SL3触点断开，常开触点I0.3由接通变为断开，RLO产生下降沿，执行负跳变沿检测指令，接通线圈M10.0。

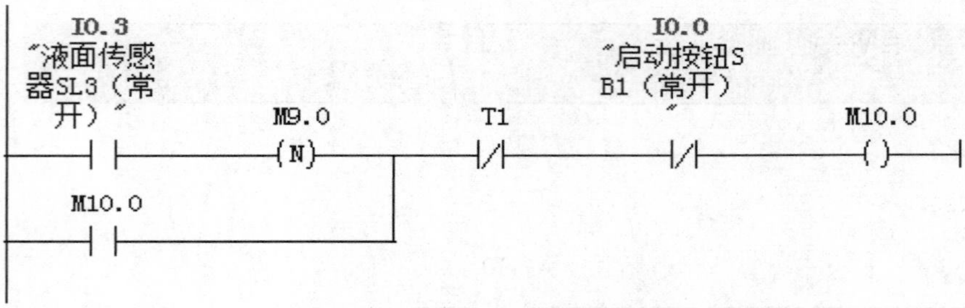

I0.3 "液面传感器SL3（常开）"　M9.0 (N)　T1　I0.0 "启动按钮SB1（常开）"　M10.0　M10.0

程序段 9：

T1定时混合液排空时间。

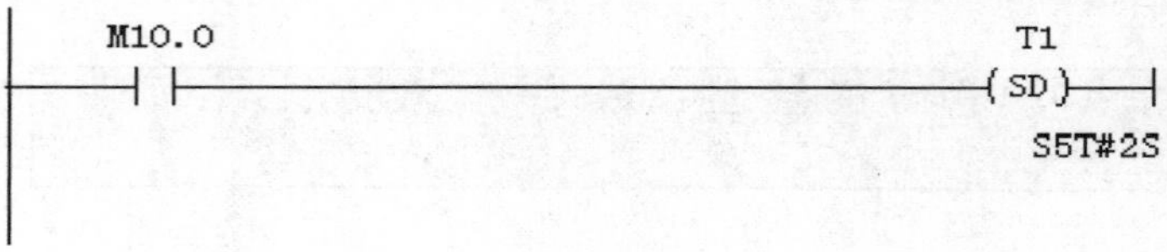

M10.0　T1 (SD)　S5T#2S

程序段 10：

传感器SL1常开触点闭合，常开触点I0.1接通，接通线圈M7.2，传送SL1液面信号到MCGS触摸屏。

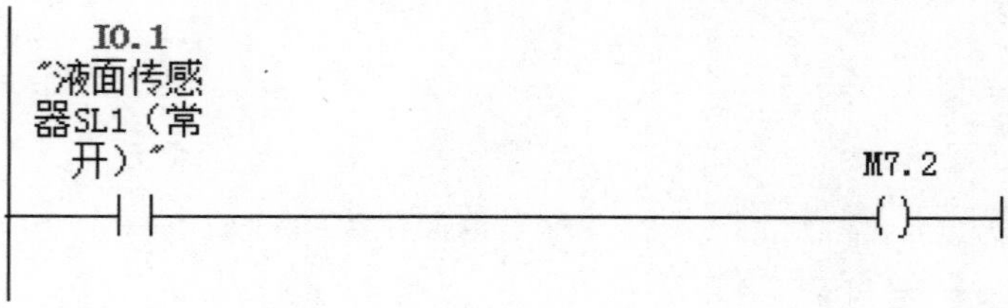

I0.1 "液面传感器SL1（常开）"　M7.2

程序段 11：

传感器SL2常开触点闭合，常开触点I0.2接通，接通线圈M7.3，传送SL2液面信号到MCGS触摸屏。

I0.2
"液面传感器SL2（常开）"

M7.3

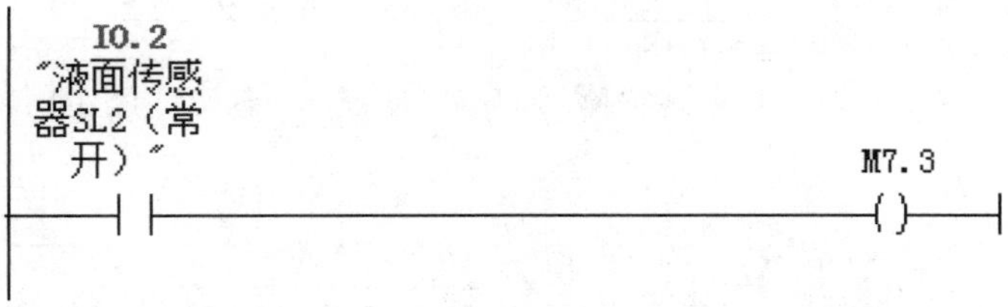

程序段 12：

传感器SL3常开触点闭合，常开触点I0.3接通，接通线圈M7.4，传送SL3液面信号到MCGS触摸屏。

I0.3
"液面传感器SL3（常开）"

M7.4

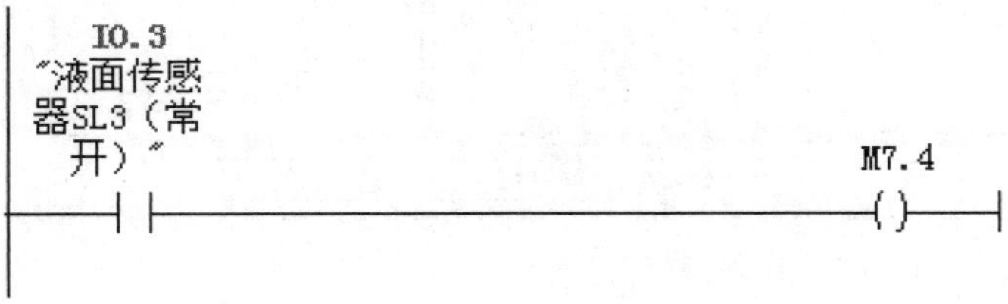

图 10-5　液体混合控制程序

步骤 7：在 PLCSIM 仿真器中使用符号地址调试程序。

模拟紧急停止按钮是常闭触点，在仿真器 I0.5 上单击一下，I0.5 为“1”。模拟按下启动按钮 SB1（在模仿器 I0.0 上双击），液体混合程序执行后，显示 Q4.1 为“1”，表示 A 阀门打开，液面 A 流入容器，如图 10-6 所示。

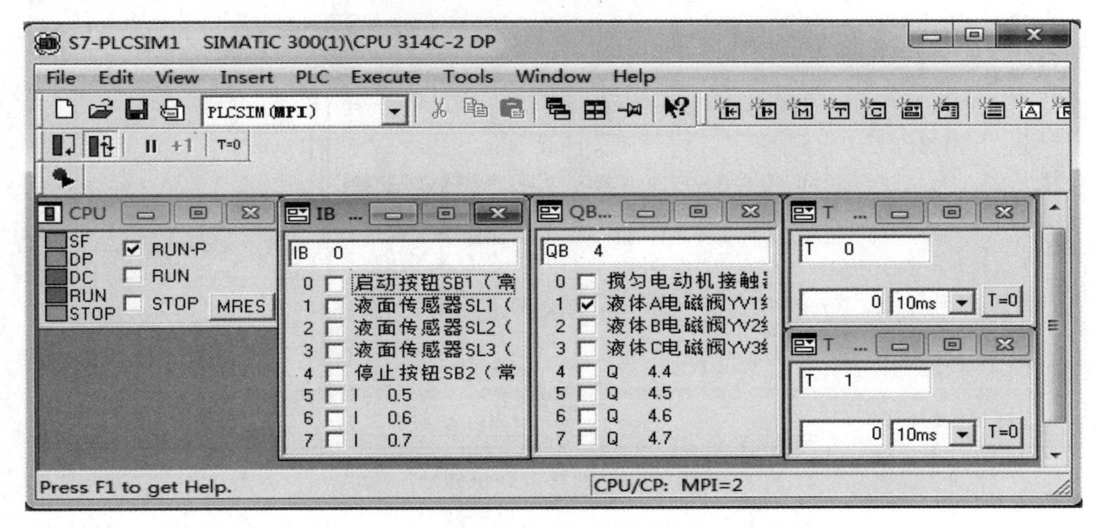

图 10-6　A 阀门打开

模拟容器内液体淹没 SL3，在仿真器 I0.3 上单击一下（I0.3 为“1”）。然后模拟液体淹没 SL2，在仿真器 I0.2 上单击一下（I0.2 为“1”）。在仿真器 Q4.2 上显示为“1”，表示 B 阀门打开，流入液体 B，如图 10-7 所示。

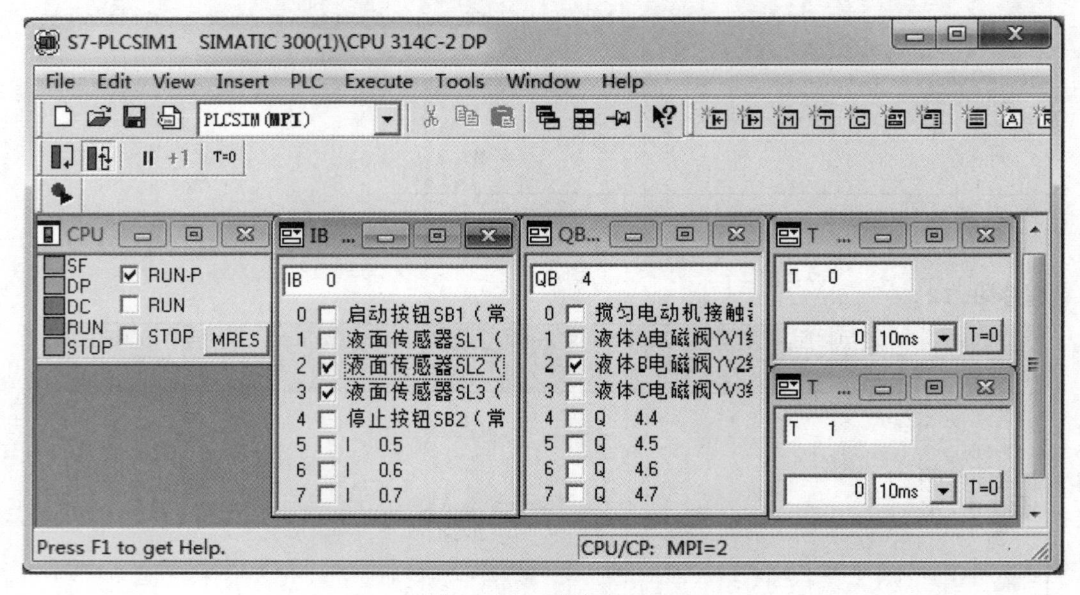

图 10-7　B 阀门打开

模拟容器内液体淹没 SL1，在仿真器 I0.1 上单击一下（I0.1 为“1”），执行程序后，显示 Q4.0 为“1”，表示搅拌电动机转动，如图 10-8 所示。

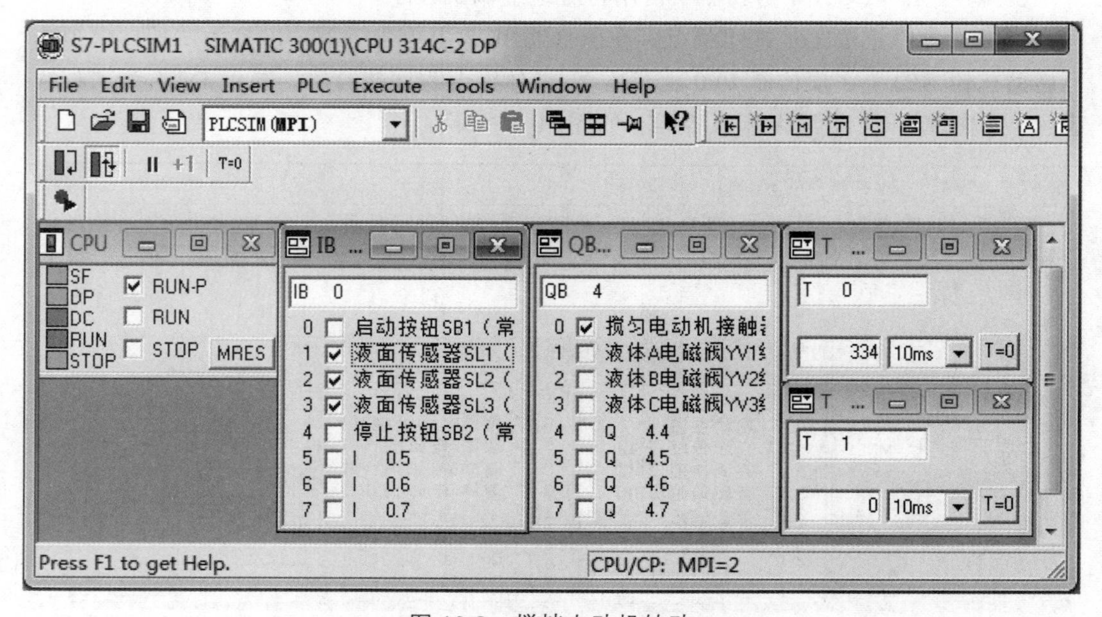

图 10-8　搅拌电动机转动

搅拌时间是 6 s，然后仿真器显示 Q4.0 为“0”，表示时间到，停止搅拌。仿真器显示 Q4.3 为“1”，表示打开混合液阀门，如图 10-9 所示。

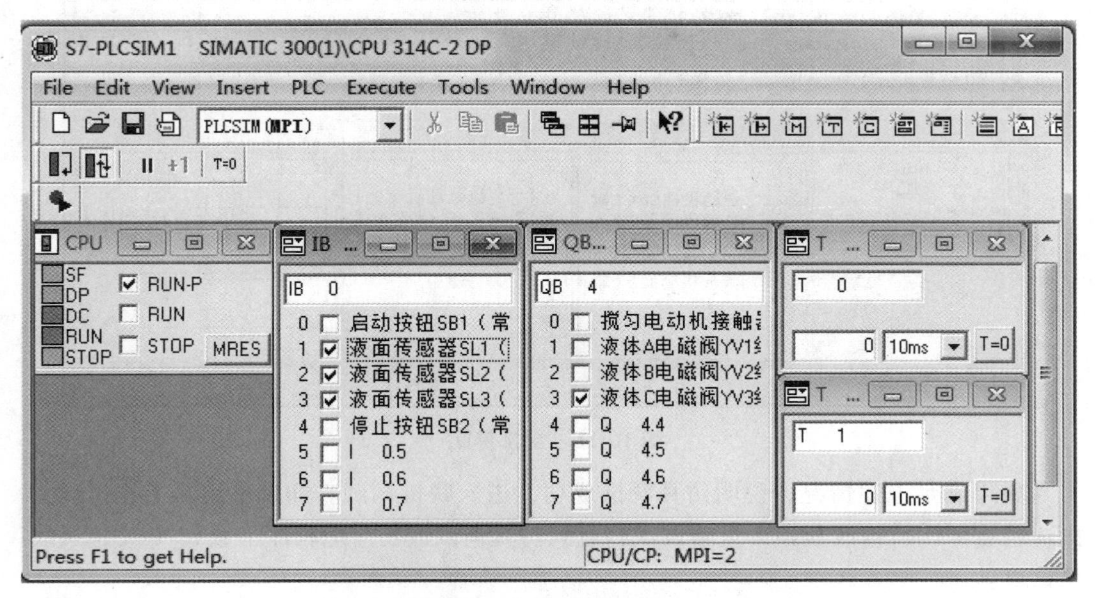

图 10-9　打开混合液阀门

液面降到 SL3 以下时，SL3 由接通变为断开，再过 2 s 后，仿真器显示 Q4.3 为“0”，表示混合液阀门关闭。Q4.1 显示为“1”，表示自动打开 A 阀门，放入 A 液体，如图 10-10 所示。重复上述过程。

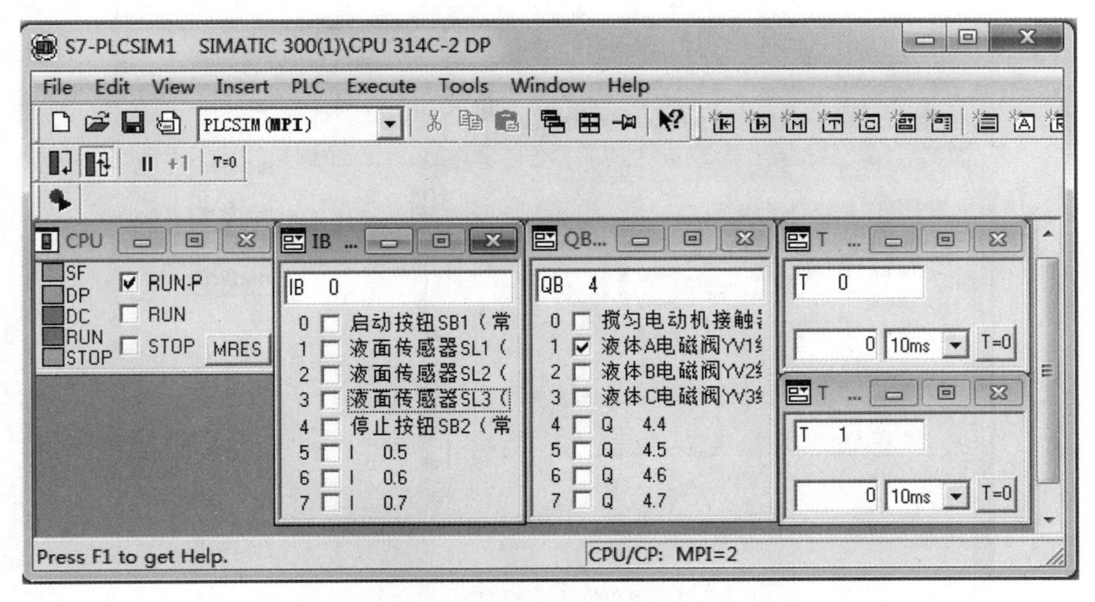

图 10-10　自动打开 A 阀门

模拟按下停止按钮 SB2，在仿真器 I0.5 上单击一下，I0.5 为“0”，Q4.1，Q4.2，Q4.3 和 Q4.0 显示全为“0”，表示阀门都关闭和电动机停止，如图 10-11 所示。

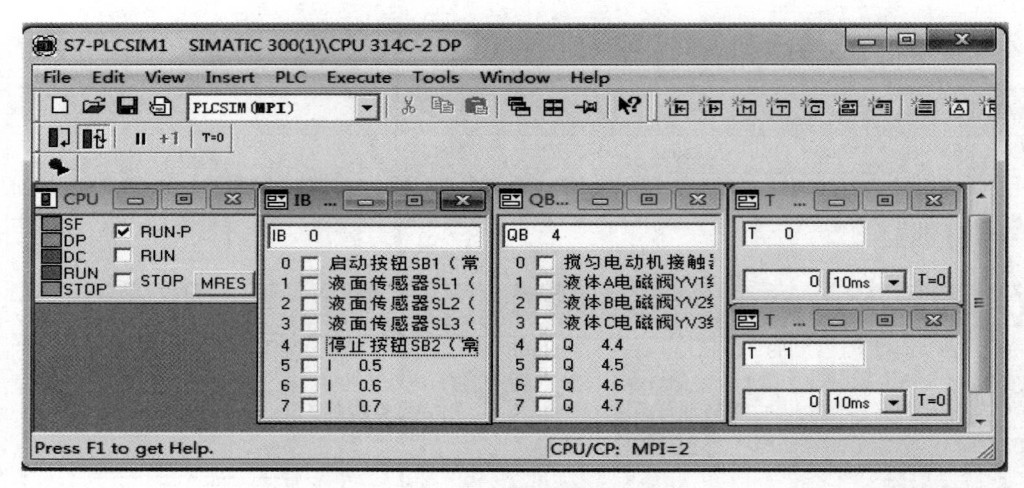

图 10-11　全部停止

如果满足上述情况，说明仿真调试成功，进入联机调试。如果不满足上述情况，则应检查原因，修改程序，重新调试，直到仿真调试成功后把程序下载到 PLC，接线调试好。

步骤 8：数据库组态。

单击“新增对象”，在弹出的“数据对象属性设置”对话框中，设置对象名称、对象初值和对象类型，单击“确定”按钮，如图 10-12 所示。

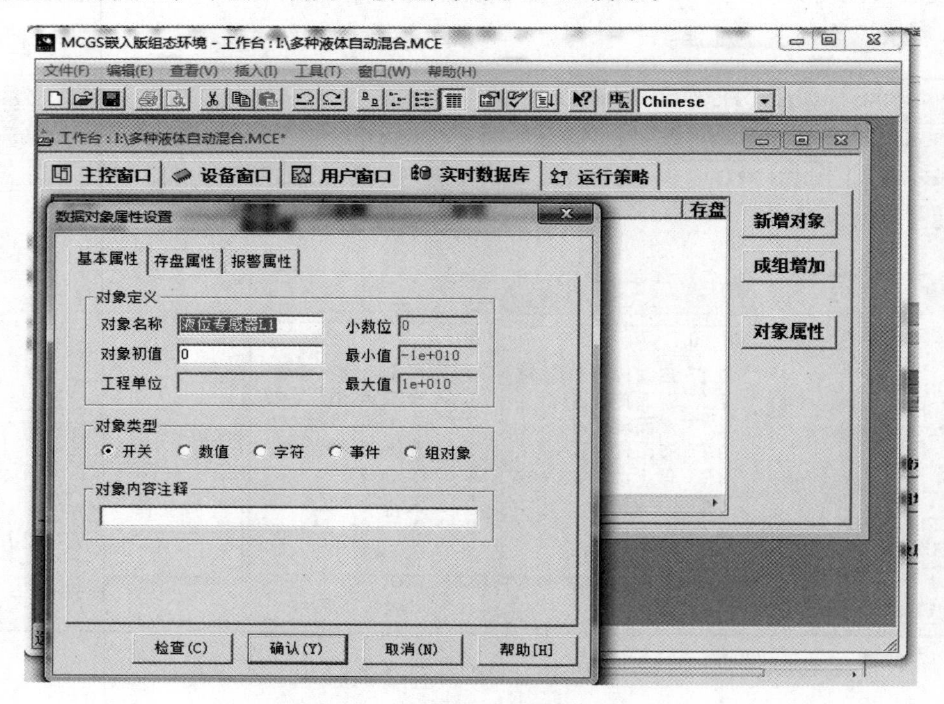

图 10-12　数据对象属性设置

按照同样的方法添加余下的变量，如图 10-13 所示。

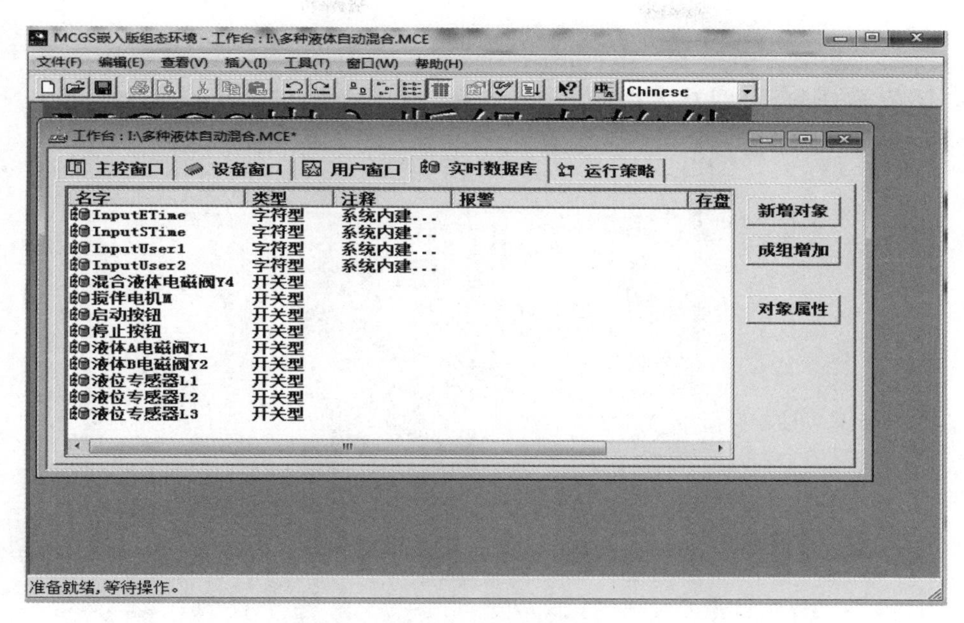

图 10-13　数据库组态

步骤 9：画面组态。

点击工作台中的“用户窗口”，进行画面组态页面，双击“用户窗口”的“窗口”，在图中“工具箱”的“插入元件”项中找到“储蓄罐”，将它添加到画面中，如图 10-14 所示。

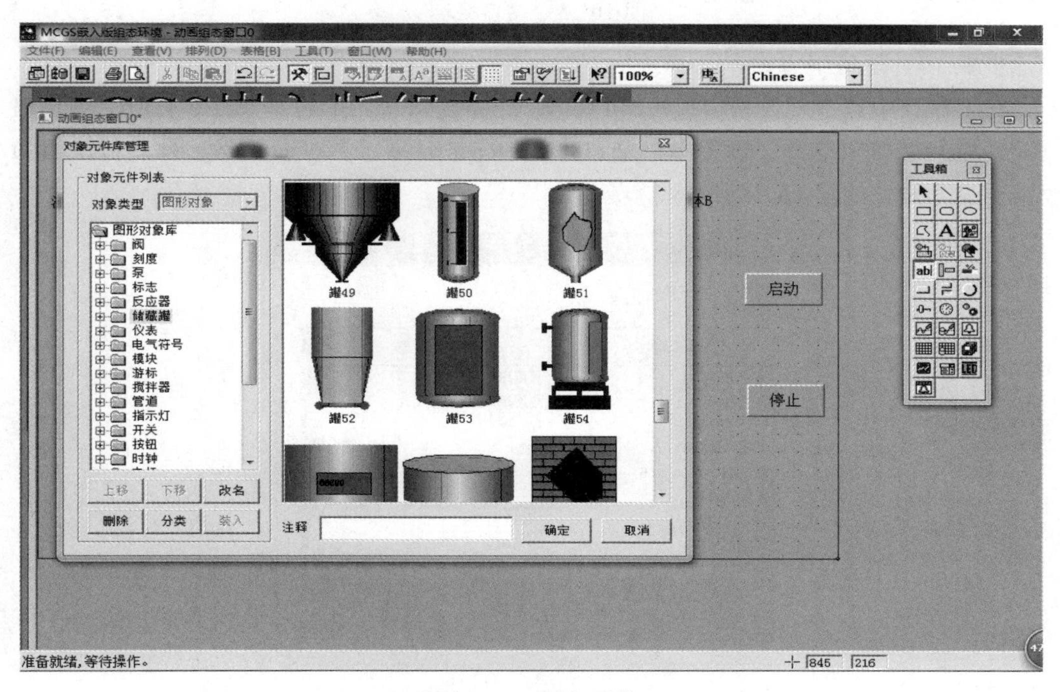

图 10-14　插入元件

按照以上方法把余下的元器件画完，如图 10-15 所示。

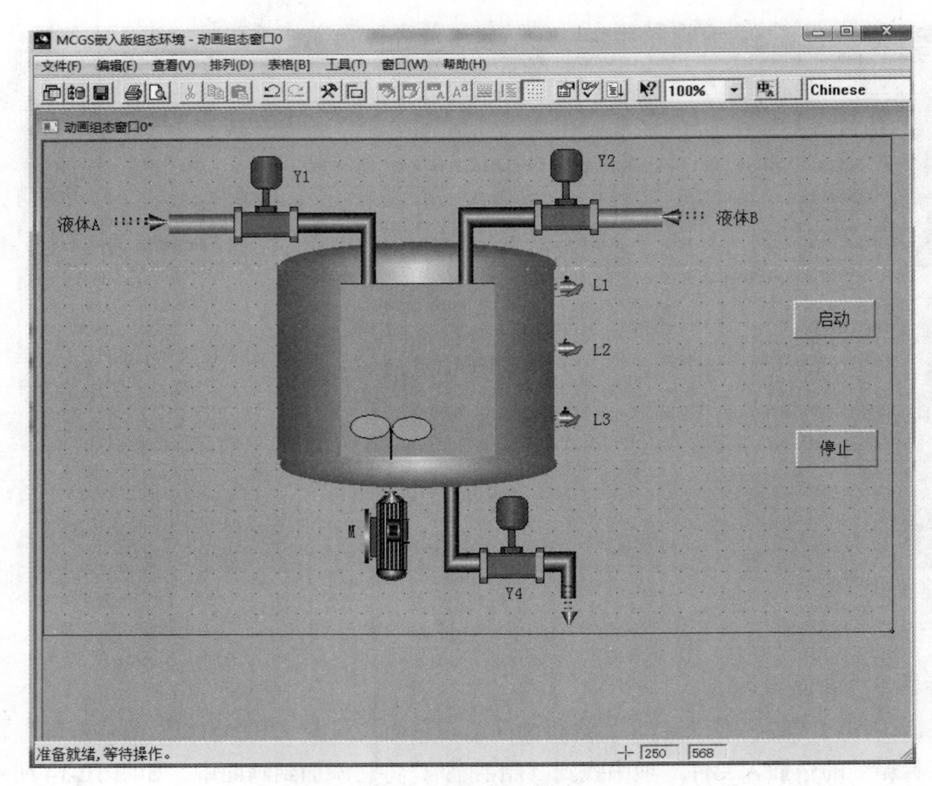

图 10-15　窗口组态

步骤 10：设备组态。

在工作台中点击“设备窗口”，再双击“设备窗口”中的设备属性，打开“通用串口设备属性编辑”窗口，设置串口端口号、通信波特率、数据位位数、停止位位数和数据校验方式，如图 10-16 所示。

通用串口设备属性编辑

基本属性　电话连接

设备属性名	设备属性值
设备名称	通用串口父设备0
设备注释	通用串口父设备
初始工作状态	1 - 启动
最小采集周期(ms)	1000
串口端口号(1~255)	0 - COM1
通讯波特率	6 - 9600
数据位位数	1 - 8位
停止位位数	0 - 1位
数据校验方式	1 - 奇校验

检查(K)　确认(Y)　取消(C)　帮助(H)

图 10-16　通用串口设备属性编辑

打开设备编辑窗口连接变量，如图 10-17 所示。

图 10-17　设备编辑窗口连接变量

步骤 11：保存下载。

点击下载工程并进入运行环境，单击下载配置中的工程下载，把程序下载到 MCGS 中，如图 10-18 所示。

图 10-18　下载配置

步骤 12：联机调试。

确保接线正常的情况下，下载程序。然后按下列要求调试：

（1）按下启动按钮 SB1，装置就开始按下列约定的规律运行，液体 A 阀门打开，液体 A 流入容器。当液面淹没 SL2 时，SL2 接通，关闭液体 A 阀门，打开液体 B 阀门。液面淹没 SL1 时，关闭液体 B 阀门，搅均电动机开始搅均。搅均电动机工作 6 s 后停止搅均，混合液体阀门打开，开始放出混合液体。当液体降到 SL3 以下时，SL3 由接通变为断开，再过 2 s 后，容器液体放空，混合阀门关闭，开始下一周期。

（2）按下停止按钮 SB2 后，只有在当前的混合液排放完毕后，才停止工作（停在初始状态上）。

满足上述要求，调试成功。如果不满足要求，则应检查原因，修改程序，重新调试，直到满足要求为止。

巩固练习 10

1. 水塔水位控制系统。

水塔水位控制装置如图 10-19 所示，水塔水位的工作方式如下：

当水池液位低于下限液位开关 S1，S1 此时为“ON”，电磁阀打开，开始往水池里注水。4 s 以后，若水池液位没有超过水池下限液位开关时，则系统发出报警，若系统正常，此时水池下限液位开关 S4 为“OFF”，表示水位高于下限水位。当水位液面高于上限水位，则 S2 为“ON”，电磁阀关闭。

当水塔水位低于水塔下限水位时，则水塔下限水位开关 S3 为“ON”，水泵开始工作，向水塔供水，当 S3 为“OFF”时，表示水塔水位高于水塔下限水位。当水塔液面高于水塔上限水位时，则水塔上限水位开关 S4 为“OFF”，水泵停止。

当水塔水位低于下限水位，同时水池水位也低于下限水位时，水泵不能启动。

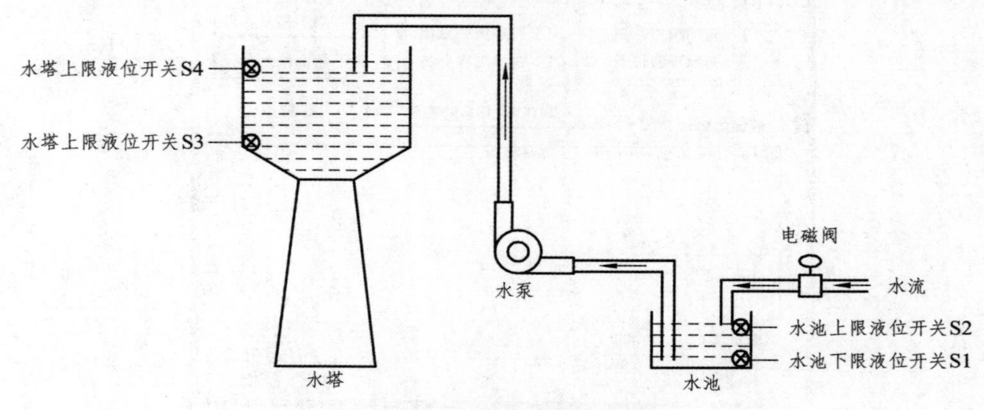

图 10-19　水塔水位控制系统

2. 天塔之光模拟控制（见图 10-20）。

控制要求：合上启动开关后，按以下规律显示：L1→L1、L2→L1、L3→L1、L4→L1、L5→L1、L2→L1、L2、L3、L4、L5→L1、L7→L1、L6→L1、L7→L1、L6、L7→L1、L2、L3、L4、L5→L1、L2、L3、L4、L5、L6、L7→L1……循环执行，断开启动开关，程序停止运行。

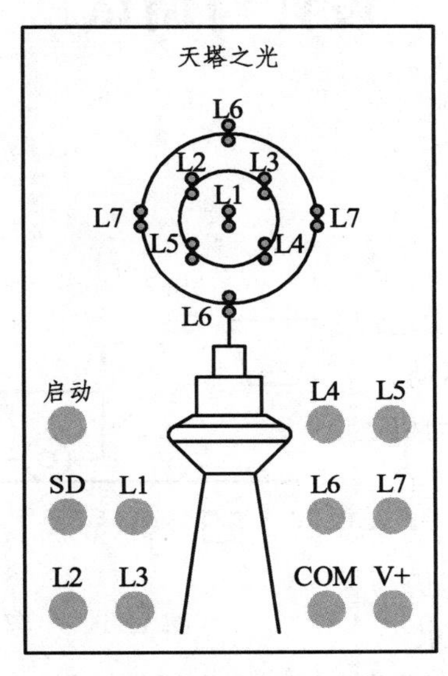

图 10-20　天塔之光模拟控制示意图

3. 四层电梯控制系统。

电梯由安装在各楼层大厅门口的上升和下降呼叫按钮进行呼叫操纵，其操纵内容为电梯运行方向。电梯轿箱内设有楼层内选按钮 S1 ~ S4，用以选择需停靠的楼层。L1 为一层指示、L2 为二层指示、L3 为三层指示、L4 为四层指示，SQ1 ~ SQ4 为到位行程开关。电梯上升途中只响应上升呼叫，下降途中只响应下降呼叫，任何反方向的呼叫均无效。例如，电梯停在一层，在三层轿箱外呼叫时，必须按三层上升呼叫按钮，电梯才响应呼叫（从一层运行到三层），按三层下降呼叫按钮无效；反之，若电梯停在四层，在三层轿箱外呼叫时，必须按三层下降呼叫按钮，电梯才响应呼叫（从四层运行到三层），按三层上升呼叫按钮无效，以此类推。

项目 11　基于 FC 的小车自动运料控制系统程序设计与调试

11.1　项目要求

图 11-1 所示为一小车自动运料控制系统，小车由电动机驱动，电动机正转时小车左行，电动机反转时小车右行。小车最初停在左边，左限位开关 SQ1 压合。

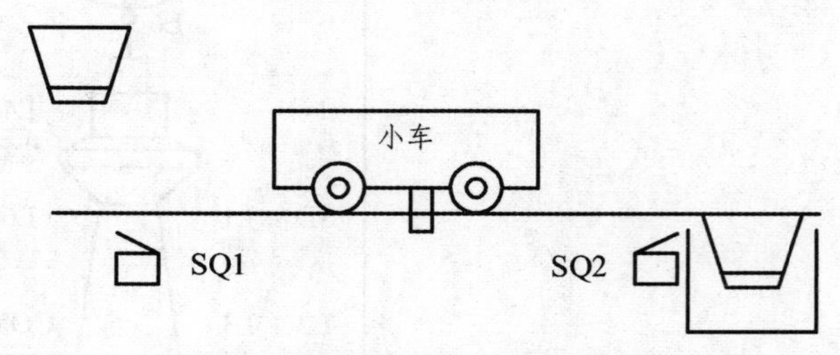

图 11-1　小车自动运料控制系统

控制要求：按下启动按钮，小车开始装料，5 s 后装料结束，小车前进至右端，压合右限位开关 SQ2，小车开始卸料。5 s 后卸料结束，小车后退至左端，压合 SQ1，小车开始装料，重复上述过程，直到按下停止按钮，在当前循环结束后，小车停在初始位置。小车具有过载保护功能。

11.2　学习目标

（1）理解 STEP 7 分部式程序的概念。
（2）掌握功能块（功能）的编程及调用。
（3）熟悉数据块与数据结构。
（4）熟练进行 S7-300 的分部式程序设计。
（5）能独立完成基于 FC 的小车自动运料控制系统程序设计与调试。

11.3　知识链接

11.3.1　编程方法

STEP 7 有以下 3 种编程方法：线性程序（线性编程）、分部式程序（分部编程、分块编程）和结构化程序（结构化编程）。

线性程序结构，就是将整个用户程序连续放置在一个循环程序块（OB1）中，块中的程序按顺序执行，CPU 通过反复执行 OB1 来实现控制任务。这种结构和 PLC 所代替的硬接线继电器控制结构类似，CPU 逐条地处理指令。线性结构一般适用于相对简单的程序编写。

分部程序结构，就是将整个程序按任务分成若干个部分，并分别放置在不同的功能（FC）、功能块（FB）及组织块中，在一个块中可以进一步分解成段。在组织块 OB1 中包含按顺序调用其他块的指令，并控制程序执行。在分部程序中，既无数据交换，也不存在重复利用的程序代码。功能（FC）和功能块（FB）不传递也不接收参数，分部程序结构的编程效率相比线性程序结构有所提高，程序测试也较方便，对程序员的要求也不太高。对不太复杂的控制程序可考虑采用这种程序结构。

结构化编程结构，就是将过程要求类似或相关的任务归类，在功能或功能块中编程，形成通用解决方案，通过不同的参数调用相同的功能或通过不同的背景数据块调用相同的功能块。其特点是结构化编程必须对系统功能进行合理分析、分解和综合，所以对设计人员的要求较高，另外，当使用结构化编程方法时，需要对数据进行管理。

11.3.2 用户程序中的块结构

西门子公司 S7-300/400 系列 PLC 采用的是“块式程序结构”，用“块”的形式来管理用户编写的程序及程序运行所需要的数据，组成完整的 PLC 应用程序系统。用户程序和所需的数据放置在块中，组织块（OB）、功能块（FB）、功能（FC）和系统提供的 SFB（系统功能块）与系统功能（SFC）都是程序的块，它们称为逻辑块。逻辑块类似于子程序，使程序部件标准化，用户程序结构化，可以简化程序组织，使程序易于修改、查错和调试。用户程序中的块描述见表 11-1。

表 11-1 用户程序中的块

块的类型		简要描述
逻辑块	组织块（OB）	操作系统与用户程序的接口，决定用户程序的结构
	系统功能块（SFB）	集成在 CPU 模块中，通过 SFB 调用一些重要的系统功能，有存储区
	系统功能（SFC）	集成在 CPU 模块中，通过 SFC 调用一些重要的系统功能，无存储区
	功能块（FB）	用户编写的包含经常使用的功能的子程序，有存储区
	功能（FC）	用户编写的包含经常使用的功能的子程序，无存储区
数据块	背景数据块（DI）	调用 FB 和 SFB 时用于传递参数的数据块，在编译过程中自动生成数据
	共享数据块（DB）	存储用户数据的数据区域，供所有的块共享

11.3.4　FC 的结构

功能（FC）是不带“记忆”的逻辑块。所谓不带“记忆”表示没有背景数据块，当 FC 完成操作后，数据不能保存，这些数据为临时变量，对于那些需要保存的数据只能通过共享数据块（Share Block）来存储，调用功能时，需用实际参数替代形式参数。

形式参数是“实际”参数的虚名称。对于 FC 而言，形式参数总是赋给实际参数。在 FC 中使用的参数类型中，输入、输出和输入/输出参数存作指针，指向调用 FC 的逻辑块的实际参数。FC 由变量声明表、代码段及其属性等几部分组成。

每个逻辑块前部都有一个变量声明表，如表 11-2 所示，在变量声明表中定义逻辑块用到的局部数据。

表 11-2　变量声明表

变　量	类　型	说　明
输入参数	In	由调用逻辑块的块提供数据，输入给逻辑块的指令
输出参数	Out	向调用逻辑块的块返回参数，即从逻辑块输出结果数据
I/O 参数	In_Out	参数的值由调用逻辑块的块提供，由逻辑块处理修改，然后返回
静态参数	Stat	静态变量存储在背景数据块中，块调用结束后，其内容被保留
临时参数	Temp	临时变量存储在 L 堆栈中，块执行结束，变量的值因被其他内容覆盖而丢弃

11.3.5　FC 编程

对 FC 编程时必须编辑下列 3 个部分：

（1）变量声明：分别定义形式参数、静态变量和临时变量（FC 块中不包括静态变量）；确定各变量的声明类型（Decl.）、变量名（Name）和数据类型（Data Type），还要为变量设置初始值（Initial Value）。如果需要还可为变量注释（Comment）。在增量编程模式下，STEP 7 将自动产生局部变量地址（Address）。

（2）代码段：对将要由 PLC 进行处理的块代码进行编程。

（3）块属性：块属性包含了其他附加的信息，例如，由系统输入的时间标志或路径。此外，也可输入相关详细资料。

编写 FC 程序时，可以用以下两种方式使用局部变量：

（1）使用变量名，此时变量名前加前缀“#”，以区别于在符号表中定义的符号地址。增量方式下，前缀会自动产生。

（2）直接使用局部变量的地址，这种方式只对背景数据块和 L 堆栈有效。

11.3.6　编辑并调用无参功能（FC）

无参功能（FC），是指在编辑功能（FC）时，在局部变量声明表不进行形式参数的定义，在功能（FC）中直接使用绝对地址完成控制程序的编程。这种方式一般应用于分部式结构的程序编写，每个功能（FC）实现整个控制任务的一部分，不重复调用。

（1）编辑无参功能（FC）。

① 生成功能。

单击“插入”菜单，选择“S7 块（B）”，选中“3 功能”，如图 11-2 所示。

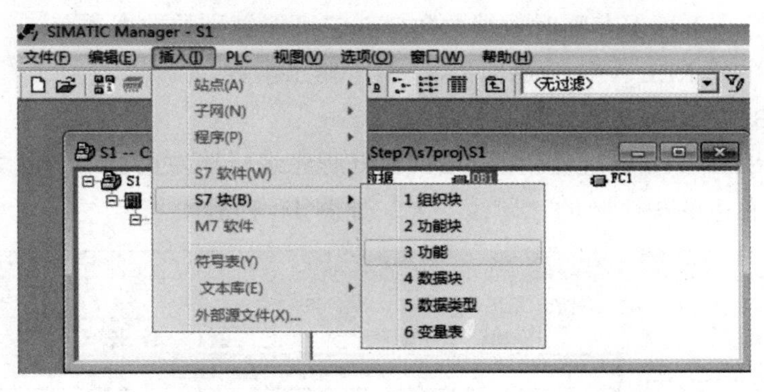

图 11-2　生成功能

②生成局部变量。

双击 SIMATIC 管理器中“FC1”图标，打开程序编辑器，如图 11-3 所示。将鼠标的光标放在程序区最上面的分隔条上，按住鼠标的左键，往下拉动分隔条，分隔条上面是功能的变量声明表，下面是程序区，左边是指令列表和库。

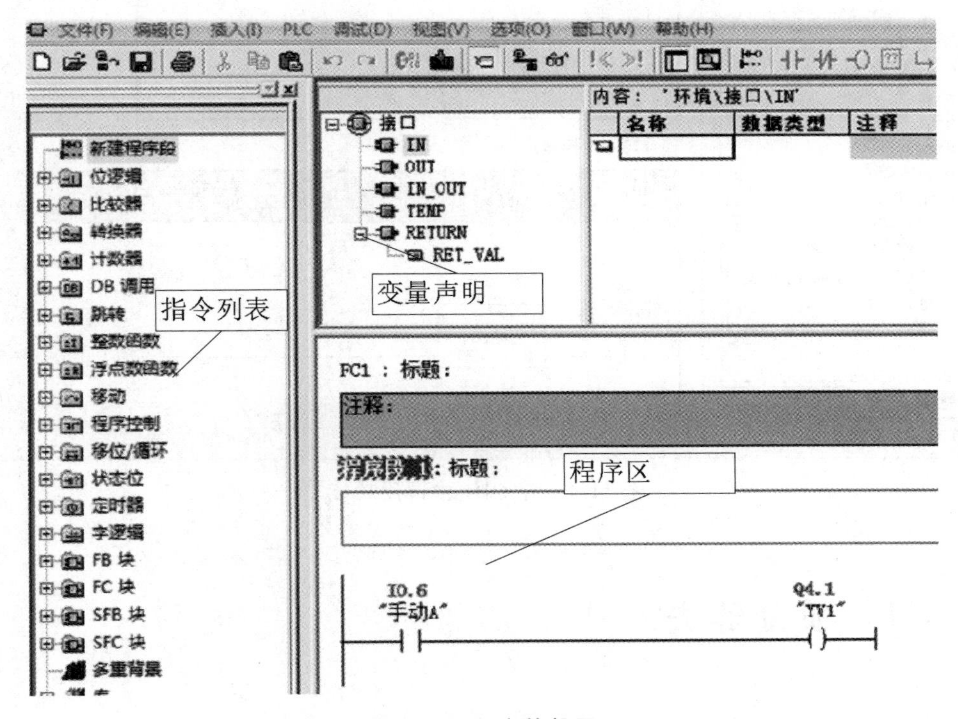

图 11-3　程序编辑器

功能 FC 有 5 种局部变量：

IN：由调用它的块提供的输入参数。

OUT：返回给调用它的块的输出参数。

IN_OUT：初值由调用它的块提供，块执行后返回给调用它的块。

TEMP：临时数据，暂时保存在局部数据堆栈中的数据。只是在执行块时使用临时数据，执行完后，不再保存临时数据的数值，它可能被别的数据覆盖。

RETURN 中的 REL_VAL（返回值），属于输出参数。

（2）在 OB1 中调用功能（FC）。

双击打开 SIMATIC 管理器中的 OB1，打开程序编辑器左边窗口中的文件夹 FC 块，将 FC1 拖放到右边的程序区的“导线”上，如图 11-4 所示。

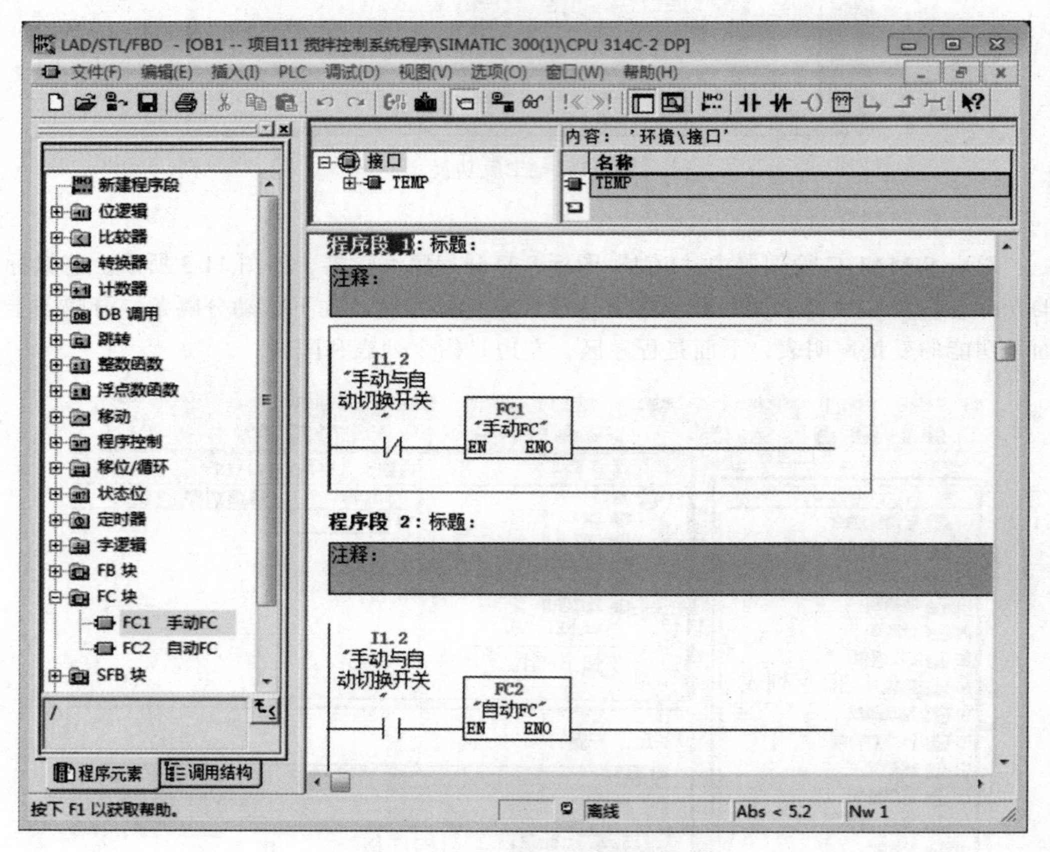

图 11-4　在 OB1 中调用功能

11.4　项目解决

步骤 1：创建 S7 项目。

创建 S7 项目，并命名为“小车自动运料控制系统”。

步骤 2：硬件组态（参见项目 3）。

步骤 3：编辑符号表。

选择“小车自动运料控制系统”项目的“S7 程序”文件夹，打开符号表编辑器，按图 11-5 所示编辑符号表。

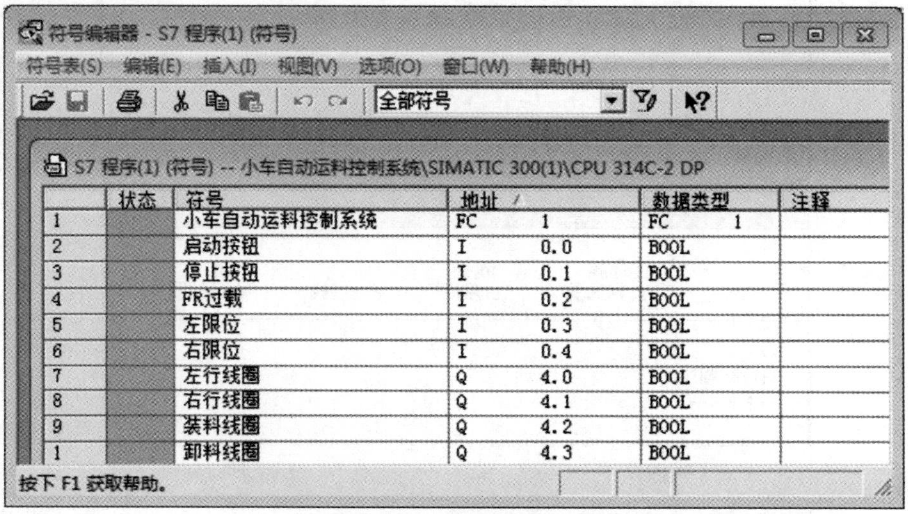

符号编辑器 - S7 程序(1) (符号)

符号表(S)　编辑(E)　插入(I)　视图(V)　选项(O)　窗口(W)　帮助(H)

全部符号

S7 程序(1) (符号) -- 小车自动运料控制系统\SIMATIC 300(1)\CPU 314C-2 DP

	状态	符号	地址		数据类型	注释
1		小车自动运料控制系统	FC	1	FC　1	
2		启动按钮	I	0.0	BOOL	
3		停止按钮	I	0.1	BOOL	
4		FR过载	I	0.2	BOOL	
5		左限位	I	0.3	BOOL	
6		右限位	I	0.4	BOOL	
7		左行线圈	Q	4.0	BOOL	
8		右行线圈	Q	4.1	BOOL	
9		装料线圈	Q	4.2	BOOL	
1		卸料线圈	Q	4.3	BOOL	

按下 F1 获取帮助。

图 11-5　符号表编辑器

步骤 4：规划程序结构。

按分部结构设计控制程序，控制程序由 3 个逻辑块构成，其中：OB1 为主循环组织块，OB100 为初始化程序，FC1 为小车自动运料控制程序。

步骤 5：编辑功能（FC　）。

在“小车自动运料控制系统”项目内选择“S7 程序（1）”文件夹，然后执行菜单命令“插入（Insert）”→“S7 块（S7 Block　）”→“功能（Function）”，分别创建 1 个功能（FC）FC1，接着，打开功能块进行 FC1 功能块编程，如图 11-6 所示。

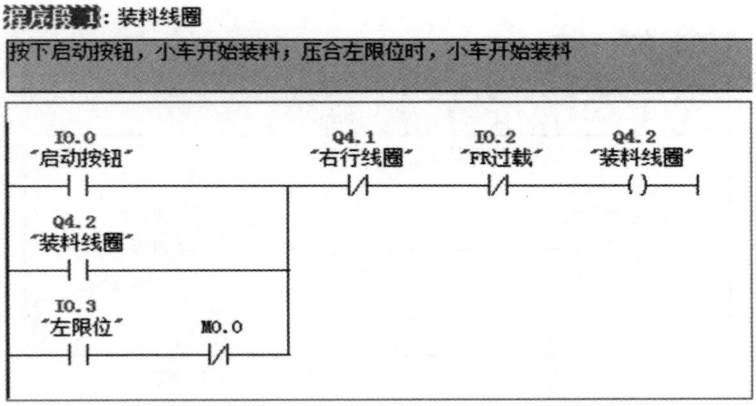

程序段1：装料线圈

按下启动按钮，小车开始装料；压合左限位时，小车开始装料

I0.0 “启动按钮”　Q4.1 “右行线圈”　I0.2 “FR过载”　Q4.2 “装料线圈”

Q4.2 “装料线圈”

I0.3 “左限位”　M0.0

程序段2：标题：

小车开始装料后定时5秒

Q4.2 "装料线圈" —| |— T0 (SD) S5T#5S

程序段3：反转线圈

5秒后小车右行

T0 —| |— (并联 Q4.1 "右行线圈" —| |—) — Q4.3 "卸料线圈" —|/|— I0.4 "右限位" —|/|— I0.2 "FR过载" —|/|— Q4.1 "右行线圈" ( )

程序段4：卸料线圈

压合右限位开关SQ2，小车开始卸料

I0.4 "右限位" —| |— (并联 Q4.3 "卸料线圈" —| |—) — Q4.0 "左行线圈" —|/|— I0.2 "FR过载" —|/|— Q4.3 "卸料线圈" ( )

程序段5：标题：

小车开始卸料后定时5秒

Q4.3 "卸料线圈" —| |— T1 (SD) S5T#5S

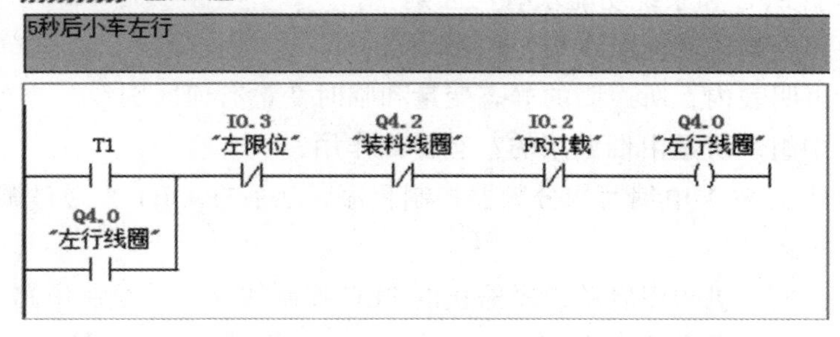

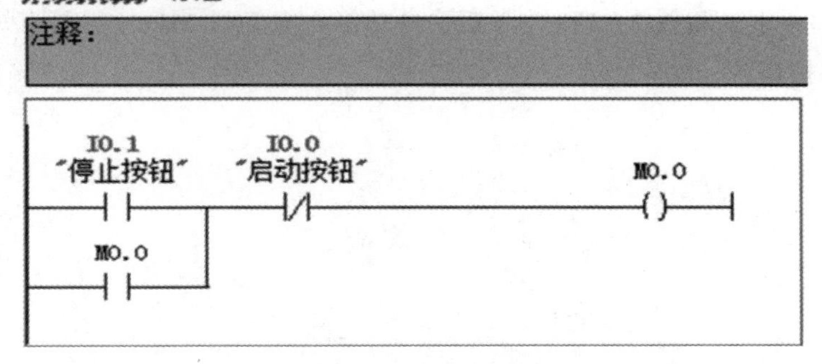

图 11-6　FC 程序

步骤 6：在 OB1 中调用无参功能（FC）。

双击打开 SIMATIC 管理器中的 OB1，打开程序编辑器左边窗口中的文件夹 FC 块，将 FC1 拖放到右边的程序区的“导线”上，如图 11-7 所示。

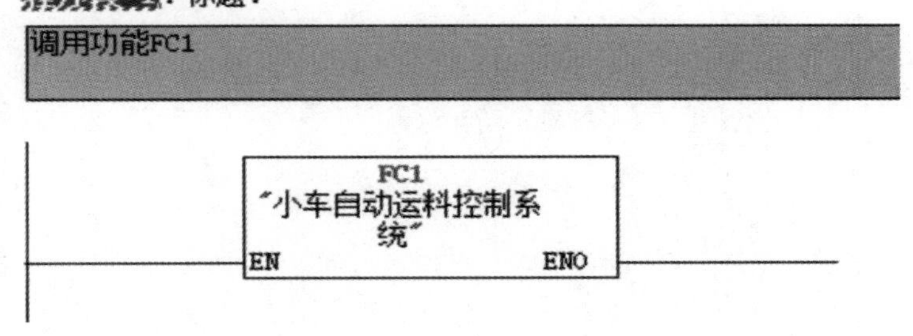

图 11-7　调用无参功能

步骤 7：完成硬件接线后下载调试运行。

巩固练习 11

1. STEP 7 中有哪些逻辑块？

2. 系统功能 SFC 和系统功能块有何区别?

3. 组织块可否调用其他组织块?

4. 在变量声明表内，所声明的静态变量和临时变量有何区别?

5. STEP 7 中组织块是由谁调用的？有什么作用?

6. 编写在功能 FC1 中编写二分频器控制程序，然后在 OB1 中通过调用 FC1 实现多级分频器的功能。

7. 设计三台电动机顺序启动逆序停止的 PLC 控制线路，并绘制电路图编写程序。总体控制要求：① 按下启动按钮 SB1，电动机 M1 先启动，5 s 后自动启动电动机 M2，5 s 后自动启动电动机 M3；② 停止时，按下停止按钮 SB2，电动机 M3 先停止，延时 3 s 后，自动停止电动机 M2，延时 3 s 后，自动停止电动机 M1；③ 具有短路、过载保护等必要的保护措施。

项目 12　基于 FB 的星形-三角形降压启动控制程序设计与调试

12.1　项目要求

某车间有 2 台设备，2 台设备分别由 2 台电动机带动，2 台电动机要实现星形-三角形降压启动，星形-三角形降压启动电路如图 12-1 所示。第 1 台设备控制要求如下：按下启动按钮，电源接触器和星形接触器得电，电动机星形降压启动。电动机星形运行 5 s 后，星形接触器线圈失电，三角形接触器线圈得电，电动机以三角形连接全压运行。第 2 台设备控制要求如下：按下启动按钮，电源接触器和星形接触器得电，电动机星形降压启动。电动机星形运行 10 s 后，星形接触器线圈失电，三角形接触器线圈得电，电动机以三角形连接全压运行。

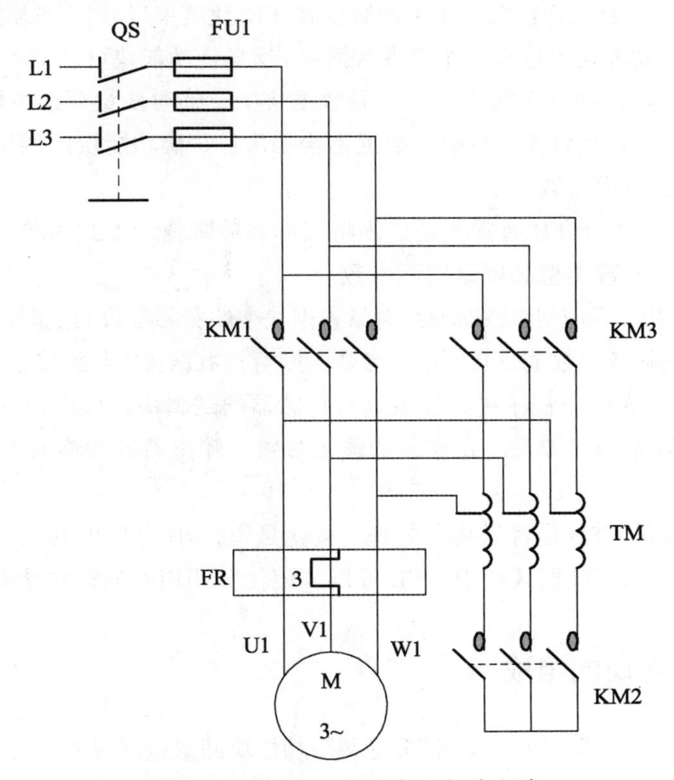

图 12-1　星形-三角形降压启动电路

12.2　学习目标

（1）理解功能块的概念、组成及局部变量声明方法。
（2）掌握功能块（FB）的编程及调用。
（3）熟悉数据块与数据结构。
（4）熟练进行 S7-300 的结构化程序设计。
（5）能独立完成基于 FB 的星形-三角形降压启动控制程序设计与调试。

12.3　知识链接

12.3.1　功能块

功能块（FB）是用户所编写的有固定存储区的块。FB 为带“记忆”的逻辑块，它有一个数据结构与功能块参数表完全相同的数据块（DB），我们称该数据块为背景数据块（Instance Data Block）。当功能块被执行时，数据块被调用；当功能块结束时，数据块调用随之结束。存放在背景数据块中的数据在 FB 块结束以后，仍能继续保持，具有“记忆”功能。一个功能块可以有多个背景数据块，这样使功能块可以被不同的对象使用。

传递给 FB 的参数和静态变量存在背景数据块中，临时变量存在本地数据堆栈中。当 FB 执行结束时，存在背景 DB 中的数据不会丢失。每次功能块的调用都将赋给一个背景数据块，用于传递参数。

在 STEP 7 中，对于 FB 通常不是必须将实际参数赋值给形式参数。不过对于复杂数据类型和所有的参数类型必须赋实际参数。

在功能块 FB 中，当访问参数时使用背景数据块中的实际参数的复制参数，当调用 FB 时，如果没有传送输入参数或没有写输出参数，则背景数据块中将始终使用以前的值。

功能块（FB）为用户程序块，代表具有存储器的逻辑块，可以被 OB，FB 和 FC 调用。功能块可以根据需要具有足够多的输入参数、输出参数和输入/输出参数，以及静态和临时变量。

与 FC 不同的是，FB 是背景化了的块，也就是说，FB 可以由其私有数据区域的数据进行赋值，在其私有数据区域中，FB 可以“记住”调用时的过程状态。

12.3.2　功能块的组成

功能块由两个主要部分组成：一部分是每个功能块的变量声明表，该表声明此块的局部数据；另一部分是逻辑指令组成的程序，程序要用到变量声明表中给出的局部数据。

当调用功能块时，需要提供功能块执行时要用到的数据或变量，也就是将外部数据传递给功能块，这称为参数传递。参数传递的方式使得功能块具有通用性，它可被其他的块调用，以完成多个类似的控制任务。

一个程序由许多部分（子程序）组成，STEP 7 将这些部分称为逻辑块，并允许块间相互调用。

12.3.3　功能块的编程

功能块由变量声明表和程序两部分组成，如图 12-2 所示。

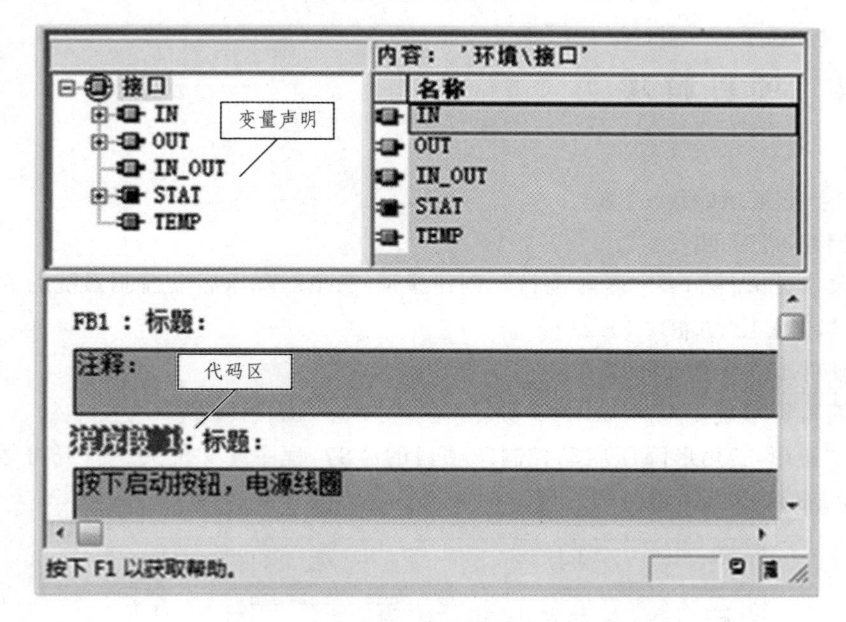

图 12-2　功能块编程

功能块的编程步骤如下：

第一步：定义局部变量。首先定义形式参数和临时变量名，功能块还须定义静态变量，之后确定变量的类型及变量注释。

第二步：编写执行程序。在编程中若使用变量名，则变量名标识显示为前缀“#”加变量名。若使用全局符号则显示为全局符号加引号的形式。

在调用 FB 块时，要说明其背景数据块。背景数据块应在调用前生成，其顺序格式与变量声明表必须保持一致。

12.3.4　编辑功能块

功能块（FB）在程序的体系结构中位于组织块之下，它包含程序的一部分，这部分程序在 OB1 中可以多次调用。功能块的所有形式参数和静态数据都存储在一个单独的、被指定给该功能块的数据块（DB）中，该数据块被称为背景数据块。当调用 FB 时，该背景数据块会自动打开，实际参数的值被存储在背景数据块中；当块退出时，背景数据块中的数据仍然保持。

在编辑功能块（FB）时，如果程序中需要特定数据的参数，可以考虑将该特定数据定义为静态参数，并在 FB 的声明表内 STAT 处声明。

利用功能块（FB）进行编程，通常分为以下几个步骤：创建 S7 项目、硬件配置编写符号表、规划程序结构、编辑功能块（FB）、建立背景数据块（DI）和编辑启动组织块 OB100，最后在 OB1 中调用有静态参数的功能块（FB）。

12.4 项目解决

步骤 1：编辑功能块（FB）。

（1）创建 S7 项目。

使用菜单“文件”→“新建项目”创建星形-三角形降压启动控制系统的 S7 项目，并命名为“项目 12 功能块 FB 编程”。

（2）硬件组态（参见项目 3）。

（3）编写符号表。

选择“星形-三角形降压启动控制”项目的“S7 程序”文件夹，打开符号表编辑器，按图 12-3 所示编辑符号表。

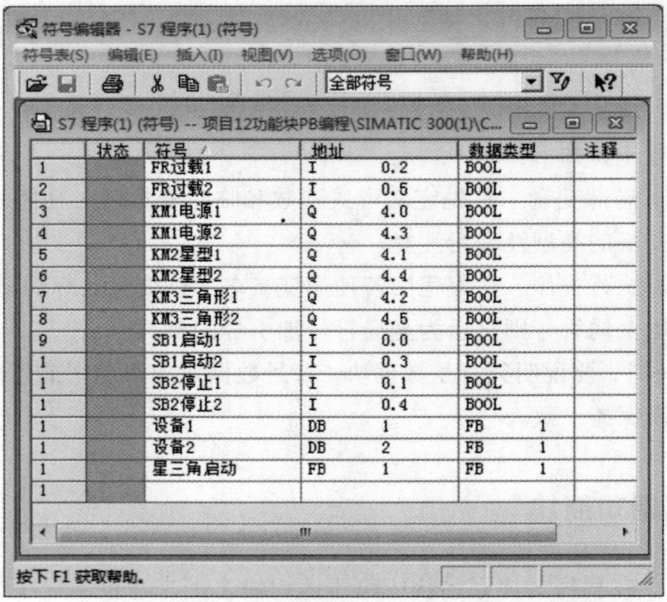

符号编辑器 - S7 程序(1) (符号)

符号表(S)　编辑(E)　插入(I)　视图(V)　选项(O)　窗口(W)　帮助(H)

全部符号

S7 程序(1) (符号) -- 项目12功能块PB编程\SIMATIC 300(1)\C...

	状态	符号	地址		数据类型		注释
1		FR过载1	I	0.2	BOOL		
2		FR过载2	I	0.5	BOOL		
3		KM1电源1	Q	4.0	BOOL		
4		KM1电源2	Q	4.3	BOOL		
5		KM2星型1	Q	4.1	BOOL		
6		KM2星型2	Q	4.4	BOOL		
7		KM3三角形1	Q	4.2	BOOL		
8		KM3三角形2	Q	4.5	BOOL		
9		SB1启动1	I	0.0	BOOL		
1		SB1启动2	I	0.3	BOOL		
1		SB2停止1	I	0.1	BOOL		
1		SB2停止2	I	0.4	BOOL		
1		设备1	DB	1	FB	1	
1		设备2	DB	2	FB	1	
1		星三角启动	FB	1	FB	1	
1							

按下 F1 获取帮助。

图 12-3　符号表

（4）规划程序结构。

按结构化编程方式设计控制程序，其程序结构图如图 12-4 所示。

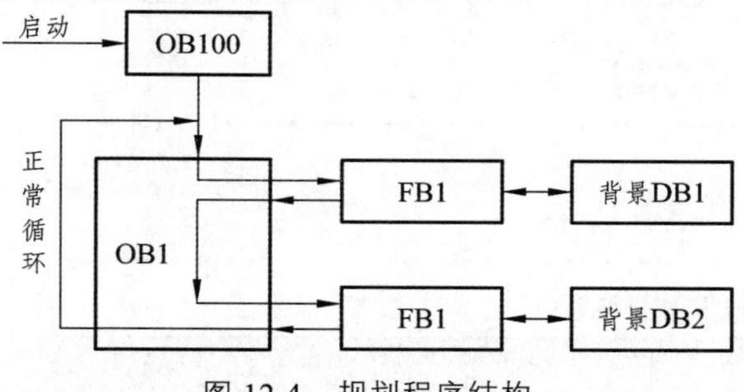

图 12-4　规划程序结构

OB1 为主循环组织块，OB100 初始化程序，FB1 为电动机星形-三角形启动控制程序，DB1 为设备 1 星形-三角形启动数据块，DB2 为设备 2 星形-三角形启动数据块。

（5）编辑功能块（FB）。

①定义局部变量声明表。

在 FB 接口 IN 中定义了 4 个参数（qidong，tingzhi，Fr，ter），在 FB 接口 OUT 定义了 3 个参数（dianyuan，xing，sanjiao），在 FB 接口 STAT 中定义定时时间（shijian），如图 12-5 所示。

接口
- IN
  - qidong
  - tingzhi
  - Fr
  - ter
- OUT
  - dianyaun
  - xing
  - sanjiao
- IN_OUT
- STAT
  - shijian
- TEMP

内容：'环境\接口\IN'

名称	数据类型	地址	初始值
qidong	Bool	0.0	FALSE
tingzhi	Bool	0.1	FALSE
Fr	Bool	0.2	FALSE
ter	Timer	2.0	

图 12-5　变量声明表

②编写程序代码（见图 12-6）。

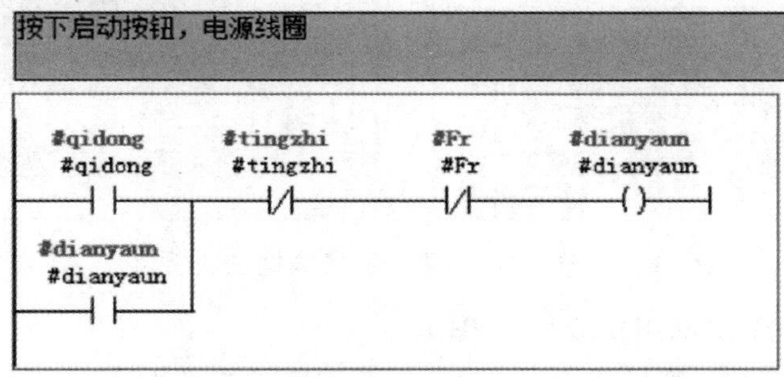

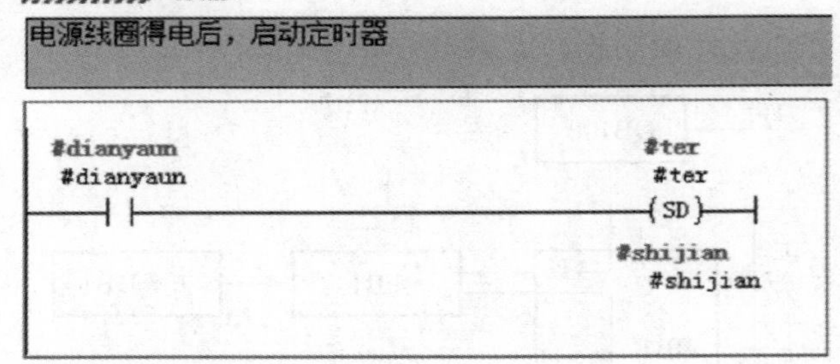

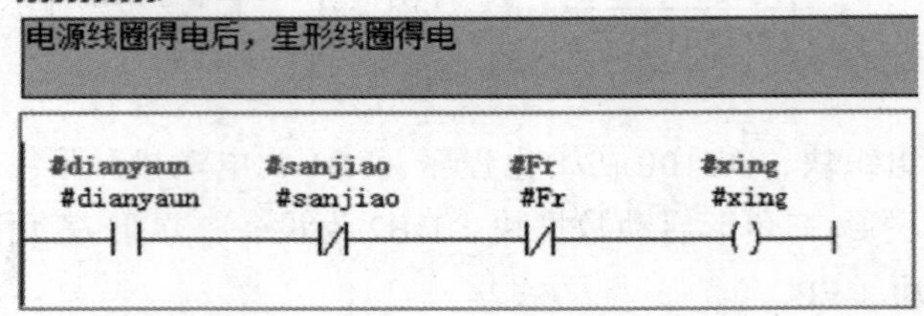

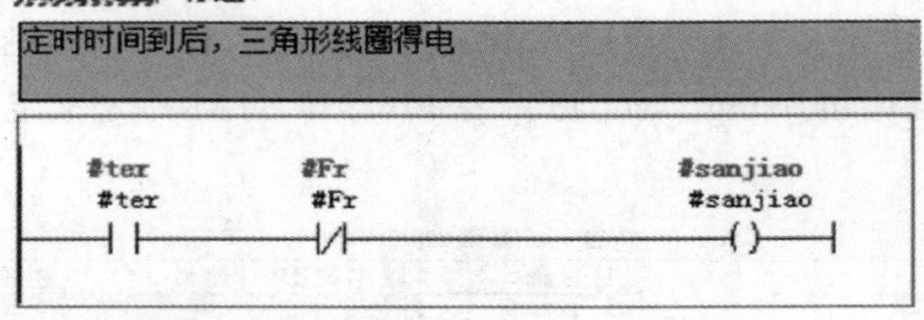

图 12-6　程序段

（6）建立背景数据块（DI）。

由于在创建 DB1 和 DB2 之前，已经完成了 FB1 的变量声明，建立了相应的数据结构，所以在创建与 FB1 相关联的 DB1 和 DB2 时，STEP 7 自动完成了数据块的数据结构，如图 12-7 所示。

DB 参数 - DB1

数据块(A)　编辑(E)　PLC(P)　调试(D)　查看(V)　窗口(W)　帮助(H)

DB1 -- 项目12功能块PB编程\SIMATIC 300(1)\CPU 314C-2 DP

	地址	声明	名称	类型	初始值	实际值
1	0.0	in	qidong	BOOL	FALSE	FALSE
2	0.1	in	tingzhi	BOOL	FALSE	FALSE
3	0.2	in	Fr	BOOL	FALSE	FALSE
4	2.0	in	ter	TIMER	T 0	T 1
5	4.0	out	dianyaun	BOOL	FALSE	FALSE
6	4.1	out	xing	BOOL	FALSE	FALSE
7	4.2	out	sanjiao	BOOL	FALSE	FALSE
8	6.0	stat	shijian	S5TIME	S5T#0MS	S5T#5S

DB 参数 - DB2

数据块(A)　编辑(E)　PLC(P)　调试(D)　查看(V)　窗口(W)　帮助(H)

DB2 -- 项目12功能块PB编程\SIMATIC 300(1)\CPU 314C-2 DP

	地址	声明	名称	类型	初始值	实际值
1	0.0	in	qidong	BOOL	FALSE	FALSE
2	0.1	in	tingzhi	BOOL	FALSE	FALSE
3	0.2	in	Fr	BOOL	FALSE	FALSE
4	2.0	in	ter	TIMER	T 0	T 2
5	4.0	out	dianyaun	BOOL	FALSE	FALSE
6	4.1	out	xing	BOOL	FALSE	FALSE
7	4.2	out	sanjiao	BOOL	FALSE	FALSE
8	6.0	stat	shijian	S5TIME	S5T#0MS	S5T#10S

图 12-7　建立背景数据块

步骤 2：在 OB1 中调用功能块（FB）。

双击打开 SIMATIC 管理器中的 OB1，打开程序编辑器左边窗口中的文件夹 FB 块，将 FB1 拖放到右边的程序区的“导线”上，如图 12-8 所示。

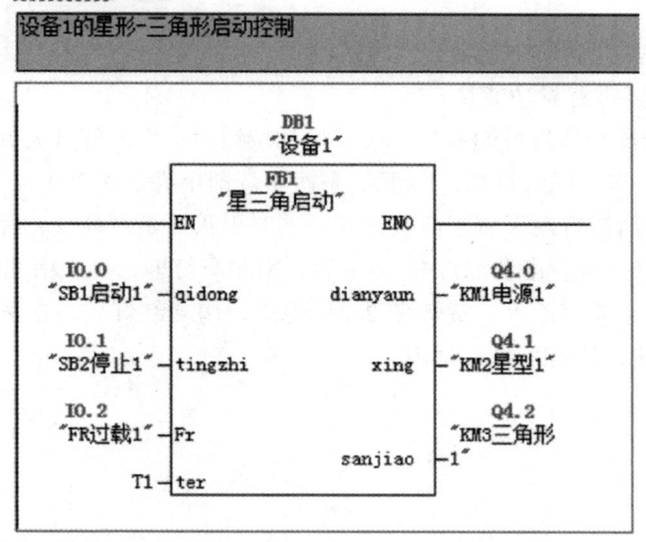

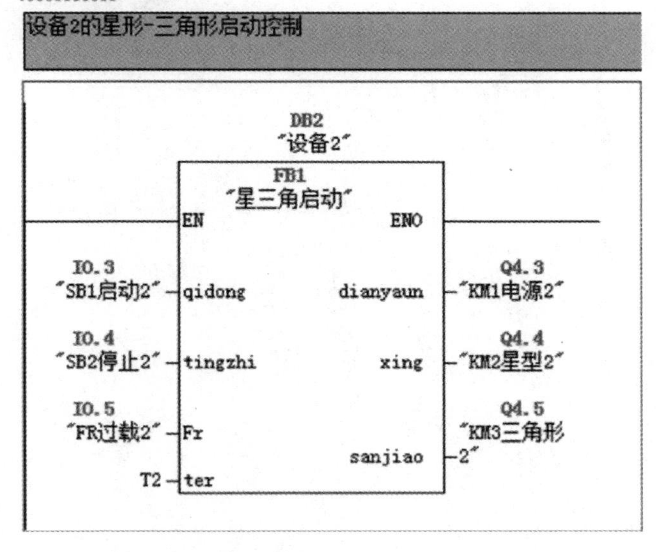

图 12-8　调用 FB

步骤 3：系统调试。

硬件连接和项目下载好后，分别打开两个站点 OB1 组织块，启动程序状态监控功能。按下本地电动机的启动按钮 SB1 和停止按钮 SB2，观察电动机是否能启动和停止？按下本地站控制远程电动机的启动按钮 SB3 和停止按钮 SB4，观察远程电动机是否能启动？同样，在另一站点重复以上操作，如上述调试现象符合项目控制要求，则任务完成。

巩固练习 12

1. 怎样生成多重背景功能块？

2. 怎样调用多重背景功能块？

3. 用 PLC 构成交通灯控制系统，按下启动按钮后，南北红灯亮并维持 25 s。在南北红灯亮的同时，东西绿灯也亮，1 s 后，东西车灯即甲亮。到 20 s 时，东西绿灯闪亮，3 s 后熄灭，在东西绿灯熄灭后东西黄灯亮，同时甲灭。黄灯亮 2 s 后灭东西红灯亮。与此同时，南北红灯灭，南北绿灯亮。1 s 后，南北车灯即乙亮。南北绿灯亮了 25 s 后闪亮，3 s 后熄灭，同时乙灭，黄灯亮 2 s 后熄灭，南北红灯亮，东西绿灯亮，不断循环。按下停止按钮，所有信号灯都熄灭。

项目 13　PROFIBUS-DP 不打包网络通信设计与调试

13.1　项目要求

使用 S7-300 的主从 DP 通信方式实现两台电动机运行状态的异地监控。控制要求如下：本地按钮控制本地电动机和远程站电动机的启动和停止，本地电动机启动 10 s 后，远程站电动机自动启动。本地电动机停止后，远程电动机则须自行停止。同时，系统要求两站点均能显示本站和远程站电动机的运行状态。

13.2　学习目标

（1）理解 PROFIBUS-DP 不打包通信的含义。
（2）掌握 PROFIBUS-DP 不打包通信的硬件和软件配置。
（3）掌握 PROFIBUS-DP 不打包通信的硬件连接。
（4）掌握 PROFIBUS-DP 不打包通信的通信区设置。
（5）掌握 PROFIBUS-DP 不打包通信的网络组态及参数设置。
（6）掌握 PROFIBUS-DP 不打包通信程序的编写及调试。

13.3　知识链接

PROFIBUS 是 Process Fieldbus 的缩写。PROFIBUS 是目前国际上通用的现场总线标准之一，1987 年由 Siemens 公司等 13 家企业和 5 家研究机构联合开发 PROFIBUS 总线，1999 年 PROFIBUS 成为国际标准 IEC 61158 的组成部分，2001 年批准成为我国的行业标准 JB/T 10308.3—2001，2006 年 11 月被确定为我国工业通信领域现场总线技术国家标准 GB/T 20540—2006。PROFIBUS 是全球范围内唯一能够以标准方式应用于包括制造业、流程业及混合自动化领域并贯穿整个工艺过程的单一现场总线技术。

PROFIBUS 是属于单元级、现场级的 SIMATIC 网络，适用于传输中、小量的数据。PROFIBUS 传送速度可在 9.6 kb/s ~12 Mb/s 范围内选择，其开放性可以允许众多的厂商开发各自的符合 PROFIBUS 协议的产品，这些产品可以连接在同一个 PROFIBUS 网络上。PROFIBUS 是一种电气网络，物理传输介质可以是屏蔽双绞线、光纤或无线传输。

13.3.1　PROFIBUS 的组成

PROFIBUS 的通信协议符合国际标准化组织的 OSI 通信标准模型，该模型由物理层、数据链路层、网络层、传输层、会话层、表示层、应用层组成，其中前面 4 层面向网络，后面 3 层面向用户。按用户的不同，PROFIBUS 提供了现场总线报文 PROFIBUS-FMS（Fieldbus Message Specification）、分布式外围设围 PROFIBUS-DP（Decentralized Periphery）和过程控制自动化 PROFIBUS-PA（Process Automation ）等 3 种不同的通信协议。

（1）分布式外部设备（PROFIBUS-DP）。

PROFIBUS-DP 是一种高速低成本数据传输，用于自动化系统中单元级控制设备与分布式 I/O（如 ET 200）的通信。主站之间的通信为令牌方式，主站与从站之间的通信为主从轮询方式，以及这两种方式的混合。一个网络中有若干个被动节点（从站），而它的逻辑令牌只含有一个主动令牌（主站），这样的网络为纯主-从系统。

（2）PROFIBUS-PA（过程自动化）。

PROFIBUS-PA 用于过程自动化的现场传感器和执行器的低速数据传输，使用扩展的 PROFIBUS-DP 协议。

（3）PROFIBUS-FMS（现场总线报文规范）。

PROFIBUS-FMS 可用于车间级监控网络，FMS 提供大量的通信服务，用以完成中等级传输速度进行的循环和非循环的通信服务。

13.3.2　PROFIBUS 协议结构

PROFIBUS 协议以 ISO/OSI 参考模型为基础，第 1 层为物理层，定义了物理的传输特性；第 2 层为数据链路层；第 3 ~ 6 层 PROFIBUS 未使用；第 7 层为应用层，定义了应用的功能，如图 13-1 所示。

PROFIBUS-DP 是高效、快速的通信协议，它使用了第 1 层、第 2 层及用户接口，第 3 ~ 7 层未使用。这种简化的结构确保了 DP 的快速、高效的数据传输。

PROFIBUS-FMS 是通用的通信协议，它使用了第 1、2、7 层，第 7 层由现场总线规范（FMS）和低层接口（LLI）所组成。FMS 包含了应用层协议，提供了多种强有力的通信服务，FMS 还提供了用户接口。

层次	FMS	DP	PA
用户	FMS行规	DP行规	PA行规 DP扩展 DP基本功能
应用层7	现场数据信息规范		
3—6	未使用	未使用	
数据链路层2	现场数据总线链路	现场数据总线链路	IEC接口
物理层1	RS485/光纤	RS485/光纤	IEC1158+2

图 13-1　PROFIBUS 协议结构

13.3.3　PROFIBUS 传输技术

PROFIBUS-DP 现场总线按照各个自动化设备的预先规划好的地址顺序组成网络，组成环状逻辑拓扑。PROFIBUS-DP 现场总线就是基于这种存取机制，其中主站周期性的顺序同从站交换数据。PROFIBUS 总线使用两端有终端的总线拓扑结构，如图 13-2 所示。

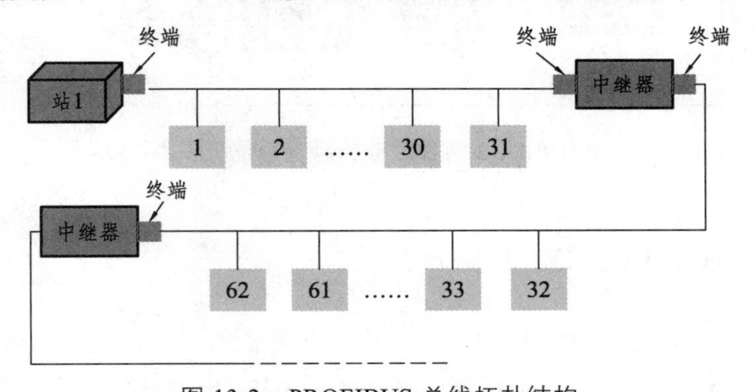

图 13-2　PROFIBUS 总线拓扑结构

PROFIBUS 使用 3 种传输技术：PROFIBUS-DP 和 PROFIBUS-FMS 采用相同的传输技术，可使用 RS-485 屏蔽双绞线电缆传输，或光纤传输；PROFIBUS-PA 采用 IEC 1158-2 传输技术。其中 PROFIBUS 电气网络通过 RS485 中继器进行扩张，网络逻辑上最多可以有 127 个站，但每个电气网段只能有 32 个站。站和站之间的通信距离与通信波特的选择有关，最远可以扩展到 10 km。

13.3.4　PROFIBUS 介质存取协议

PROFIBUS 通信规程采用了统一的介质存取协议，此协议由 OSI 参考模型的第 2

层来实现。使用上述的介质存取方式，PROFIBUS 可以实现以下 3 种系统配置：

（1）纯主-从系统（单主站）。

单主系统可实现最短的总线循环时间。以 PROFIBUS-DP 系统为例，一个单主系统由一个 DP-1 类主站和 1 到最多 125 个 DP-从站组成。

（2）纯主-主系统（多主站）。

若干个主站可以用读功能访问一个从站。以 PROFIBUS-DP 系统为例，多主系统由多个主设备（1 类或 2 类）和 1 到最多 124 个 DP-从设备组成。

（3）两种配置的组合系统（多主-多从），如图 13-3 所示。

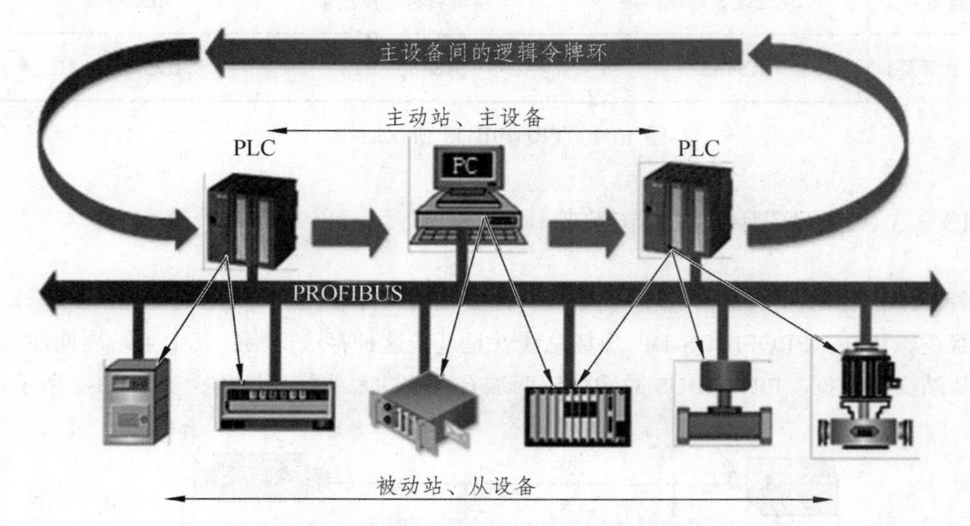

图 13-3　PROFIBUS 两种配置的组合系统（多主-多从）

13.3.5　PROFIBUS-DP 设备分类

PROFIBUS-DP 在整个 PROFIBUS 应用中，应用最多、最广泛，可以连接不同厂商符合 PROFIBUS-DP 协议的设备。在每一路 PROFIBUS-DP 总线中最多可接入主从站共 127 个，接入 PROFIBUS-DP 总线的站点有 3 类：DP-1 类主设备（DPM1）、DP-2 类主设备（DPM2）和 DP-从设备。

（1）DP-1 类主设备（DPM1）。

DP-1 类主设备（DPM1）可构成 DP-1 类主站，是总线系统的控制设备，在预先配置的循环时间里与系统中其他站点进行通信，如周期读写 DP 从站。这类设备是一种在给定的信息循环中与分布式站点（DP 从站）交换信息，完成对从站的参数设定、组态检查、数据读取、诊断读取，以及对总线的全局控制等功能。典型的设备有可编程控制器（PLC）、微机数值控制（CNC）或计算机（PC）等。

（2）DP-2 类主设备（DPM2）。

DP-2 类主设备（DPM2）可构成 DP-2 类主站，主要用于配置 PROFIBUS-DP 总线系统，典型的有编程器、组态设备。这类设备在 DP 系统初始化时用来生成系统配置，是 DP 系统中组态或监视工程的工具。除了具有 1 类主站的功能外，可以读取 DP 从站的输入/输出数据和当前的组态数据，可以给 DP 从站分配新的总线地址。属于这一类的装置包括编程器，组态装置和诊断装置、上位机等。

（3）DP-从设备。

DP-从设备可构成 DP 从站。这类设备是 DP 系统中直接连接 I/O 信号的外围设备。典型 DP-从设备有分布式 I/O、ET200、变频器、驱动器、阀、操作面板等。根据它们的用途和配置，可将 SIMATIC S7 的 DP 从站设备分为以下几种：

① 紧凑型 DP 从站。

紧凑型 DP 从站具有不可更改的固定结构输入和输出区域。ET200B 电子终端（B 代表 I/O 块）就是紧凑型 DP 从站。

② 模块式 DP 从站。

模块式 DP 从站具有可变的输入和输出区域，可以用 SIMATIC Manager 的 HW config 工具进行组态。ET 200M 是模块式 DP 从站的典型代表，可使用 S7-300 全系列模块，最多可有 8 个 I/O 模块，连接 256 个 I/O 通道。ET 200M 需要一个 ET 200M 接口模块（IM 153）与 DP 主站连接。

③ 智能 DP 从站。

在 PROFIBUS-DP 系统中，带有集成 DP 接口的 CPU，或 CP342-5 通信处理器可用作智能 DP 从站，简称“I 从站”。智能从站提供给 DP 主站的输入/输出区域不是实际的 I/O 模块所使用的 I/O 区域，而是从站 CPU 专用于通信的输入/输出映像区。

13.4　项目解决

步骤 1：原理图绘制。

1. I/O 分配表（见表 13-1 和表 13-2）

表 13-1　主站 PLC 的 I/O 地址分配

序号	输入信号器件名称	编程元件地址	序号	输出信号器件名称	编程元件地址
1	主站电机启动按钮 SB1（常开）	I0.0	1	主站电机 KM 线圈	Q4.0
2	主站电机停止按钮 SB2（常开）	I0.1	2	主站电机运行状态信号	Q4.1
			3	从站电机运行状态信号	Q4.2

表 13-2 从站 PLC 的 I/O 地址分配

序号	输入操作变量名称	操作变量	序号	输出显示变量名称	显示变量
1			1	从站电机 KM 线圈	Q4.0
2			2	主站电机运行状态信号	Q4.1
3			3	从站电机运行状态信号	Q4.2

2. 原理图（见图 13-4 和 13-5）

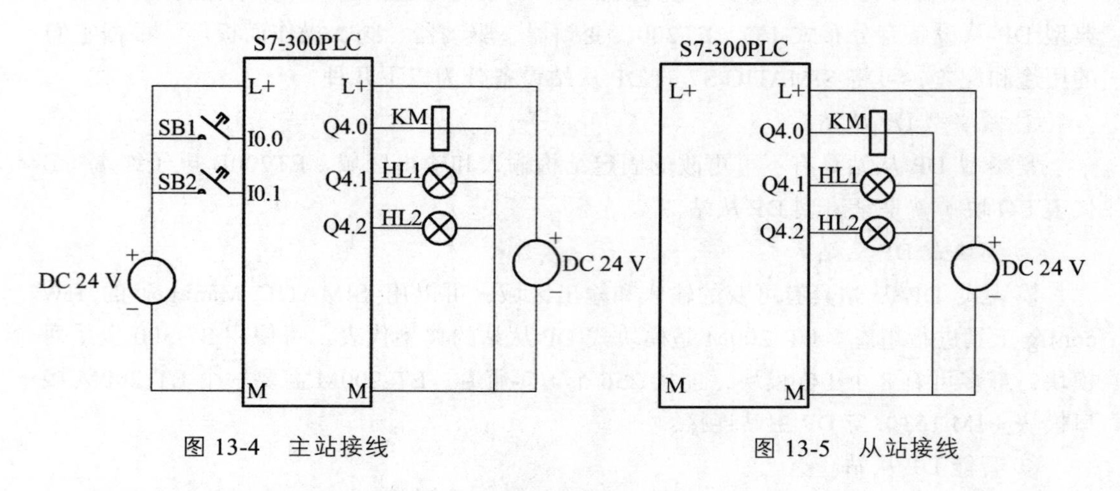

图 13-4 主站接线　　　　图 13-5 从站接线

步骤 2：主站和从站通信区地址分配（见图 13-6 和图 13-7）。

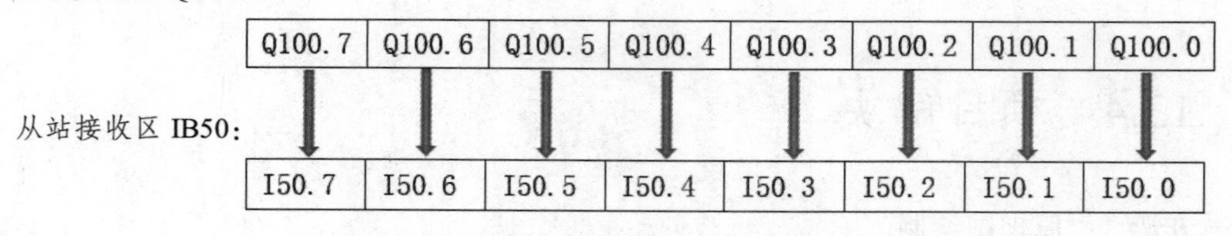

图 13-6 主站发送区与从站接收区对应关系

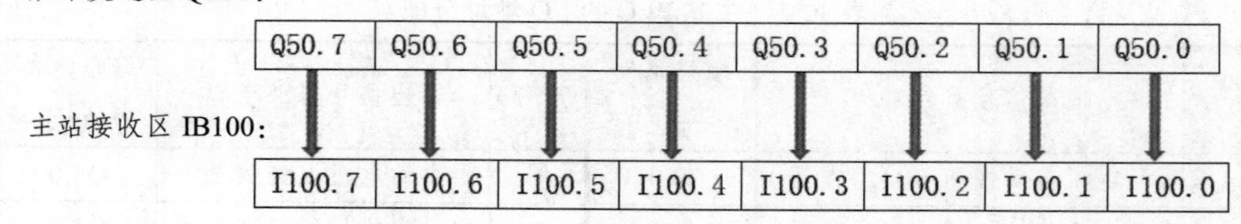

图 13-7 从站发送区与主站接收区对应关系

步骤 3：硬件组态。

1. 组态智能从站

在对两个 CPU 主-从通信组态配置时，原则上要先组态从站。

（1）生成项目。

打开 SIMATIC Manage，创建一个新项目，并命名为“双集成 DP 通信”。插入 2 个 S7-300 站，分别命名为 S7-300_Master 和 S7_300_Slave，如图 13-8 所示。

（2）硬件组态（参见项目 3）。

（3）DP 模式建立。

选中 PROFIBUS 网络，然后点击按钮进入 DP 属性对话框，如图 13-9 所示，选择“工作模式”标签，激活“DP 从站”操作模式。如果“测试、调试和路由”选项被激活，则意味着这个接口既可以作为 DP 从站，同时还可以通过这个接口监控程序。

图 13-8 生成项目

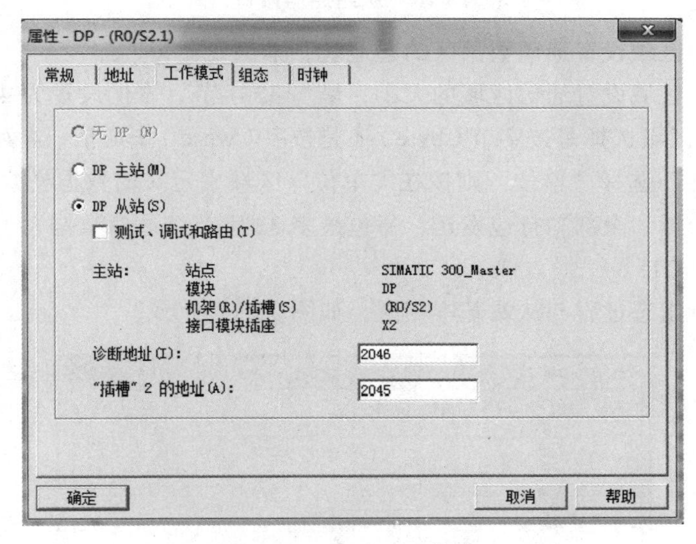

图 13-9 设置 DP 模式

（4）定义从站通信接口区。

如图 13-10 所示，在 DP 属性对话框中，选择“组态”标签，打开 I/O 通信接口区属性设置窗口，点击按钮新建一行通信接口区，可以看到当前组态模式为“（主站-从站组态）”。注意，此时只能对本地（从站）进行通信数据区的配置。

在“地址类型”区域选择通信数据操作类型，“输入”对应输入映像区（I），“输出”对应输出映像区（Q）。

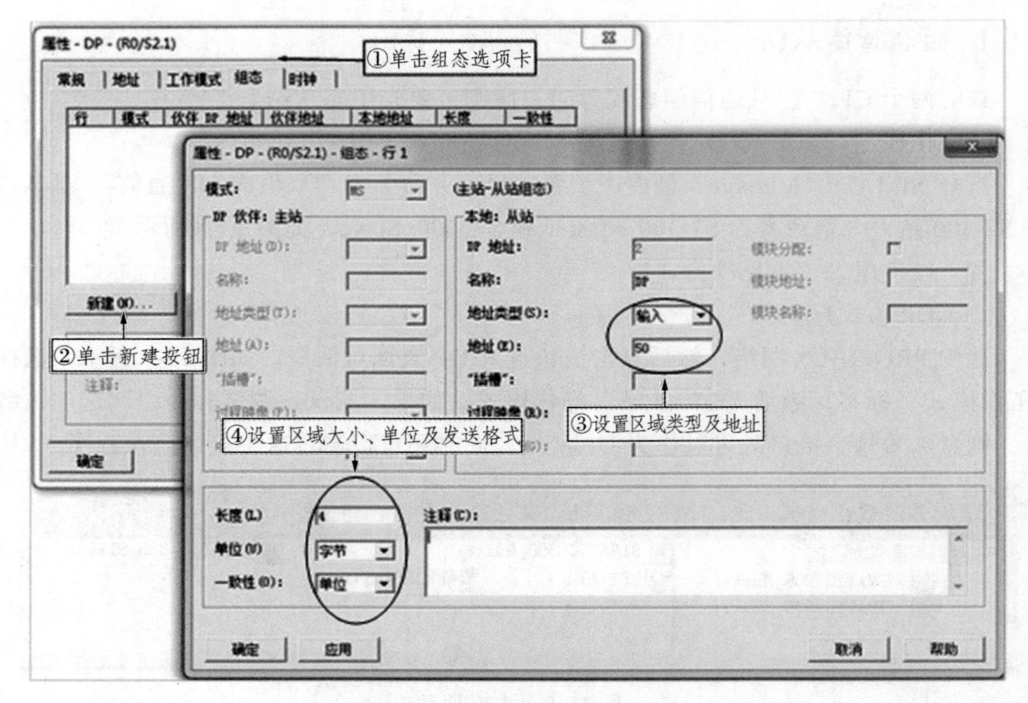

图 13-10 从站通信接口区

在“地址”区域设置通信数据区的起地址，本例设置为“50”。

在“长度”区域设置通信区域的大小，最多 32 字节，本例设置为 4。

在“单位”区域选择是按字节（byte）还是按字（word）来通信，本例选择“字节”。

在“一致性”选择“单位”则按在“单位”区域中定义的数据格式发送，即按字节或字发送；选择“全部”打包发送，每包最多 32 字节，通信数据大于 4 个字节时，应用 SFC14，SFC15。

对主站进行组态过程与从站基本相同，如图 13-11 所示。

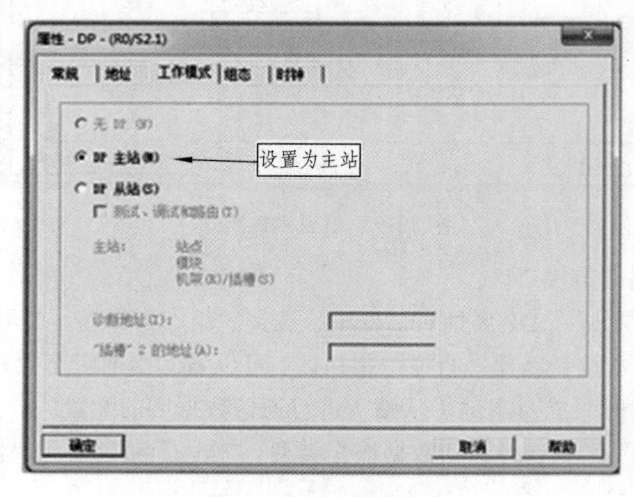

图 13-11 DP 主站设置

在完成基本硬件组态后还需对 DP 接口参数进行设置，本例将主站地址设为 2，并选择与从站相同的 PROFIBUS 网络“PROFIBUS（1）”。波特率及行规与从站应设置相同（1.5Mb/s；DP）。然后在 DP 属性设置对话框中，切换到“工作模式”选项卡，选择“DP 主站”操作模式，如图 13-12 所示。

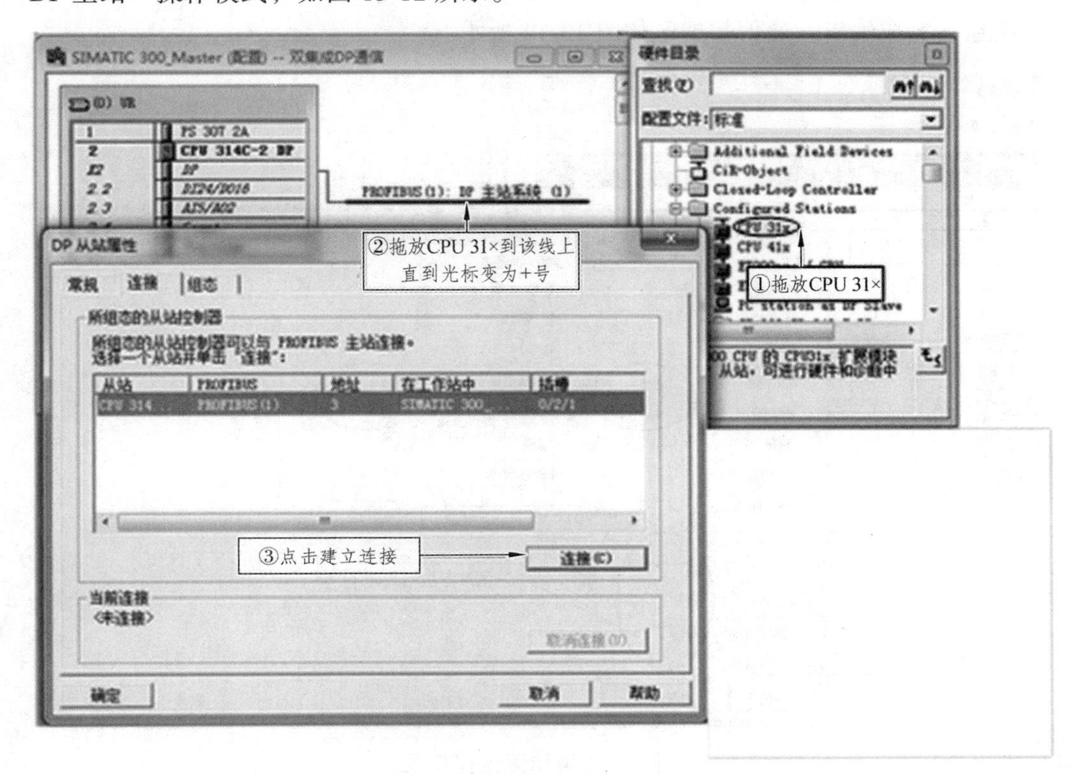

图 13-12　连接从站

（5）编译组态。

2. 组态主站

完成从站组态后，再对主站进行组态，基本过程与从站相同。在完成基本硬件组态后对 DP 接口参数进行设置，在此，将主站 DP 地址设置为 2，并选择与从相同相的 PROFIBUS 网络“PROFIBUS（1）”。波特率及配置文件与从站设置应相同（1.5 Mb/s，DP）。在 DP 属性设置对话框中，切换到工作模式（操作模式）选项卡，选择 DP 主站操作模式（默认的操作模式），单击“OK”按钮后，在主站硬件配置窗口出现 PROFIBUS（1）网络线。

3. 主站与智能从站主从通信的组态

在硬件目录中的“PROFIBUS DP”→“Configured Stations”→“S7-300 CP342-5”子目录内选择与从站内 CP342-5 订货号及版本号相同的 CP342-5（本例选择“6GK7

342-5DA02-0XE0”→“V5.0”)，然后拖到“PROFIBUS（1）：DP master system”线上，鼠标变为+号后释放，刚才已经组态完的从站出现在弹出的列表中。点击“连接”按钮，将从站连接到主站的 PROFIBUS 系统上。

按照图 13-13 进行通信接口区编辑，编辑完成后，点击“应用”按钮，最后点击“确定”按钮，完成编辑，通信数据区如图 13-14 所示。

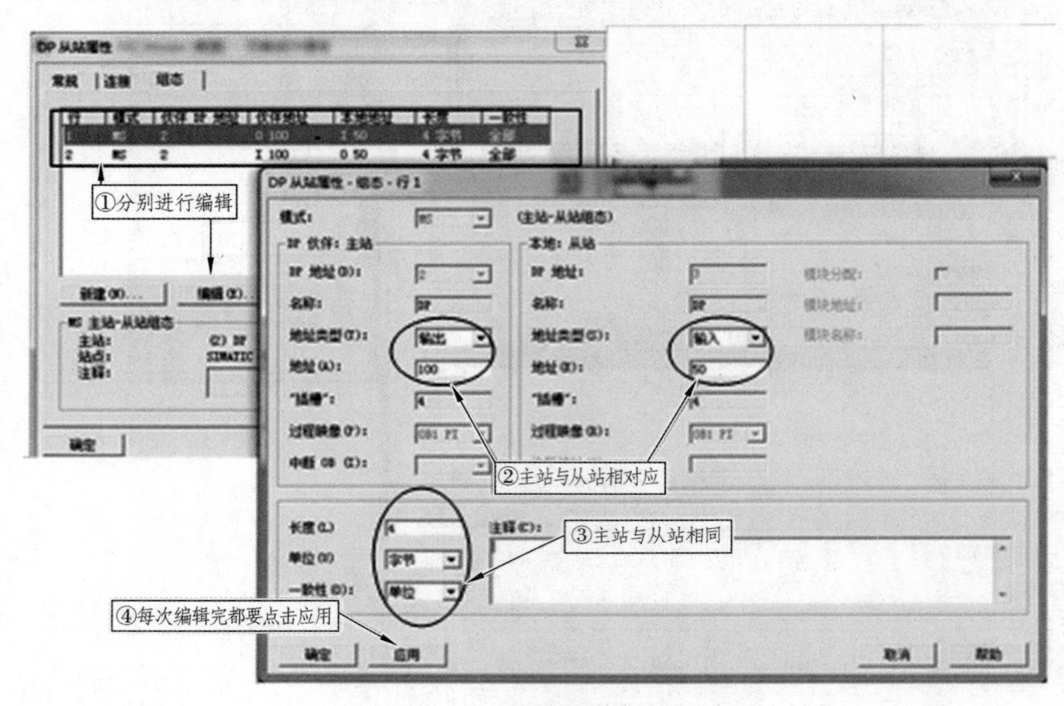

图 13-13　编辑通信接口区

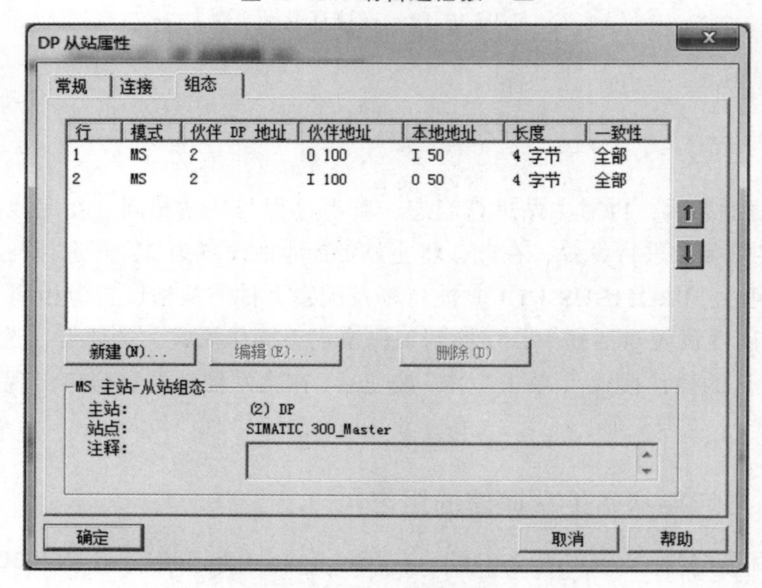

图 13-14　通信数据区

步骤 4：软件编程（见图 13-15~图 13-18）。

符号编辑器 - S7 程序(1) (符号)

S7 程序(1) (符号) -- 双集成DP通信\SIMATIC 300_Master\CPU 314C-...

	状态	符号	地址		数据类型
1		从站电机运行状态信号HL2	Q	4.2	BOOL
2		发送主站电机运行状态信号	Q	100.0	BOOL
3		接收从站电机运行状态信号	I	100.0	BOOL
4		主站电机KM线圈	Q	4.0	BOOL
5		主站电机启动按钮SB1	I	0.0	BOOL
6		主站电机停止按钮SB2	I	0.1	BOOL
7		主站电机运行状态信号HL1	Q	4.1	BOOL
8					

按下 F1 获取帮助。

图 13-15　主站符号表

符号编辑器 - S7 程序(2) (符号)

S7 程序(2) (符号) -- 双集成DP通信\SIMATIC 300_Slavea\CPU 314C-2 ...

	状态	符号	地址		数据类型
1		从站电机KM线圈	Q	4.0	BOOL
2		从站电机运行状状显示	Q	4.2	BOOL
3		发送从站电机运行状态信号	Q	50.0	BOOL
4		主站电机运行状态显示	Q	4.1	BOOL
5					

按下 F1 获取帮助。

图 13-16　从站符号表

程序段 1：主站电机启、停控制

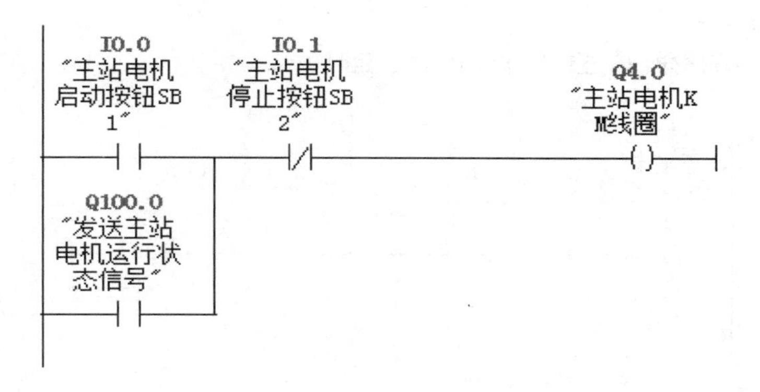

程序段 2：主站电机的运行状态显示

Q4.0
"主站电机KM线圈"

Q4.1
"主站电机运行状态信号"

程序段 3：发送主站电机运行状态信号

Q4.0
"主站电机KM线圈"

Q100.0
"发送主站电机运行状态信号"

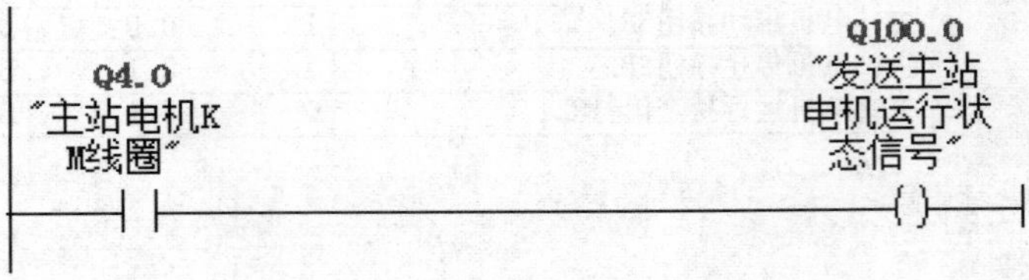

程序段 4：接收来自从站电机运行状态信号

I100.0
"接收从站电机运行状态信号"

Q4.2
"从站电机运行状态信号"

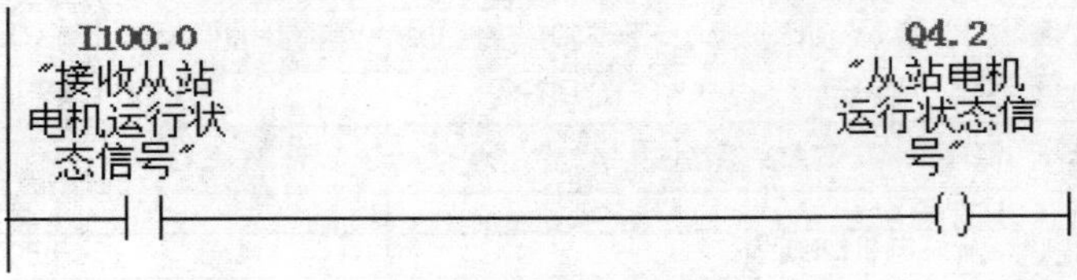

图 13-17 主站程序

程序段 1：接收主站电机运行状态信号

I50.0

Q4.1
"主站电机运行状态显示"

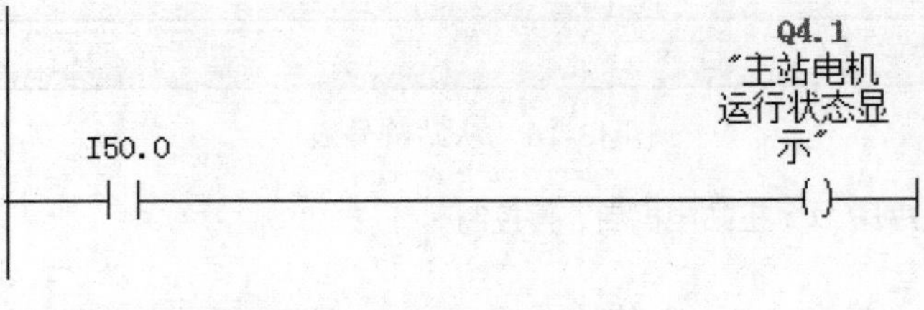

程序段 2：主站电动机启动后，延时10s

Q4.1
"主站电机运行状态显示"

T0
SD
S5T#10S

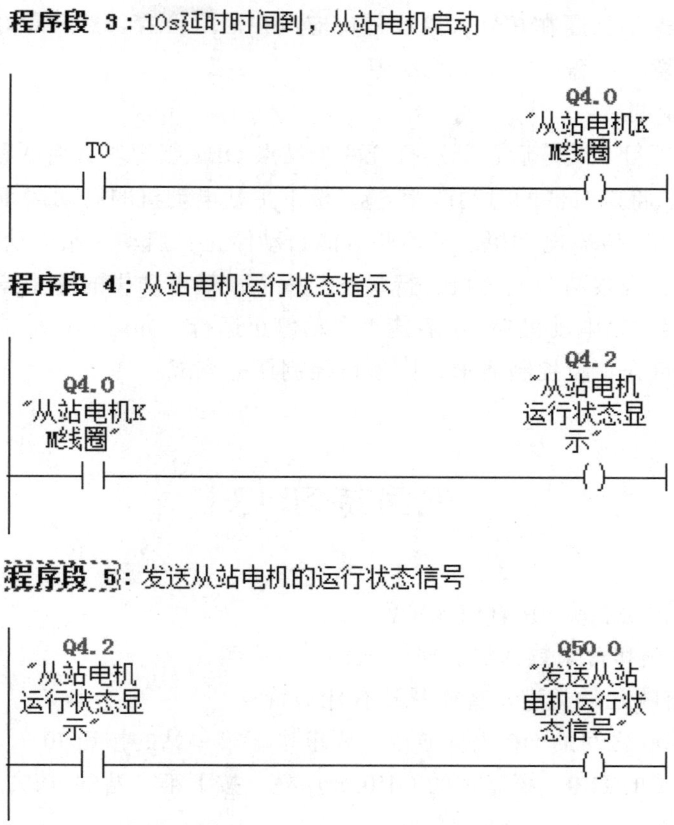

程序段 3：10s延时时间到，从站电机启动

TO　　Q4.0 "从站电机KM线圈"

程序段 4：从站电机运行状态指示

Q4.0 "从站电机KM线圈"　　Q4.2 "从站电机运行状态显示"

程序段 5：发送从站电机的运行状态信号

Q4.2 "从站电机运行状态显示"　　Q50.0 "发送从站电机运行状态信号"

图 13-18　从站程序

步骤 5：硬件连接。

电缆总线连接器的连接：PROFIBUS 电缆只有两根线，一根红的、一根绿的，外面有屏蔽层。电缆总线连接器的连接分 6 步进行。

（1）打开上盖。松开 DP 头盒螺丝，打开上盖，沿着进线、出线通道用网络比对接线端子根部至通道左右侧的"凸形卡线标识"的距离，并记好位置。

（2）剥网线外皮。用电缆刀或偏口钳，参照上一步记好的位置，从线头适当位置将网线外皮剥掉，注意截面要齐平。

（3）做屏蔽层。将屏蔽层剥开至适当位置（约自线皮末端 10 mm 处），并将剥开的屏蔽层环绕在预留的屏蔽带上。注意，严禁屏蔽层和接线触碰一起。

（4）剥线头。剥去线头至屏蔽带间的白色防护层及锡纸，在离线头约 7 mm 处剥去芯线外皮，注意不要使线芯受损。

（5）接线。按对应着色（左绿右红）沿着端子出线方向插入线头，然后用小螺丝刀拧紧螺丝，确保接线压稳接牢。注意，若是终端网头只接 A1、B1 即可，并将终端电阻拨码开关置"ON"，反之置"OFF"。

（6）装 DP 头上盖。首先将网线顺着进线、出线通道放平，注意屏蔽层应紧压内置接地金属片并确保不裸露在孔外，网线外皮应压在固定位置。然后盖好上盖用螺丝刀将螺丝拧紧，注意上下盖应合紧，无缝隙。

步骤 5：系统调试。

硬件连接和项目下载好后，分别打开两个站点 OB1 组织块，启动程序状态监控功能。为调试方便，将定时器的时间改为 5 s。按下主站电动机的启动按钮 SB1，5 s 内未启动从站的电动机，观察电动机启动后是否能自动停止？启动主站电动机，在 5 s 内启动从站的电动机，观察两台电动机运行状态？按下从站电动机的停止按钮 SB2，停止从站电动机，观察主站电动机在 5 s 后能否自动停止运行？同时，在从站重复上述步骤，如上述调试现象符合项目控制要求，则项目控制任务完成。

巩固练习 13

1. 功能 FC 和功能块 FB 有何区别？

2. 共享数据块和背景数据块有何区别？

3. DP 从站有哪几种类型？智能从站有什么特点？

4. 3 个 S7-300 之间的 DP 主从通信。要求按下第一站的按钮 I0.0，第二站的 Q4.0 被点亮，按下二站的 I1.0，第三站的 Q1.0 被点亮，按下第三站的 I0.0，第一站的 Q4.0 被点亮。

项目 14　PROFIBUS-DP 打包网络通信设计与调试

14.1　项目要求

由两台 S7-300 PLC 组成的一主一从 PROFIBUS-DP 打包通信系统中，PLC 的 CPU 模块为 CPU 314C-2 DP，主站 DP 地址是 2，从站 DP 地址是 3，控制要求：

（1）从站发送 5 个字节的数据（分别赋值 1、2、3、4、5）到主站，主站发送 5 个字节的数据（依次赋值 6、7、8、9、10）到从站。

（2）主站和从站分别能接收对方传输过来的数据。

（3）通过在线变量监视观察主站或从站接收到的数据。

14.2　学习目标

（1）理解 PROFIBUS-DP 打包通信的含义。

（2）掌握 PROFIBUS-DP 打包通信的硬件和软件配置。

（3）掌握 PROFIBUS-DP 打包通信的硬件连接。

（4）掌握 PROFIBUS-DP 打包通信的通信区设置。

（5）掌握 PROFIBUS-DP 打包通信的网络组态及参数设置。

（6）掌握 PROFIBUS-DP 打包通信程序的编写及调试。

（7）掌握 SFC14 和 SFC15 指令的应用。

14.3　知识链接

不打包通信每次传输的数据最大为 4 个字节，若想一次传送更多的数据，则应该采用打包方式的通信。打包通信需要调用系统功能（SFC）。STEP7 提供了两个系统功能——SFC15 和 SFC14 来完成数据的打包和解包功能。

14.3.1 SFC14 和 SFC14

1. 系统功能 SFC14

用 SFC 14 “DPRD_DAT” 读取 DP 标准从站/PROFINET IO 设备的连续数据，每个读存取涉及一个专用输入模块。如果一个 DP 从站有若干个相连续的输入模块，则必须为所要读的每个输入模块分别安排一个 SFC14 调用。在程序编辑器左侧目录中，点击库左边“+”→Standard Library 左边“+”→System Function Blocks 左边“+”→双击“SFC 14 DPRD_DAT”，在程序代码区出现如图 14-1 所示的 SFC14 系统功能指令。

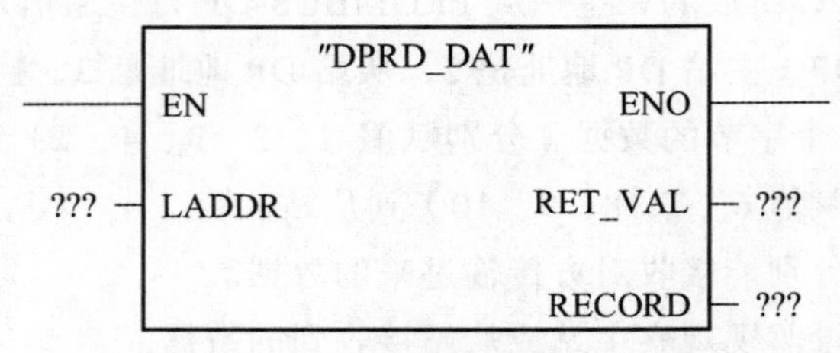

图 14-1 SFC 14 系统功能指令

SFC14 DPWR_DAT 的参数如表 14-1 所示。

表 14-1 SFC14 DPRD_DAT 的参数

参数	说明	数据类型	存储器区域	描 述
LADDR	INPUT	WORD	I、Q、M、D、L、常数	模块的 I 区域中已组态的起始地址，将从该处读取数据
RET_VAL	OUTPUT	INT	I、Q、M、D、L	如果在功能激活时出错，则返回值将包含一个错误代码
RECORD	OUTPUT	ANY	I、Q、M、D、L	被读取用户数据的目标区域。必须与用 STEP 7 为选定模块组态的长度完全相同。只允许数据类型 BYTE

2. 系统功能 SFC15

用 SFC15“DPWR_DAT”向 DP 标准从站/PROFINET IO 设备写入连续数据，每个写存取涉及一个专用的输出模块。如果 DP 从站有若干个连续的数据输出模块，则对每个要写入的输出模块必须分别安排一个 SFC15 调用。在程序编辑器左侧目录中，点击库左边“+”→Standard Library 左边“+”→System Function Blocks 左边“+”→双击“SFC 15 DPRD_DAT”，在程序代码区出现如图 14-2 所示的 SFC15 系统功能指令。

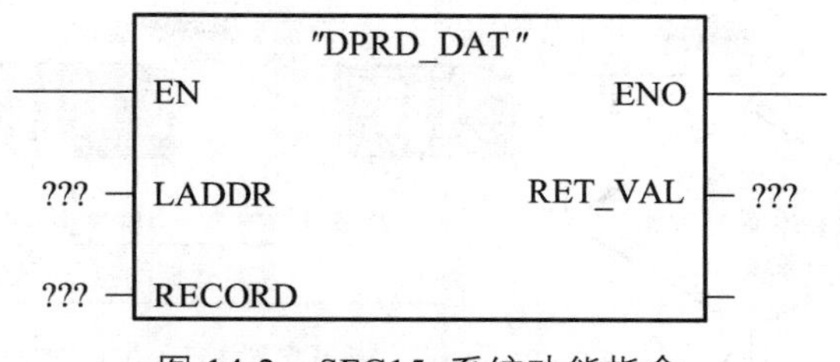

图 14-2　SFC15 系统功能指令

SFC15 DPWR_DAT 的参数如表 14-2 所示。

表 14-2　SFC15 DPWR_DAT 的参数

参数	说明	数据类型	存储器区域	描　述
LADDR	INPUT	WORD	I、Q、M、D、L、常数	模块的过程映像输出区域中已组态的起始地址，数据将被写入该地址
RECORD	INPUT	ANY	I、Q、M、D、L	要写入用户数据的源区域。必须与用 STEP 7 为选定模块组态的长度完全相同。只允许数据类型 BYTE
RET_VAL	OUTPUT	INT	I、Q、M、D、L	如果在功能激活时出错，则返回值将包含一个错误代码

14.3.2　通信配置

1. 初始化主站和从站

系统接通电源后，主、从站首先进入离线状态并完成自检过程。相关参数都已执行完初始化后，主站进入监听总线令牌的状态，从站进入等待主站对其设定参数的状态。

2. 建立总线令牌

主站初始化后进入总线令牌环，并处于听令牌状态。在一定时间内，如果主站没有听到总线上有信号传递，就开始自己生成并初始化令牌。随后，该主站需做一次对系统中可能是主站站点的轮询，确定其他活动的主站及本站所关联的地址范围。

3. 配置从站的通信参数

在完成以上操作后，主站需在设置从站的参数、配置从站的通信接口后，又可与从站交换用户数据。在主站设置从站参数的过程中，主从站间需来回做 4 次握手，如图 14-3 所示。

4. 主从数据通信

主从站完成了自检和配置后，即可以进行常态化的数据交换，主站向从站写入输出数据，从站向主站发送输入数据，如图 14-4 所示。

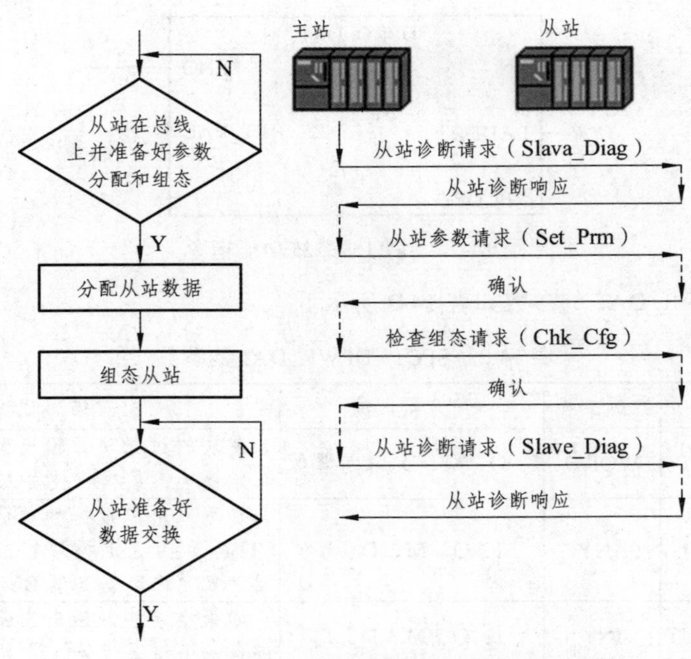

图 14-3　从站初始化阶段的主要顺序

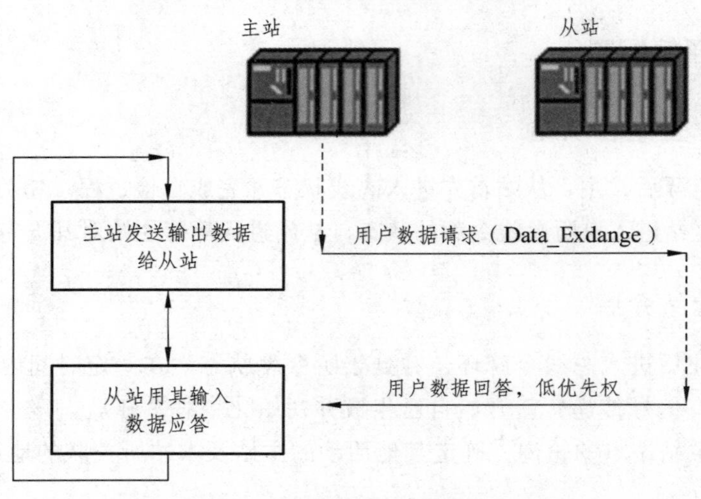

图 14-4　主站与从站循环交换用户数据

在带有多个从站的系统中，主站存储有一个轮询表，在完成总线启动以后，主站会以轮询表为基础，对系统中所有相关从站发起数据请求，轮流针对每个从站，完成预先配置好的用户数据交换过程，如图 14-5 所示。

通信过程中，从站出现故障或其他诊断信息时，总线会暂停用户数据交换，从站把应答报文的服务级别调高来告知主站，当前有诊断报文中断或其他状态信息。然后主站发出诊断请求，请求从站的实际诊断报文或状态信息，从站向主站发出对应的数据信息。

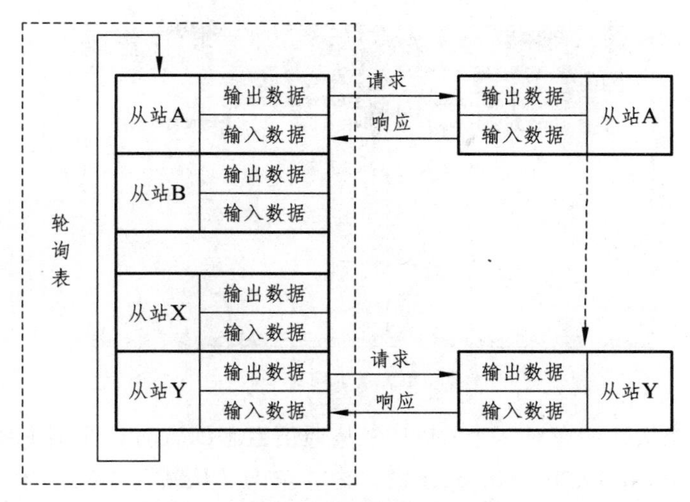

图 14-5　主站处理轮询表示意图

14.4　项目解决

步骤 1：通信区设置。

主站与从站通信区设置如图 14-6 所示。主站输出区（发送区）QB8 ~ QB12 对应从站输入区（接收区）IB7 ~ IB11。主站输入区（接收区 IB9 ~ IB13 对应从站输出区（发送区）QB6 ~ QB10。

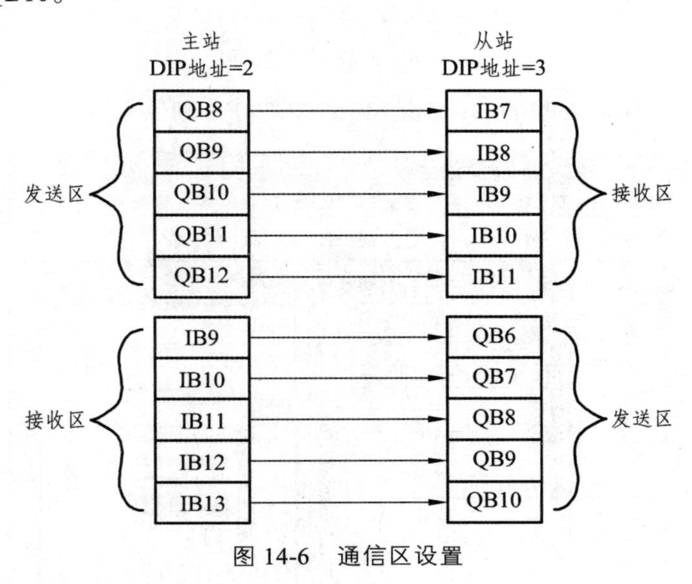

图 14-6　通信区设置

步骤 2：网络组建。

（1）新建一个项目并插入两个站点，分别重命名为 SIMATIC 300（从站）和 SIMATIC 300（主站），创建 S7-300 主从站如图 14-7 所示。

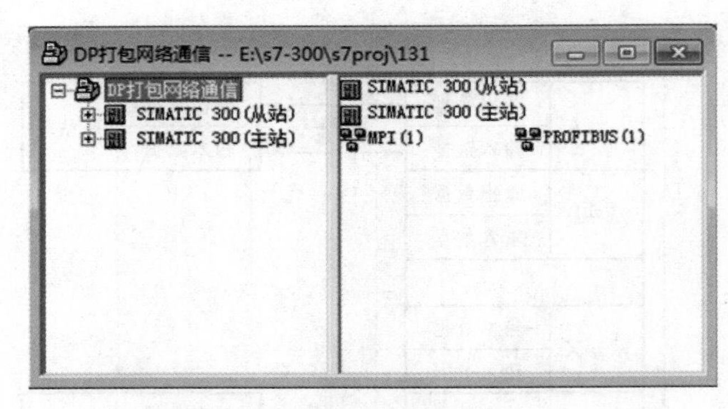

图 14-7　新建项目

（2）组态智能从站。在对 2 个 CPU 主-从通信组态配置时，原则上要先组态从站。如图 14-8 所示，在 SIMATIC Manager 窗口内，单击“从站”，双击“硬件”进入硬件组态页面。

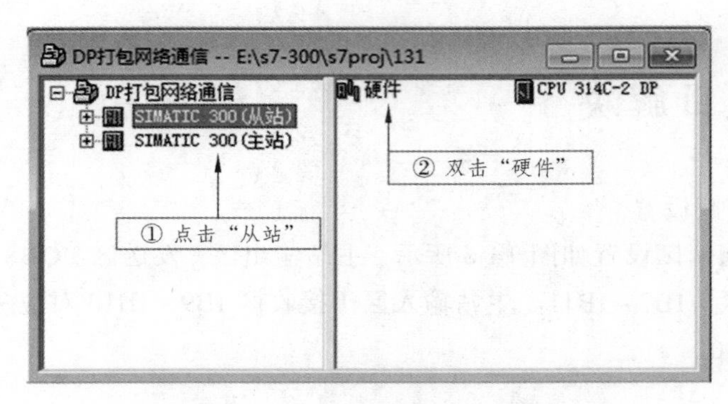

图 14-8　从站硬件组态

硬件组态页面如图 14-9 所示，点击 SIMATIC300 分别插入机架、电源、CPU。

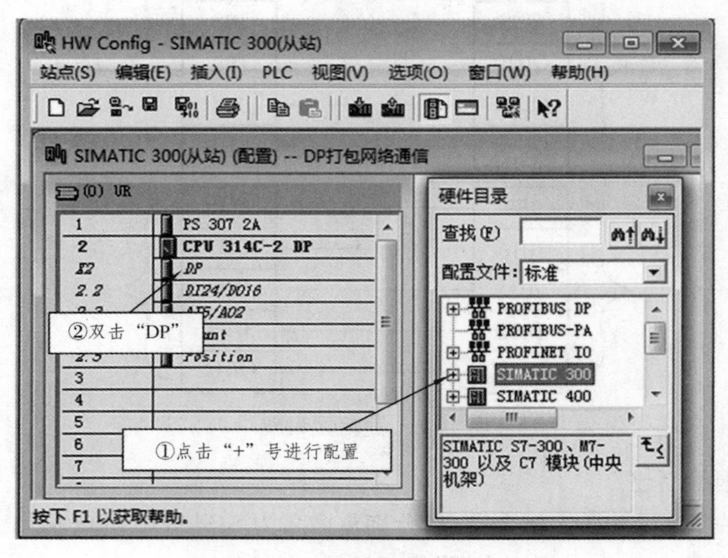

图 14-9　从站硬件组态

在图 14-9 中，点击“DP”，打开 DP 属性窗口，单击“属性”按钮进入 PROFIBUS 接口组态窗口，如图 14-10 所示。

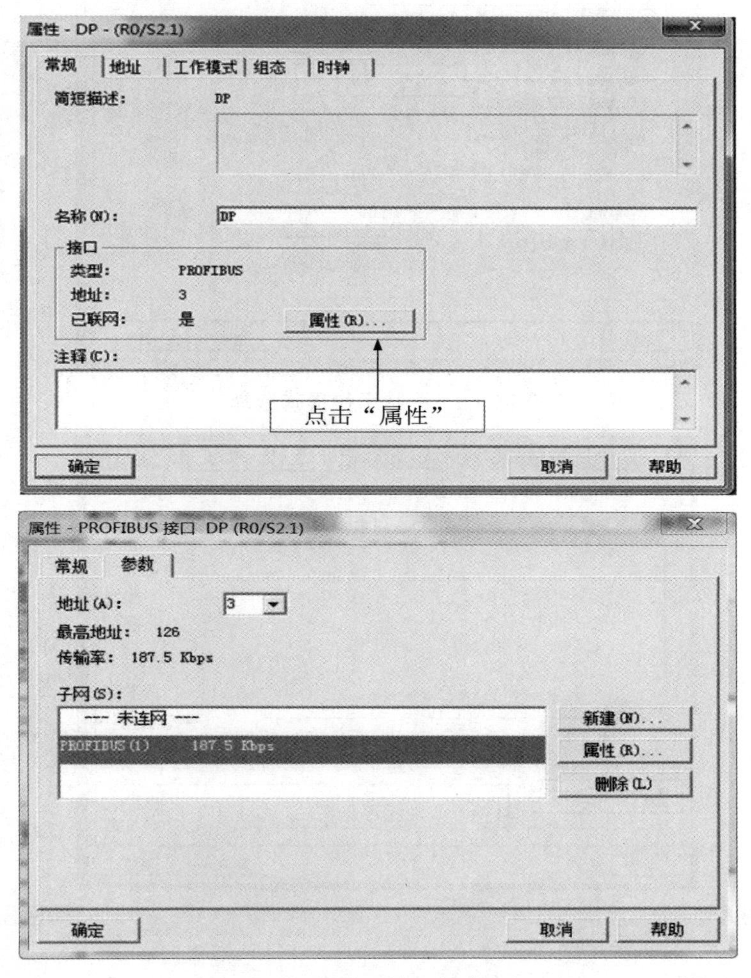

图 14-10 接口组态

在图 14-10 中，修改从站地址为 3，通信速率为 187.5 Kb/s。

选中新建的 PROFIBUS 网络，然后点击“属性”按钮进入“DP 属性”对话框，如图 14-11 所示，选择“工作模式”选项卡，激活“DP 从站”操作模式。如果“测试、调试和路由”选项被激活，则意味着这个接口既可以作为 DP 从站，同时也可以通过这个接口监控程序，还可以用 STEP 7（F1）键的帮助功能查看详细信息。

在图 14-12 中，选择“组态”选项卡，点击“新建”按钮新建一行通信接口区，设置区域类型、地址、长度、单位及一致性。

从站输入区配置完成后，点击“确定”按钮则出现了如图 14-13 所示的界面，从中可以看出模式为 MS，本地地址为 I7，长度为 5 字节，一致性检查为全部。点击“新建”按钮进入从站输出区配置。

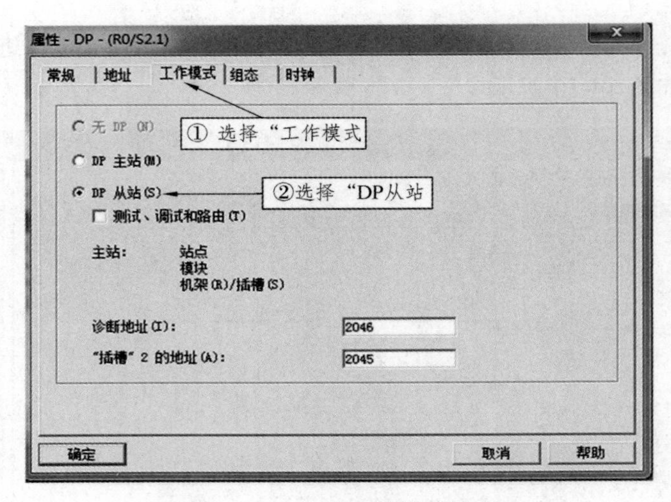

图 14-11　从站工作模式选择

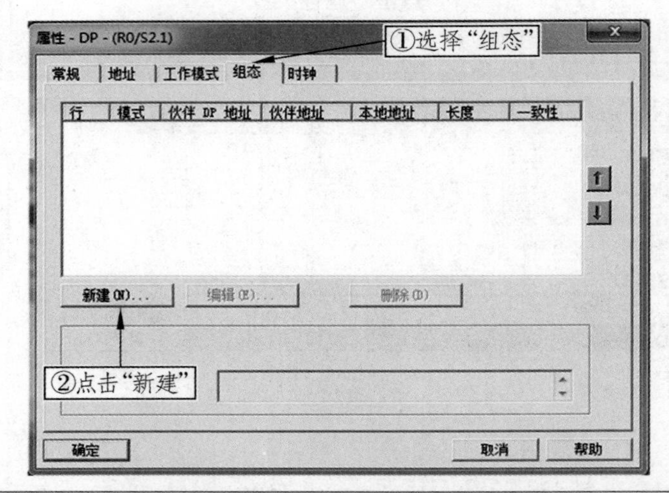

属性 - DP - (R0/S2.1) - 组态 - 行 1
模式: MS (主站-从站组态).
DP 伙伴: 主站　DP 地址(D):　名称:　地址类型(T):　地址(A):　“插槽”:　过程映像(P):　中断 OB (I):
本地: 从站　DP 地址: 2　名称: DP　地址类型(S): 输入　地址(E): 7　“插槽”:　过程映像(R): OB1 PI　诊断地址(G):
模块分配:　模块地址:　模块名称:
长度(L) 5　单位(U) 字节　一致性(O): 全部　注释(C):
确定　应用　取消　帮助

图 14-12　进入从站输入区配置

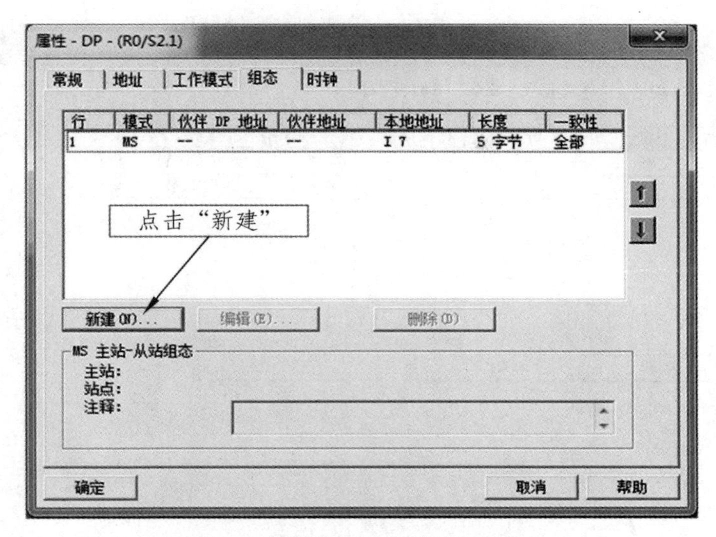

图 14-13　进入从站输出区配置

从站输出区配置如图 14-14 所示，设置区域类型、地址、长度、单位及一致性。从站输出区配置完成后，如图 14-15 所示。

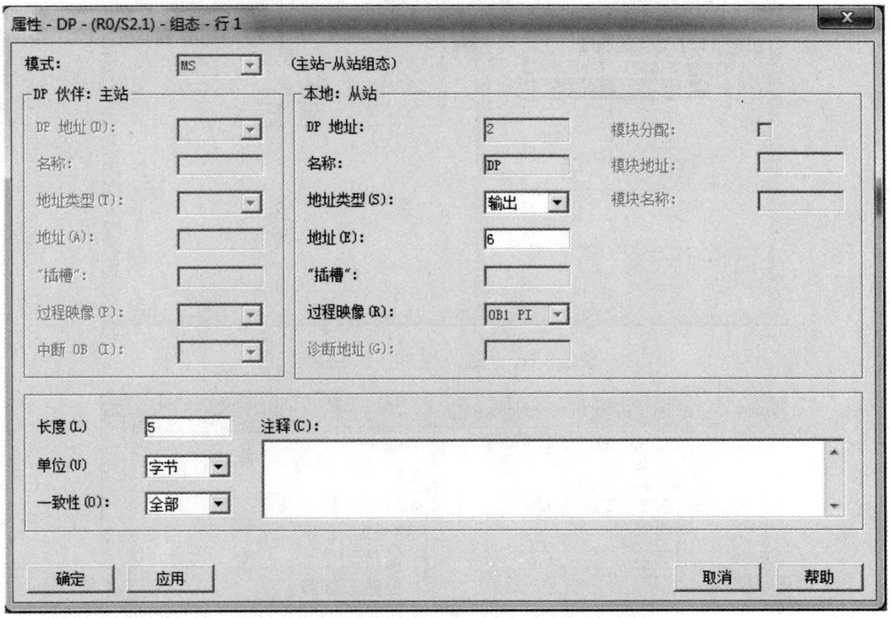

图 14-14　从站输出区配置图

（3）主站 SIMATIC 300 配置。

从站完成后，接下来对主站进行组态，基本过程与从站相同。点击“主站”，然后双击“硬件”，进入硬件组态界面，如图 14-16 和图 14-17 所示。

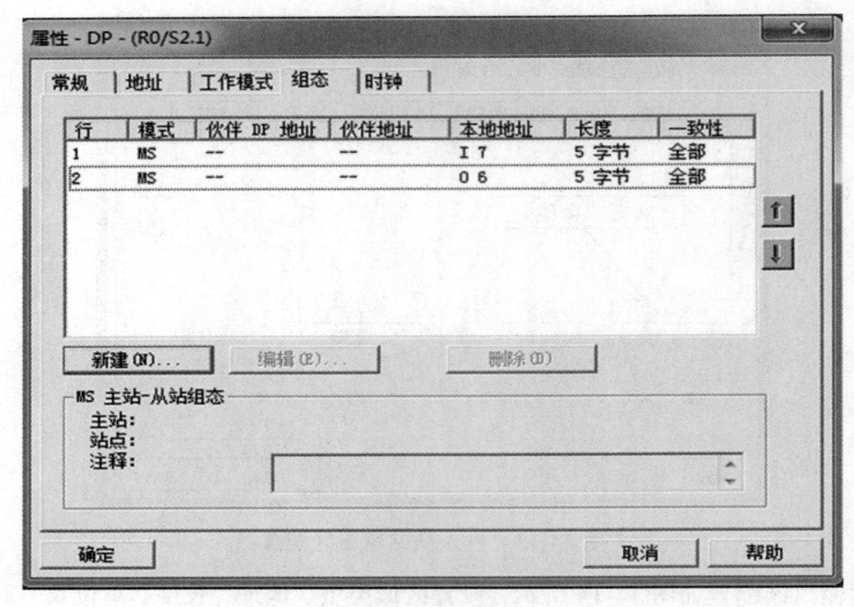

14-15　从站配置完成

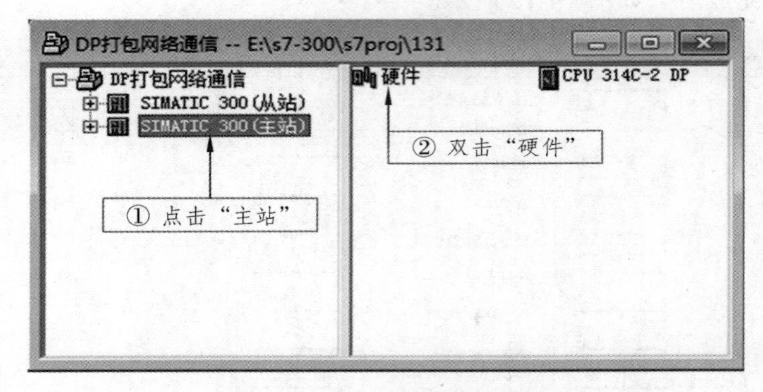

图 14-16　进入主站硬件组态

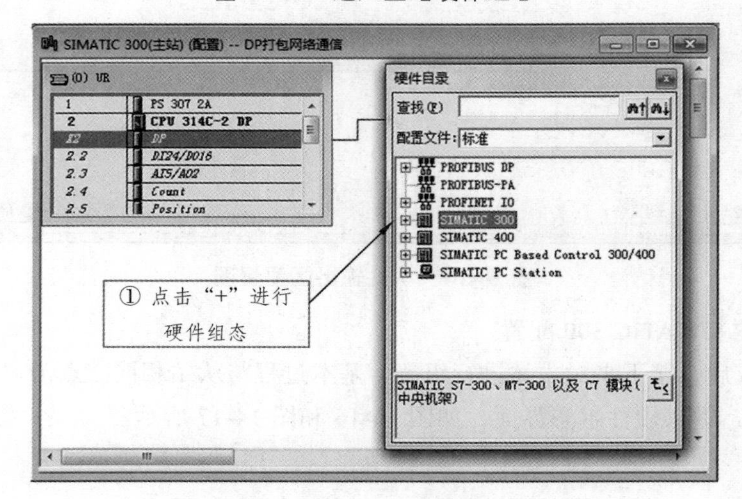

图 14-17　主站硬件组态

根据实际使用的硬件配置，对主站进行硬件组态，特别注意与硬件模块上面印刷的订货号要一致，如图 14-18 和图 14-19 所示。

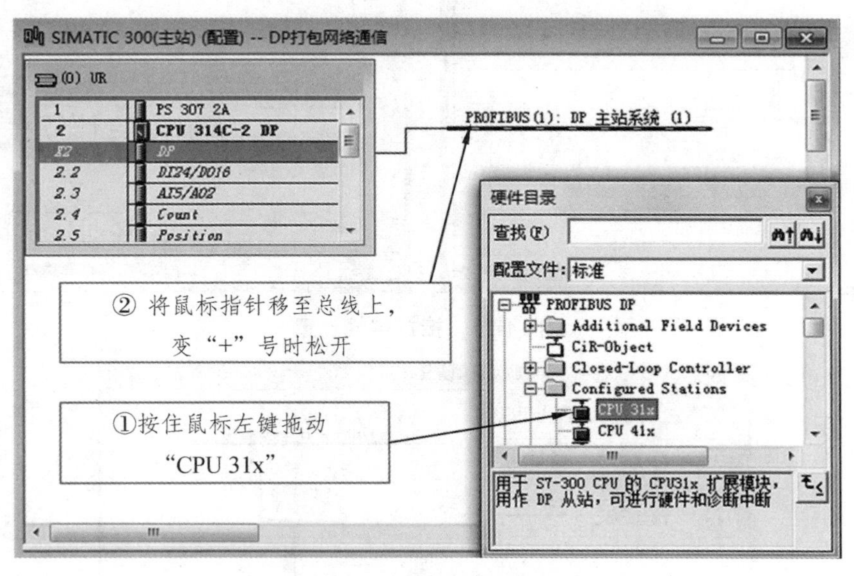

图 14-18　主站连接从站配置

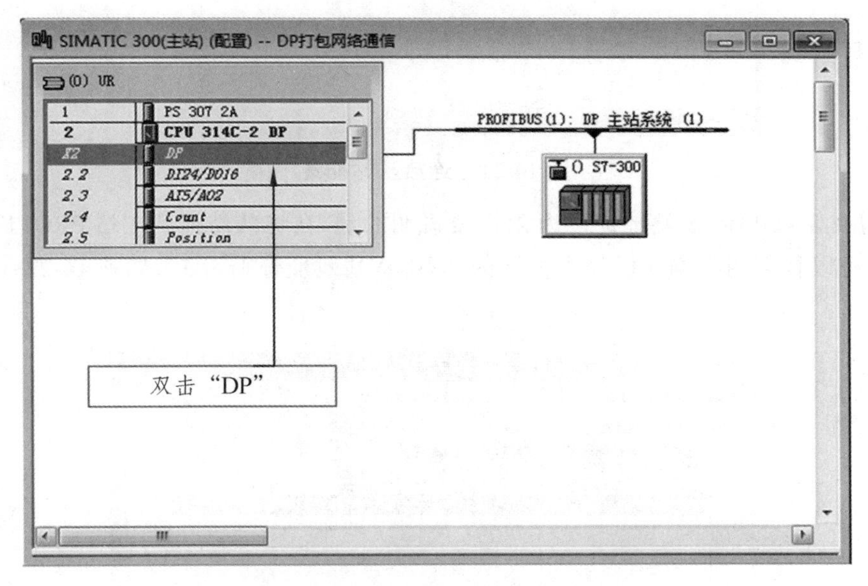

图 14-19　DP 打包网络通信

在 CPU 314C-2DP 模块上双击 DP，单击“常规”页签，点击“属性”，如图 14-20 所示。

DP 地址设置为“2”，点击“新建”按钮，单击“网络设置”按钮，选择传输率为“187.5Kbps”，单击“确定”按钮，如图 14-21 所示。

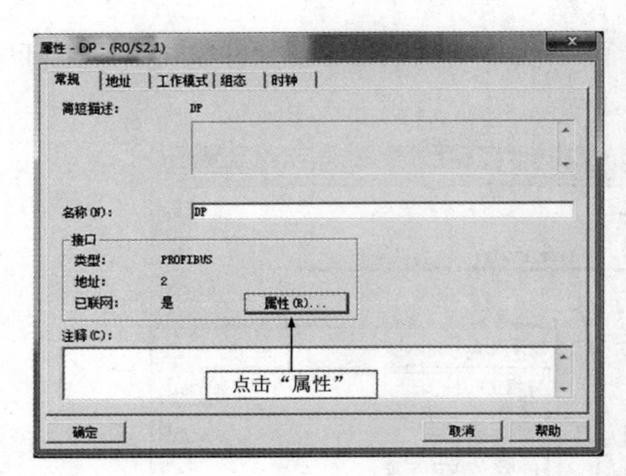

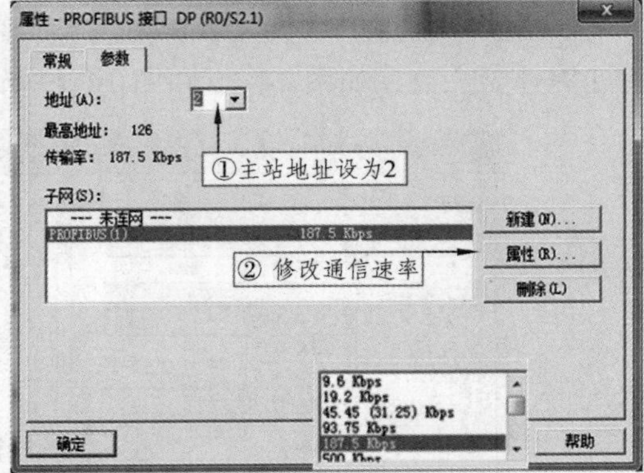

图 14-20　接口属性设置

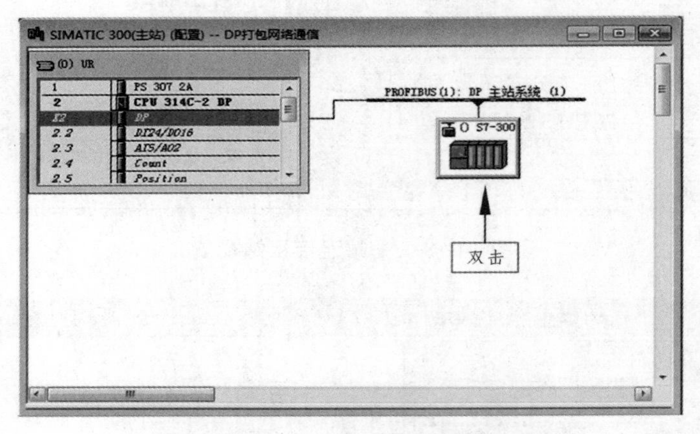

图 14-21　连接从站配置

主站的 PROFIBUS 站地址设为 2，需要说明的是，在将从站拖到主站 PROFIBUS-DP 电缆后，可以找到两个刚才已经配置好的站点(从站地址分别为 3)，如图 14-22~图 14-26 所示。

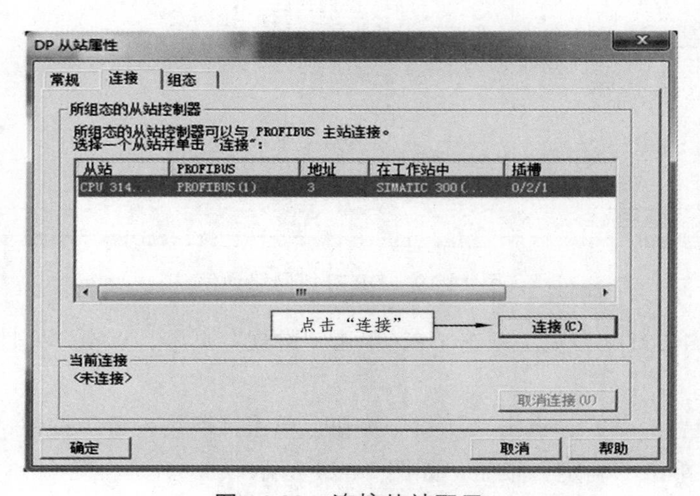

图 14-22　连接从站配置

图 14-23 主站输出区设置

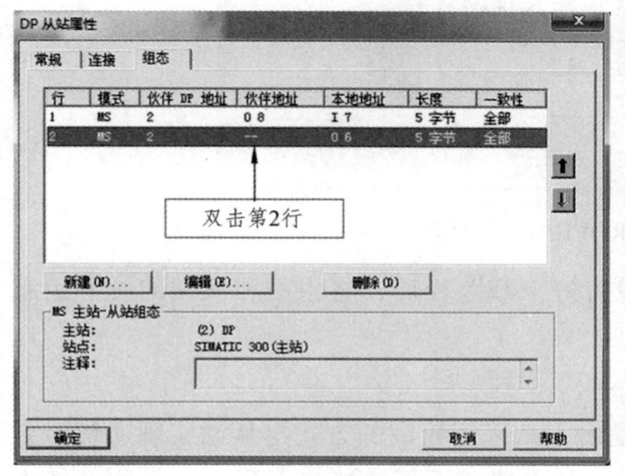

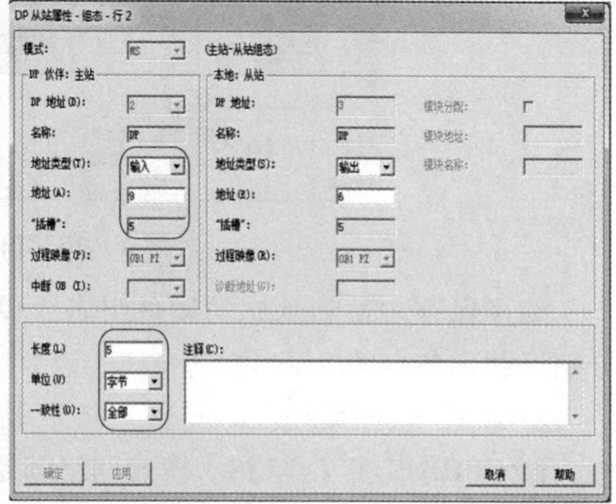

图 14-24 从输入区设置

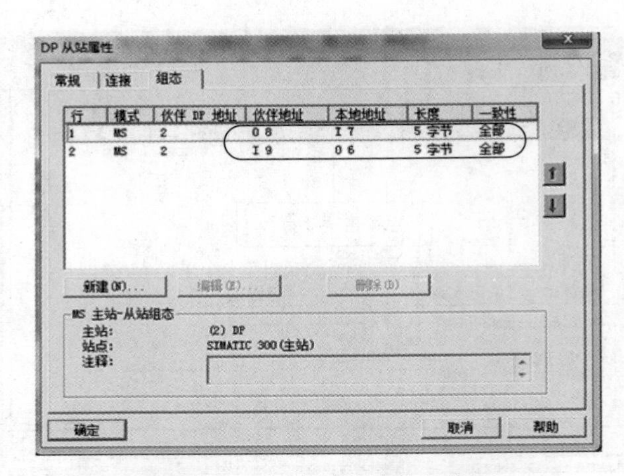

行	模式	伙伴 DP 地址	伙伴地址	本地地址	长度	一致性
1	MS	2	O 8	I 7	5 字节	全部
2	MS	2	I 9	O 6	5 字节	全部

图 14-25 主站与从站的通信区

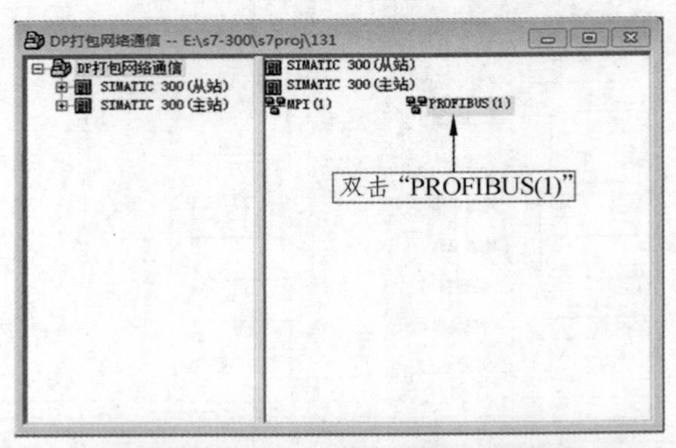

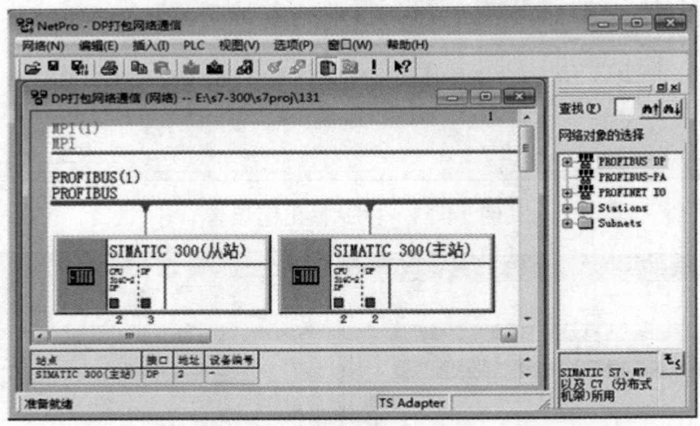

图 14-26 PROFIBUS 连接表

编译保存主站和从站的硬件组态。设置好下载路径后，将主站和从站的硬件组态分别下载到各自的 PLC 内。

步骤 3：软件编程。

PROFIBUS 主从（MS）模式网络都是由主站采用轮询的方式与从站实现通信。主站轮询到哪个从站，哪个从站才有发言权；从站之间不能直接进行通信，必须经由主站的参与。主站和从站可以分别调用 SFC15、SFC14，实现双向通信。

（1）SIMATIC 300（S1）从站侧的编程。

为从站插入 3 个组织块，分别为 OB82、OB86 和 OB122。它们的作用主要是保证通信正常进行，打开 OB1 编写通信程序，如图 14-27 所示。

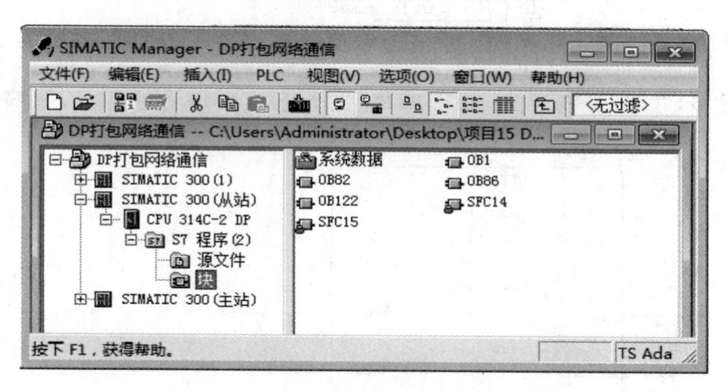

图 14-27　从站插入 3 个组织块

（2）SIMATIC 300（从站）从站侧的编程（见图 14-28）。

程序段 1：将待发送的数据“1”存储在MB20中。

MOVE：EN　ENO；1 — IN　OUT — MB20

程序段 2：将待发送的数据“2”存储在MB21中。

MOVE：EN　ENO；2 — IN　OUT — MB21

程序段 3：将待发送的数据“3”存储在MB22中。

MOVE：EN　ENO；3 — IN　OUT — MB22

程序段 4：将待发送的数据“4”存储在MB23中。

MOVE：EN　ENO；4 — IN　OUT — MB23

程序段 5：将待发送的数据“5”存储在MB24中。

MOVE
EN ENO
5 - IN OUT - MB24

程序段 6：发送的数据存储在MB20~MB24。发送区QB6~QB10，起始地址6，即W#16#6。

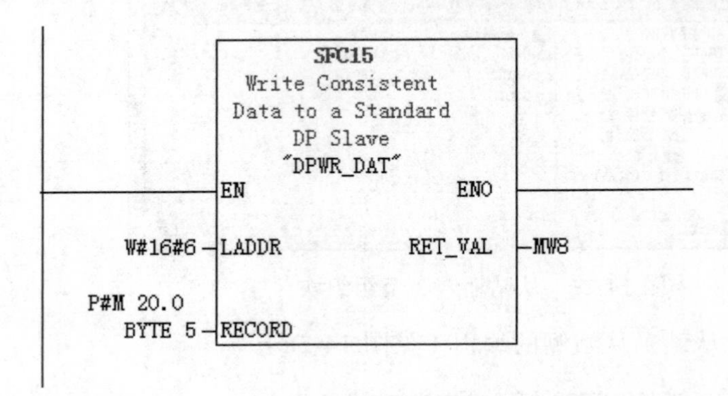

程序段 7：接收区IB7~IB11，起始地址7，即W#16#7。接收的数据存储在MB30~MB34。

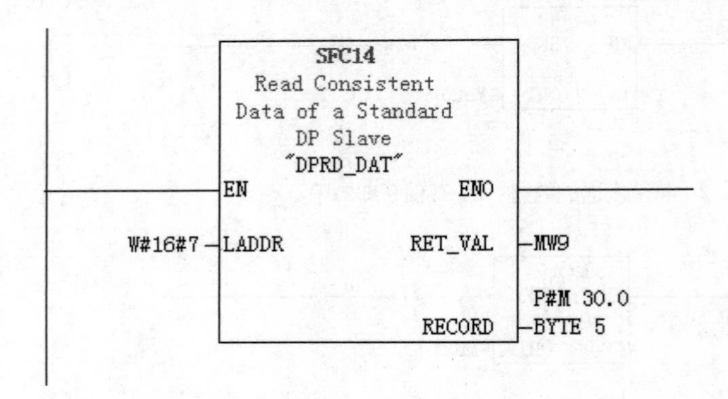

图 14-28 SIMATIC 300（从站）从站侧的编程

W#16#7 是该站接收缓冲区起始地址（十进制为 7）；从 MB30 始的 5 个字节是接收数据的存储区；MW9 用来存储 SFC14 执行后的一些返回信息，通过该返回信息可以判断通信情况。

功能：将 MB20 开始的 5 个字节内的数据进行打包并发送给 SIMATIC 300（主站）主站；将主站发来的数据解包，并存储在 MB30 始的 5 个字节内。

（3）主站侧的编程（见图 14-29）。

功能：将 MB20 开始的 5 个字节内的数据进行打包并发送给 SIMATIC 300（从站）从站；而将 SIMATIC 300（从站）从站发来的数据读取进来并解包存储在 MB30 始的 5 个字节内。

程序段 1：将待发送的数据“6”存储在MB20中。

```
MOVE
EN    ENO
6 - IN    OUT - MB20
```

程序段 2：将待发送的数据“7”存储在MB21中。

```
MOVE
EN    ENO
7 - IN    OUT - MB21
```

程序段 3：将待发送的数据“8”存储在MB22中。

```
MOVE
EN    ENO
8 - IN    OUT - MB22
```

程序段 4：将待发送的数据“9”存储在MB23中。

```
MOVE
EN    ENO
9 - IN    OUT - MB23
```

程序段 5：将待发送的数据“10”存储在MB24中。

```
MOVE
EN    ENO
10 - IN    OUT - MB24
```

程序段 6：发送的数据存储在MB20~MB24。发送区QB8~QB12，起始地址8，即W#16#8。

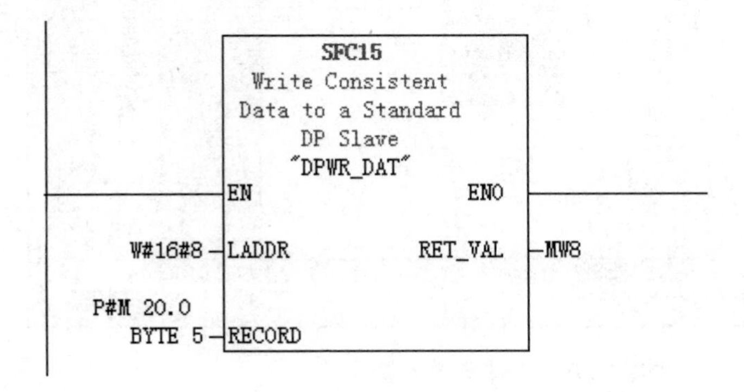

程序段 7：接收区IB9~IB13,起始地址9，即W#16#9。接收的数据存储在MB30~MB34。

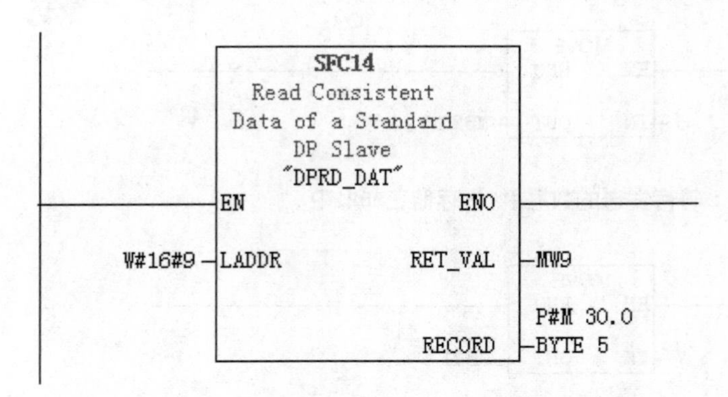

图 14-29 主站侧的编程

（4）项目的下载。

正确连接 MPI 下载电缆，在 SIMATIC 管理器下，通过站点方式下载，将主站和从站的硬件组态、网络组态和程序分别下载到各自对应的 PLC 中。

（5）通信结果的观察。

使用DP通信电缆将主站和从站的PLC连接起来。在SIMATIC管理器下，右击"块"，插入变量表。从站将数据"1、2、3、4、5"经 SFC15 发送至主站，主站经 SFC14 接收到数据存储在 MB30~MB34 中，如图 14-30 所示，可以观察到主站接收的数据。主站将数据"6、7、8、9、10"经 SFC15 发送至从站，从站经 SFC14 接收到数据存储在 MB30~MB34 中，如图 14-31 所示，可以观察到从站接收的数据。

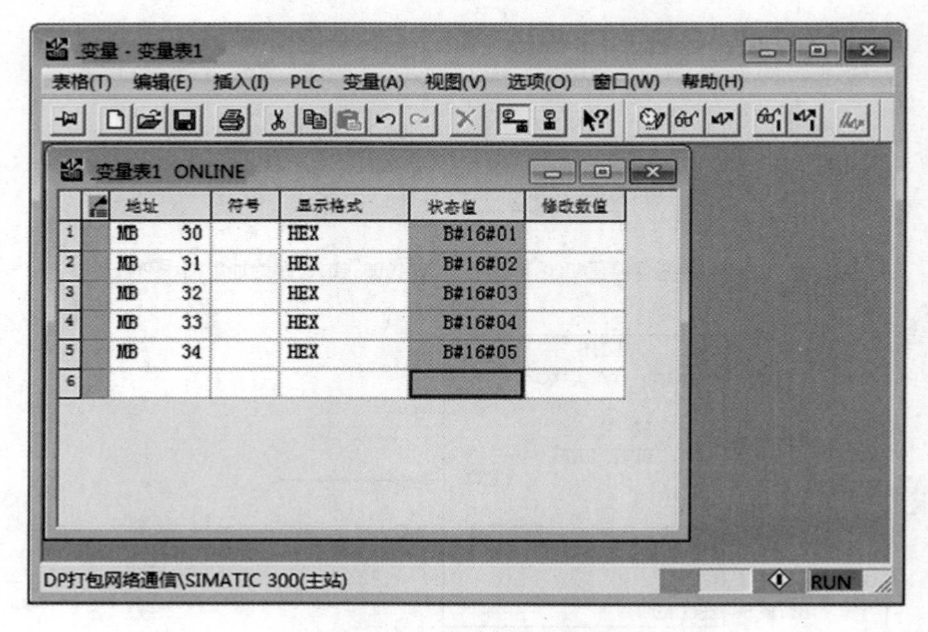

图 14-30 主站变量表监视

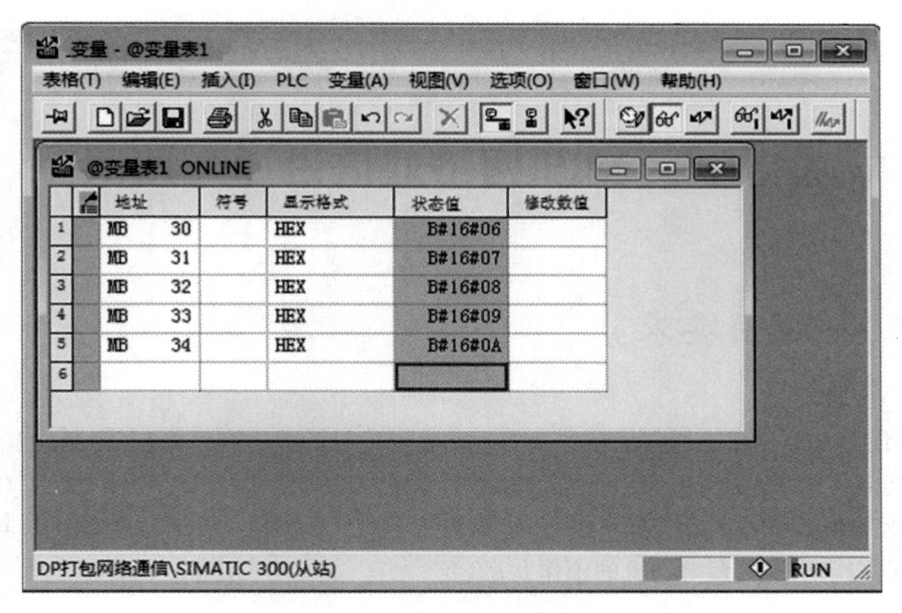

图 14-31　从站变量表监视

巩固练习 14

1. 简述 PROFIBUS 的组成。

2. 简述 PROFIBUS 协议的结构.

3. PROFIBUS 包含哪 3 个子集，分别针对哪种应用？

4. 为什么一个 PROFIBUS 网络上的设备是 126 而不是 127 个？

5. 可以采用哪一种方式进行 PROFIBUS-PA 网段与 PROFIBUS-DP 网段互联？

6. PROFIBUS 网络中一个主机能与多个从机进行通信，一个从机能与多个主机通信吗？

7. 简述 PROFIBUS 中从站间通信的通信机制。

8. 通过 PROFIBUS-DP 网络组态，实现 2 套 S7-300 PLC 的通信连接。

9. 简述 CPU314-2DP 之间 PROFIBUS-DP 组态过程。

10. CP314-2DP Station_1（地址设为 2）作为主站需要调用 FC1、FC2 建立通信接口区，作为 CP314-2DP Station_2（地址设为 2）从站同样需要调用 FC1、FC2 建立通信接口区，控制要求：主站发送 32 个字节给从站，同样从站发送 32 个字节给主站。

项目 15　MPI 网络通信设计与调试

15.1　项目要求

使用 S7-300 无组态双向通信方式实现两台电动机的异地启停控制。控制要求如下：按下本地的启动按钮 SB1 和停止按钮 SB2，本地电动机启动和停止。按下设置在本地的控制远程电动机的启动按钮 SB3 和停止按钮 SB4，远程电动机启动和停止。同时，在两站点均能显示两台电动机的工作状态。

15.2　学习目标

（1）掌握 MPI 网络组态方法。
（2）掌握 MPI 网络的硬件连接。
（3）掌握全局数据包通信方式。
（4）学会利用 SFC60 和 SFC61 传递全局数据。
（5）掌握双向 MPI 通信程序的编写。
（6）能独立完成 MPI 网络通信设计与调试。

15.3　知识链接

MPI（Multi Point Interface）是多点通信接口的简称，是由西门子公司开发并用于 PLC 之间通信的一种保密协议，一般用在当通信速率要求不高，通信数据量不大时，比较适用于小范围、少数站点之间的通信网络，在网络结构中处于单元级和现场级的地位。通过它可组成小型 PLC 通信网络，实现 PLC 之间的少量数据交换，它不需要额外的硬件和软件就可网络化。每个 S7-300 CPU 都集成了 MPI 通信协议，MPI 的物理层是 RS-485。通过 MPI，PLC 可以同时与多个设备建立通信连接，这些设备包括编程器 PG 或运行 STEP 7 的计算机 PC、人机界面（HMI）及其他 SIMATIC S7，M7 和 C7。

同时连接的通信对象的个数与 CPU 的型号有关。MPI 网络的通信速率为 19.2 kb/s ~ 12 Mb/s，S7-200 只能选择 19.2 kb/s 的通信速率，S7-300 通常默认设置为 187.5 kb/s，只有能够设置为 PROFIBUS 接口的 MPI 网络才支持 12 Mb/s 的通信速率。

MPI 具有应用广泛、经济的特点，使用时无须做组态连接，当系统的通信数据量不大、通信速度不高时，MPI 总线经常作为一种简单经济的通信方式被采用。接入 MPI 网的设备成为一个节点，最多可以连接 32 个站点，每个站点对应一个网络地址，成为 MPI 地址。

15.3.1　MPI 网络

用 STEP 7 软件包中的 Configuration 功能为每个网络节点分配一个 MPI 地址和最高地址，最好标在节点外壳上；然后对 PG、OP、CPU、CP、FM 等包括的所有节点进行地址排序，连接时需在 MPI 网的第一个及最后一个节点接入通信终端匹配电阻。但需要特别注意是往 MPI 网添加一个新节点时，应该先切断 MPI 网的电源。

为了保证网络通信质量，总线连接器或中继器上都设计了终端匹配电阻。组建通信网络时，在网络拓扑分支的末端节点需要接入浪涌匹配电阻。

MPI 物理接口符合 PROFIBUS RS-485（EN　50170　）接口标准。其通信速率为 19.2 Kb/s~12 Mb/s，S7-300 通常速率默认为 187.5 Kb/s，在西门子 S7/C7/M7 PLC 上都集成了 MPI 接口，一般作为 PLC 的编程口，当通信数据量不大，对速率要求不高时也可用于 S7-300/400 之间或与 S7-200 之间或者与上位机之间的通讯。2 个相邻站点之间最大通信长度为 50 m，也能够使用中继器来延长长度，采用光纤和星型耦合器时距离可达到 23.8 km。

15.3.2　全局数据包通信方式

全局数据（GD）通信方式以 MPI 分支网为基础而设计的。在 S7 中，利用全局数据可以建立分布式 PLC 间的通信联系，不需要在用户程序中编写任何语句。S7 程序中的 FB、FC、OB 都能用绝对地址或符号地址来访问全局数据。最多可以在一个项目中的 15 个 CPU 之间建立全局数据通信。

1. GD 通信原理

在 MPI 分支网上实现全局数据共享的两个或多个 CPU 中，至少有一个是数据的发送方，有一个或多个是数据的接收方。发送或接收的数据称为全局数据，或称为全局数。具有相同 Sender/Receiver（发送者/接受者）的全局数据，可以集合成一个全局数据包（GD Packet）一起发送。每个数据包用数据包号码（GD Packet Number）来标识，其中的变量用变量号码（Variable Number）来标识。参与全局数据包交换的 CPU 构成了全局数据环(GD Circle)。每个全局数据环用数据环号码来标识(GD Circle Number)。例如，GD 2.1.3 表示 2 号全局数据环，1 号全局数据包中的 3 号数据。

在 PLC 操作系统的作用下，发送 CPU 在它的一个扫描循环结束时发送全局数据，接收 CPU 在它的一个扫描循环开始时接收 GD。这样，发送全局数据包中的数据，对于接收方来说是“透明的”。

2. GD 通信的数据结构

全局数据可以由位、字节、字、双字或相关数组组成，它们被称为全局数据的元素。一个全局数据包由一个或几个 GD 元素组成，最多不能超过 24 B。

3. 全局数据环

参与收发全局数据包的 CPU 组成了全局数据环（GD Circle）。CPU 可以向同一环中的其他 CPU 发送数据或接收数据。在一个 MPI 网络中，最多可以建立 16 个 GD 环。每个 GD 环最多允许 15 个 CPU 参与全局数据交换。全局数据环中的每个 CPU 可以发送数据到另一个 CPU 或从另一个 CPU 接收。全局数据环有以下 2 种：

（1）环内包含 2 个以上的 CPU，其中一个发送数据包，其他的 CPU 接收数据。

（2）环内只有 2 个 CPU，每个 CPU 可既发送数据又接收数据。

S7-300 的每个 CPU 可以参与最多 4 个不同的数据环，在一个 MPI 网上最多可以有 15 个 CPU 通过全局通信来交换数据。

其实，MPI 网络进行 GD 通信的内在方式有两种：一种是一对一方式，当 GD 环中仅有两个 CPU 时，可以采用类全双工点对点方式，不能有其他 CPU 参与，只有两者独享；另一种为一对多（最多 4 个）广播方式，一个点播，其他接收。

4. GD 通信应用

应用 GD 通信，就要在 CPU 中定义全局数据块，这一过程也称为全局数据通信组态。在对全局数据进行组态前，需要先执行下列任务：

（1）定义项目和 CPU 程序名。打开 STEP 7，首先执行菜单命令“文件（File）”→“新建（New）...”创建一个 S7 项目，并命名为“全局数据”。选中“全局数据”项目名，然后执行菜单命令“插入（Insert）”→“站点（Station）”→“SIMATIC 300 Station”，在此项目下插入两个 S7-300 的 PLC 站。

（2）用 PG 单独配置项目中的每个 CPU，确定其分支网络号、MPI 地址、最大 MPI 地址等参数。

在用 STEP 7 开发软件包进行 GD 通信组态时，由系统菜单“选项（Options）”中的“定义全局数据（Define Global Data）”程序进行 GD 表组态。具体组态步骤如下：

① 在 GD 空表中输入参与 GD 通信的 CPU 代号。

② 为每个 CPU 定义并输入全局数据，指定发送 GD。

③ 第一次存储并编译全局数据表，检查输入信息语法是否为正确数据类型，是否一致。

④ 设定扫描速率，定义 GD 通信状态双字。

全局数据表如图 15-1 所示。

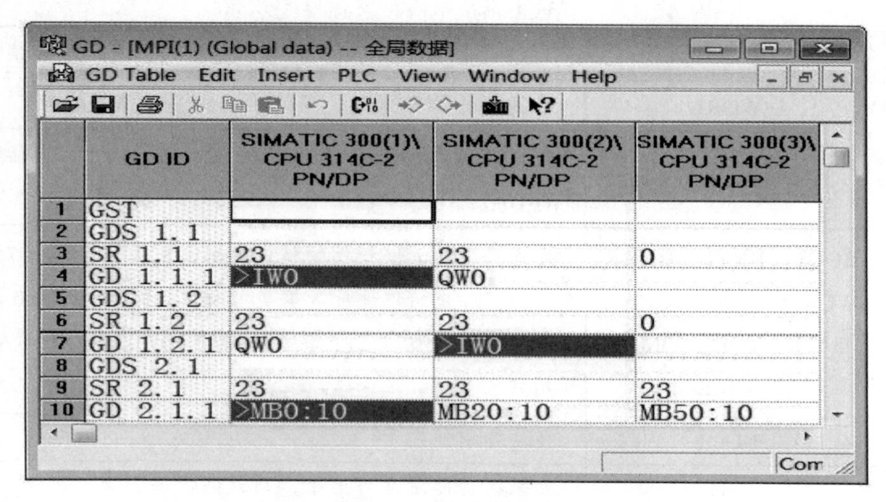

	GD ID	SIMATIC 300(1)\ CPU 314C-2 PN/DP	SIMATIC 300(2)\ CPU 314C-2 PN/DP	SIMATIC 300(3)\ CPU 314C-2 PN/DP
1	GST			
2	GDS 1.1			
3	SR 1.1	23	23	0
4	GD 1.1.1	>IW0	QW0	
5	GDS 1.2			
6	SR 1.2	23	23	0
7	GD 1.2.1	QW0	>IW0	
8	GDS 2.1			
9	SR 2.1	23	23	23
10	GD 2.1.1	>MB0:10	MB20:10	MB50:10

图 15-1　全局数据表

⑤ 第二次存储并编译全局数据表。

15.3.3　无组态连接的 MPI 通信方式

用系统功能 SFC65 ~ 69，可以在无组态情况下实现 PLC 之间的 MPI 的通信，这种通信方式适合于 S7-300、S7-400 和 S7-200 之间的通信。无组态通信又可分为两种方式：双向通信方式和单向通信方式。无组态通信方式不能和全局数据通信方式混合使用。

双向通信方式要求通信双方都需要调用通信块，一方调用发送块发送数据，另一方就要调用接收块来接收数据。适用 S7-300/400 之间通信，发送块是 SFC65（X_SEND），接收块是 SFC66（X_RCV）。通过 SFC 65"X_SEND"发送数据到本地 S7 站以外的通信伙伴，SFC65 功能指令如图 15-2 所示，参数说明见表 15-1。

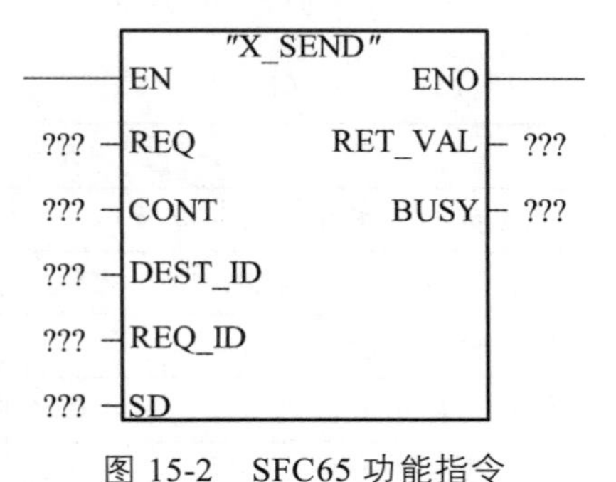

图 15-2　SFC65 功能指令

表 15-1　SFC65 指令参数

引脚	数据类型	应用说明
EN	BOOL	模块执行使能端，“1”有效
REQ	BOOL	请求激活输入信号，“1”有效
CONT	BOOL	“继续”信号，为“1”时表示发送数据是一个连续的整体
DEST_ID	WORD	目的站的 MPI 地址，采用字格式，如 W#16#4
REQ_ID	DWORD	发送数据包的标识符，采用双字格式，如 DW#16#1、DW#16#2
SD	BOOL、BYTE、CHAR、WORD、DINT、REAL、DATE、TOD、TIME、S5TIME …	发送数据区，以指针的格式表示，发送区最大为 76B，格式如下：P#起始位地址数据类型长度。例如，P#I0.0 BYTE2 表示从 I0.0 开始共 2 个节字；P#M0.0 WORD4，表示从 M0.0 开始共 4 个字
ENO	BOOL	模块输出使能
RET_VAL	INT	如果在功能激活时出错，则返回值将包含一个错误代码
BUST	BOOL	返回发送完成信息参数，“1”表示发送未完成，“0”表示发送完成

通过 SFC 66 "X_RCV"从本地 S7 站以外的通信伙伴中接收数据，SFC 66 功能指令如图 15-3，参数说明如表 15-2。

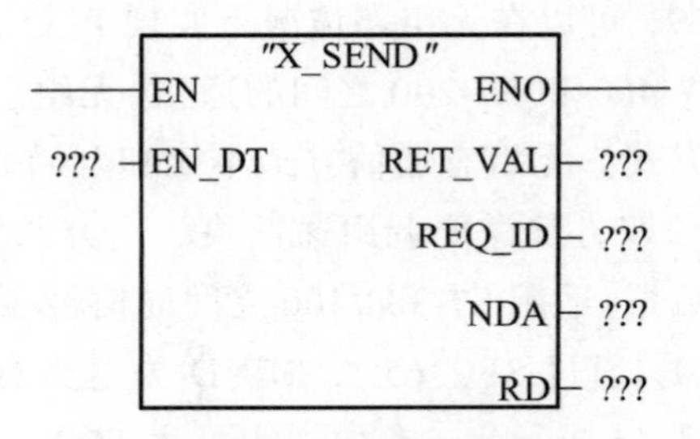

图 15-3　SFC 66 功能指令

表 15-2　SFC66 指令参数

引脚	数据类型	应用说明
EN	BOOL	模块执行使能端，“1”有效
EN_DT	BOOL	接收使能信号输入端，“1”有效
ENO	BOOL	模块输出使能
RET_VAL	WORD	如果在功能激活时出错，则返回值将包含一个错误代码
REQ_ID	DWORD	接收数据包的标识符，

续表

引脚	数据类型	应用说明
NDA	BOOL	为“1”时，表示有新的数据包；为“0”时，表示没有新的数据包
RD		数据接收区，以指示的格式表示，最大为 76 字节

15.4　项目解决

步骤 1：原理图绘制。

（1）I/O 分配（见表 15-3 和表 15-4）。

表 15-3　本地站 PLC 的 I/O 地址分配

序号	输入信号器件名称	编程元件地址	序号	输出信号器件名称	编程元件地址
1	本地启动按钮（常开）	I0.0	1	本地电机	Q4.0
2	本地停止按钮（常开）	I0.1	2	本地电机运行状态	Q4.1
3	远程启动按钮（常开）	I0.2	3	远程电机运行状态	Q4.2
4	远程停止按钮（常开）	I0.3			

表 15-4　远程站 PLC 的 I/O 地址分配

序号	输入操作变量名称	操作变量	序号	输出显示变量名称	显示变量
1			1	远程电机	Q4.0
2			2	本地电机运行状态	Q4.1
3			3	远程电机运行状态	Q4.2

（2）接线图（见图 15-4 和图 15-5）。

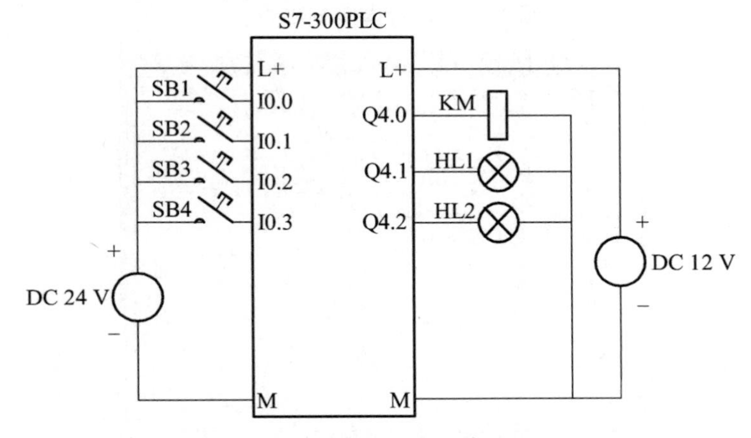

图 15-4　本地站外设接线图

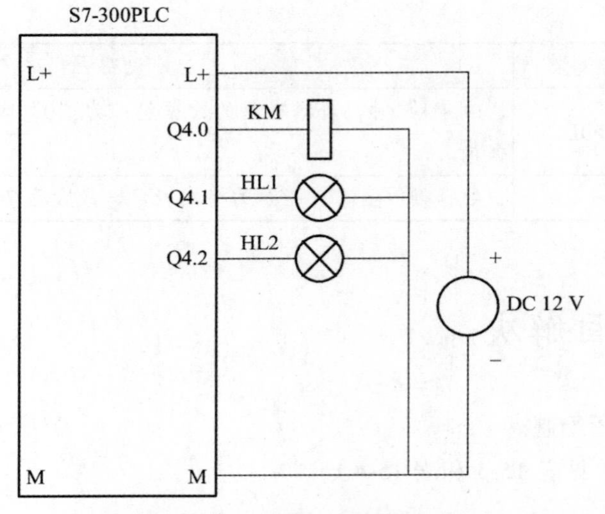

图 15-5　远程站外设接线图

步骤 2：硬件组态（见图 15-6 和图 15-7）。

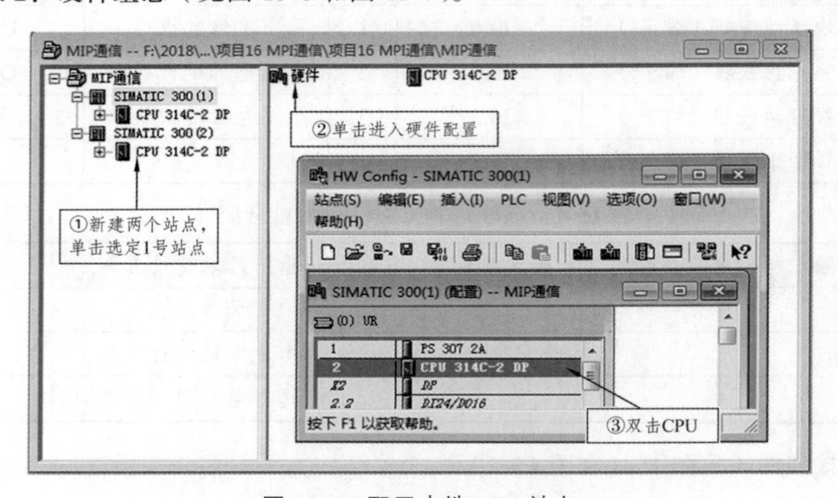

图 15-6　配置本地 MPI 站点

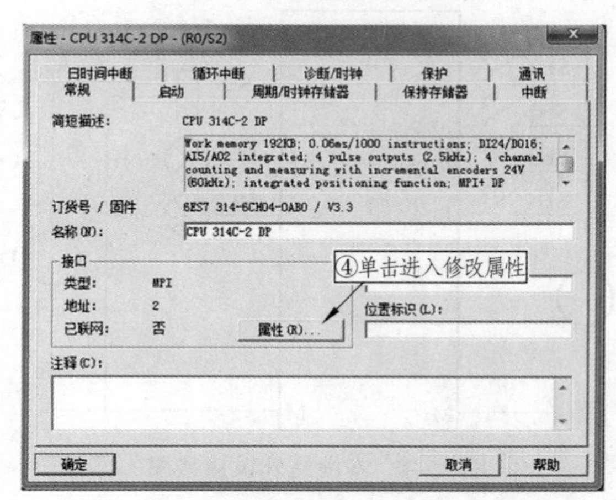

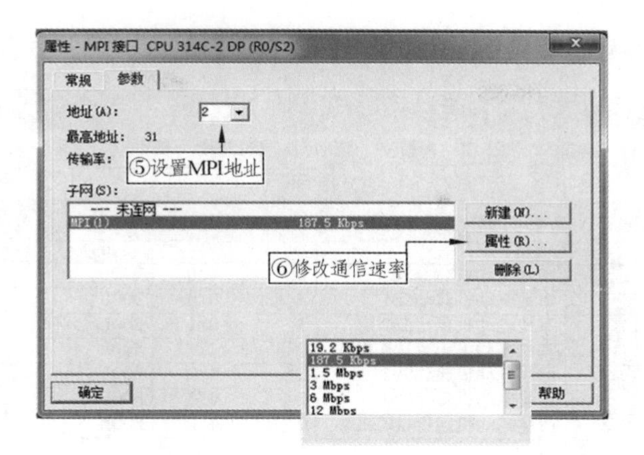

图 15-7　本地站点 MPI 接口属性设置

同理,选中 2 号站点配置远程 MPI 站点,设置 MPI 地址为 3,通信速率为 1 875 Kb/s。

步骤 3：主站和从站通信区地址分配。

通信区设置：本地站发送区为 MB10、MB11 占两个字节，接收区为 MB50、MB51 占两个字节；远程站发送区为 MB20、MB21 占两个字节，接收区为 MB100、MB101 占两个字节。发送与接收对应关系如图 15-8 和图 15-9 所示。

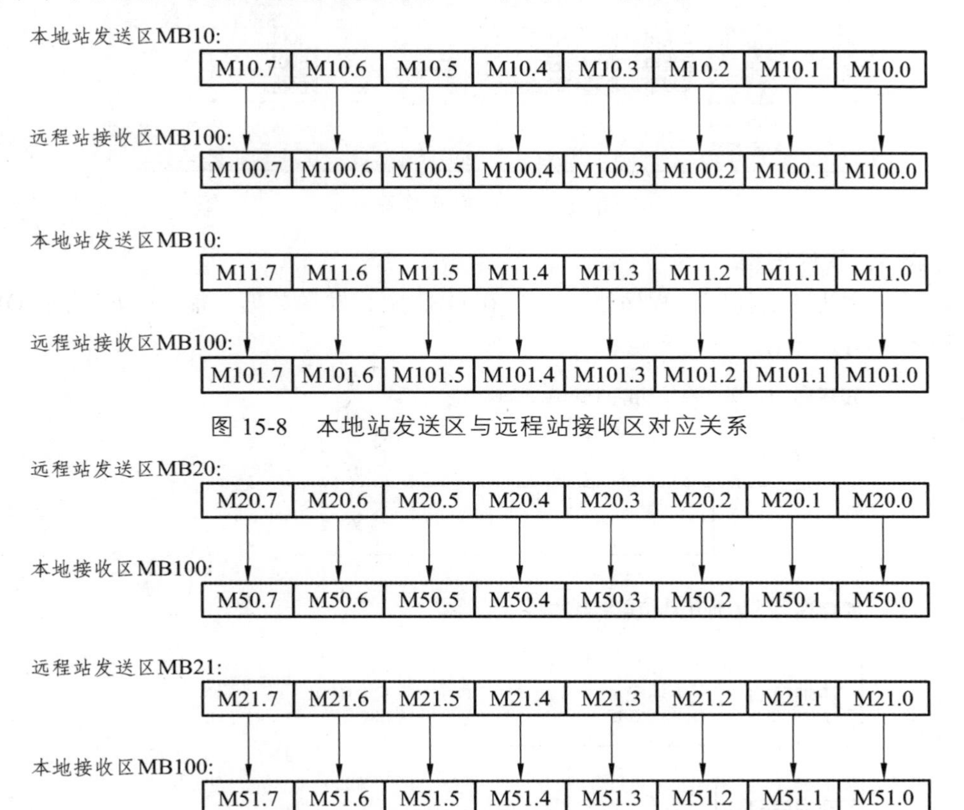

图 15-8　本地站发送区与远程站接收区对应关系

图 15-9　远程站发送区与本地站接收区对应关系

步骤 4：建立符号表（见图 15-10 和图 15-11）。

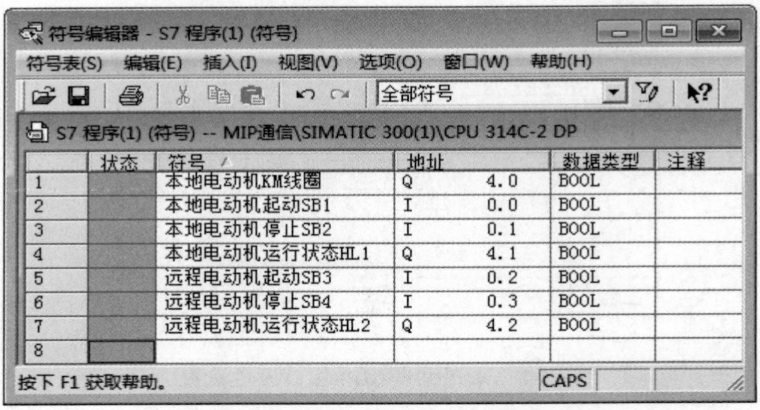

符号编辑器 - S7 程序(1) (符号)

符号表(S)　编辑(E)　插入(I)　视图(V)　选项(O)　窗口(W)　帮助(H)

全部符号

S7 程序(1) (符号) -- MIP通信\SIMATIC 300(1)\CPU 314C-2 DP

	状态	符号	地址		数据类型	注释
1		本地电动机KM线圈	Q	4.0	BOOL	
2		本地电动机起动SB1	I	0.0	BOOL	
3		本地电动机停止SB2	I	0.1	BOOL	
4		本地电动机运行状态HL1	Q	4.1	BOOL	
5		远程电动机起动SB3	I	0.2	BOOL	
6		远程电动机停止SB4	I	0.3	BOOL	
7		远程电动机运行状态HL2	Q	4.2	BOOL	
8						

按下 F1 获取帮助。　CAPS

图 15-10　本地站符号表

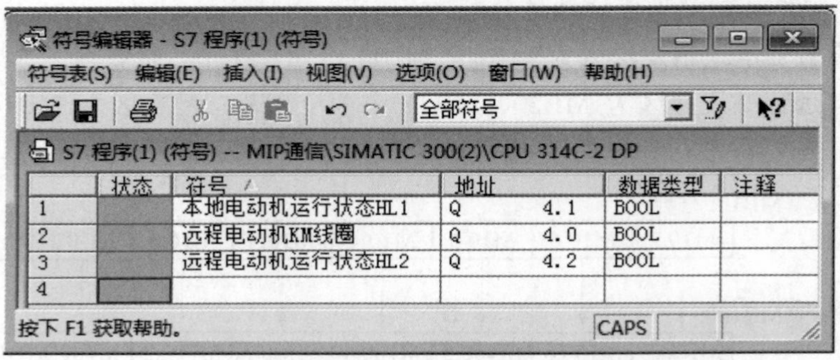

符号编辑器 - S7 程序(1) (符号)

符号表(S)　编辑(E)　插入(I)　视图(V)　选项(O)　窗口(W)　帮助(H)

全部符号

S7 程序(1) (符号) -- MIP通信\SIMATIC 300(2)\CPU 314C-2 DP

	状态	符号	地址		数据类型	注释
1		本地电动机运行状态HL1	Q	4.1	BOOL	
2		远程电动机KM线圈	Q	4.0	BOOL	
3		远程电动机运行状态HL2	Q	4.2	BOOL	
4						

按下 F1 获取帮助。　CAPS

图 15-11　远程站符号表

步骤 5：软件编程。

编写本地站通信程序：程序段 1~8 写在 OB1 中，发送数据功能 SFC65 写在 OB35 中，如图 15-12 所示。

程序段 1：激活系统功能SFC65\SFC66

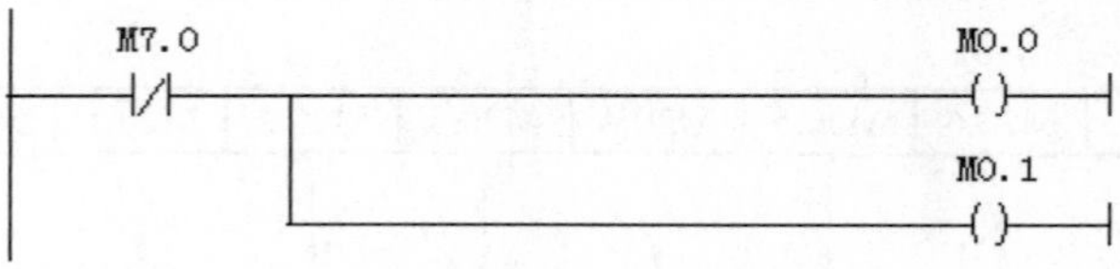

M7.0

M0.0

M0.1

程序段 2：本地电动机启\停控制

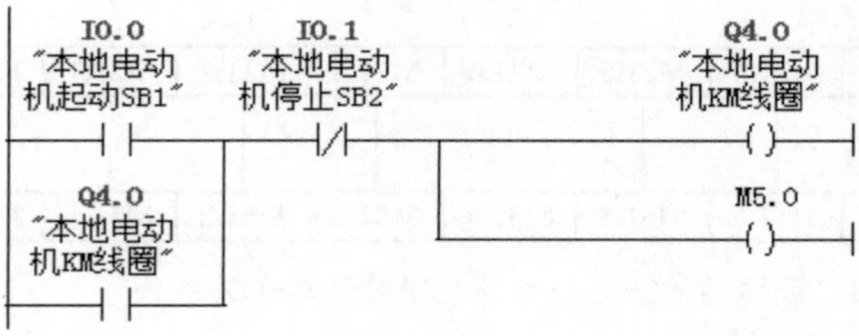

I0.0
"本地电动机起动SB1"

I0.1
"本地电动机停止SB2"

Q4.0
"本地电动机KM线圈"

Q4.0
"本地电动机KM线圈"

M5.0

程序段 3：远程电动机启\停控制

I0.2 "远程电动机起动SB3"　I0.3 "远程电动机停止SB4"　M5.1

M5.1

程序段 4：将本地控制远程电动机运行状态信号传送到MB10

MOVE
EN　ENO
IB0 — IN　OUT — MB10

程序段 5：将本地的电动机运行状态信号传送到MB11

MOVE
EN　ENO
MB5 — IN　OUT — MB11

程序段 6：接收来自远程站（MPI地址3）的数据，并保存在MB50开始的2个字节中

SFC66
Receive Data from a Communication Partner outside the Local S7 Station
"X_RCV"
EN　ENO
M0.0 — EN_DT　RET_VAL — MW22
REQ_ID — MD24
NDA — M0.3
RD — P#M 50.0 BYTE 2

程序段 7：本地电动机的运行状态信号

Q4.0 "本地电动机KM线圈"　Q4.1 "本地电动机运行状态HL1"

程序段 8：监视远程电动机的运行状态

M51.0　　Q4.2 "远程电动机运行状态HL2"

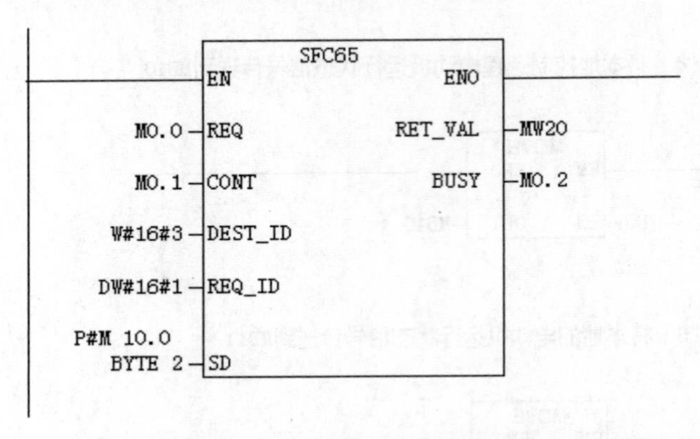

图 15-12　本地站通信程序

编写本地站通信程序：程序段 1~6 写在 OB1 中，发送数据功能 SFC65 写在 OB35 中，如图 15-13 所示。

程序段 1：激活系统功能SFC65\SFC66

M7.0　　M0.0　　M0.1

程序段 2：本地站控制远程电动机启动或者停止

M101.1　　Q4.0 "远程电动机KM线圈"

程序段 3：监视本地站的电动机运行状态信号

M101.0　　Q4.1 "本地电动机运行状态HL1"

程序段 4：远程电动机的运行状态信号

Q4.0
"远程电动
机KM线圈"

Q4.2
"远程电动
机运行状态
HL2"

程序段 5：接收来自本地站（MPI地址2）的数据，并保存在MB100开始的2个字节中

SFC66
Receive Data from
a Communication
Partner outside
the Local S7
Station
"X_RCV"

EN ENO
M0.0 EN_DT RET_VAL MW22
REQ_ID MD24
NDA M0.3
RD P#M 100.0 BYTE 2

程序段 6：将QB4的数据传送到MB21

MOVE
EN ENO
QB4 IN OUT MB21

程序段 1：OB35向本地站发送MB10开始的两个字节

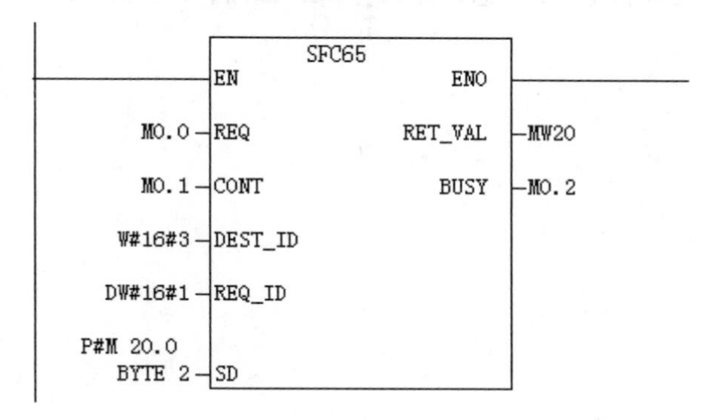

图 15-13 远程站通信程序

步骤 6：硬件连接。

按照本地站外设接线图和远程站外设接线图进行接线。

步骤 7：程序下载。

把 STMATIC 300（1）站点下载到本地站的 CPU 中。当下载过程中出现相应的对话框时，请按提示操作。采用同样的方法，将 MPI 下载电缆转接到 STMATIC 300（2）站点的 CPU 上，把 STMATIC 300（2）站点下载到远程站的 CPU 中。

步骤 8：系统调试。

硬件连接和项目下载完成后，采用 DP 连接电缆将 STMATIC 300（1）站点的 MPI 接口与 STMATIC 300（2）站点的 MPI 接口连接起来。按下本地电动机的启动按钮 SB1 和停止按钮 SB2，观察电动机是否能启动和停止？按下本地站控制远程电动机的启动按钮 SB3 和停止按钮 SB4，观察远程电动机是否能启动？同样，在另一站点重复以上操作，如上述调试现象符合项目控制要求，则任务完成。

巩固练习 15

1. SIMATIC S7-300 MPI 接口有何用途？

2. 什么是全局数据通信？它有什么特点？

3. MPI 网络的连接规则是什么？

4. 进行 MPI 网络配置，实现 2 个 CPU 314C-2DP 之间的全局数据通信。

5. 用无组态 MPI 通信方式建立 2 套 S7-300 PLC 系统的通信。

6. 有组态连接的 MPI 单向通信方式，建立 S7-300 与 S7-300 之间通信连接，MPI_Station_2（MPI 地址设为 4）作为客户机，MPI_Station_1（MPI 地址为设为 2）作为服务器，要求 MPI_Station_2 向 MPI_Station_1 发送一个数据包，并读取一个数据包。

7. 2 个 S7-300 之间的 MPI 通信。要求按下第一站的按钮 I0.0，第二站的指示灯 Q1.0 和第三站的 Q4.0 会被点亮；松开按钮则会熄灭。按下第二站的按钮 I1.0，控制第一站的指示灯 Q4.0 以秒级闪烁。

项目 16　MM420 变频器多段速 PLC 控制程序设计与调试

16.1　项目要求

西门子 MM420 变频器采用端子排固定频率选择方法，设定二进制编码选择+ON 命令，实现对一台三线交流异步电动机的五段速固定频率正反转运行。电动机参数：额定电压 380 V，额定电流 0.63 A，额定功率 0.18 kW，额定频率 50 Hz，额定转速 1 400 r/min。

按下启动按钮 SB1，变频器依次输出 8 Hz、−16 Hz、25 Hz、37 Hz、42 Hz 五个段速，每个段速时间间隔为 10 s，最终保持在 42 Hz 段速运行；按下停止按钮，电动机停止。

16.2　学习目标

（1）掌握 MM420 变频器的端口功能及基本参数设置方法。
（2）掌握 MM420 变频器 BOP 面板及段子排控制方法。
（3）复习 PLC 程序编写和调试过程。
（4）学会用 PLC 控制 MM420 变频器的开关量接口。
（5）熟悉 PLC 与变频器的联机调试过程。

16.3　知识链接

16.3.1　西门子 MM420 变频器端口功能

西门子 MicroMaster420 变频器，简称 MM420，是全新一代模块化设计的多功能标准变频器。它拥有友好的用户界面、全新的 IGBT 技术、强大的通信能力、精确的控制性能、和高可靠性。

MM420 变频器各端口功能如图 16-1 所示。

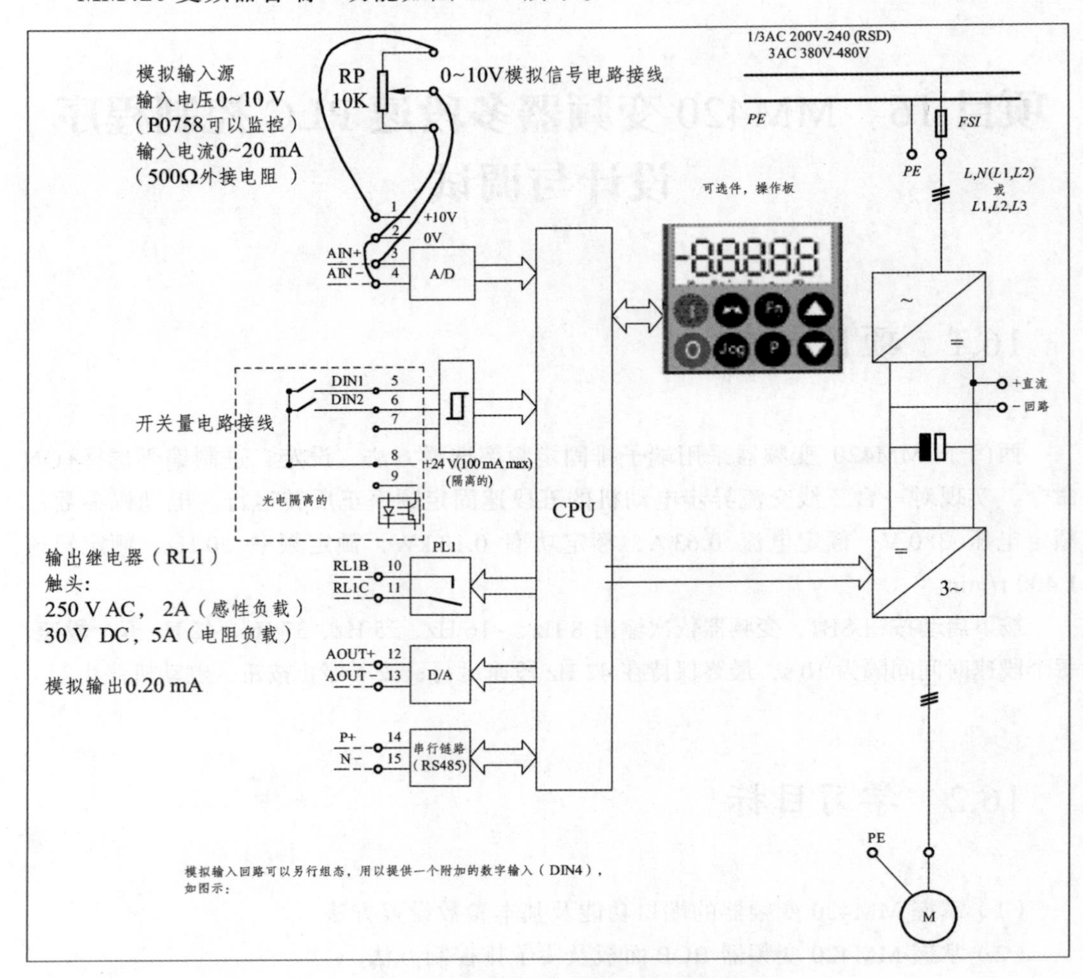

图 16-1　MM420 变频器各端口功能

16.3.2　西门子 MM420 变频器基本操作面板的认知与操作

MM420 变频器基本操作面板的功能如表 16-1 所示。

表 16-1　MM420 变频器基本操作面板的认知与操作

显示/按钮	功　能	功能说明
r0000	状态显示	LCD 显示变频器当前的设定值
	启动变频器	按此键启动变频器。默认值运行时此键是被封锁的。为了使此键的操作有效，应设定 P0700=1

续表

显示/按钮	功 能	功能说明
0	停止变频器	OFF1：按此键，变频器将按选定的斜坡下降速率减速停车。默认值运行时此键被封锁；为了允许此键操作，应设定P0700=1 OFF2：按此键两次（或一次，但时间较长）电动机将在惯性作用下自由停车。此功能总是“使能”的
	改变电动机的转动方向	按此键可以改变电动机的转动方向。电动机的反向用负号（-）表示或用闪烁的小数点表示
jog	电动机点动	在变频器无输出的情况下按此键，将使电机启动，并按预设定的点动频率运行。释放此键时，变频器停车。如果电动机正在运行，按此键将不起作用
Fn	功能切换	此键用于浏览辅助信息。 （1）变频器运行过程中，在显示任何一个参数时按下此键并保持 2 s 不动，将显示以下参数值：直流回路电压、输出电流、输出频率、输出电压、由 P0005 选定的数值。连续多次按下此键，将轮流显示以上参数。 （2）跳转功能。在显示任何一个参数（r×××× 或 P××××）时短时间按下此键，将立即跳转到 r0000，如果需要的话，可以接着修改其他的参数。 （3）故障确认。在出现故障或报警的情况下，按下此键可以对故障或报警进行确认
P	访问参数	按此键即可访问参数
	增加数值	按此键即可增加面板上显示的参数数值
	减少数值	按此键即可减少面板上显示的参数数值

MM420 变频器常用的参数如表 16-2 所示。

表 16-2　MM420 变频器常用参数

参　数	名　称	作用/可能设定的值
P0003	用户访问级	1　标准级：可以访问最常使用的一些参数。 2　扩展级：允许扩展访问参数的范围，如变频器的 I/O 功能。 3　专家级：只供专家使用。 4　维修级：只供授权的维修人员使用，具有密码保护
P0004	参数过滤器	0 全部参数 2 变频器参数 3 电动机参数 7 命令，二进制 I/O 8 ADC（模-数转换）和 DAC（数-模转换） 10 设定值通道 / RFG（斜坡函数发生器） 12 驱动装置的特征 13 电动机的控制 20 通信 21 报警/警告/监控 22 工艺参量控制器（如 PID）
P0010	快速调试参数过滤器	0 准备 1 快速调试 2 变频器 29 下载 30 工厂的默认设定值
P0970	工厂复位	0 禁止复位 1 参数复位
P0700	选择命令源	0 工厂的默认设置 1 BOP（键盘）设置 2 由端子排输入 4 通过 BOP 链路的 USS 设置 5 通过 COM 链路的 USS 设置 6 通过 COM 链路的通信板（CB）设置
P1000	频率设定值的选择	0 无主设定值 1 MOP 设定值 2 模拟设定值 3 固定频率 4 通过 BOP 链路的 USS 设定

续表

参　数	名　称	作用/可能设定的值
		5 通过 COM 链路的 USS 设定 6 通过 COM 链路的 CB 设定 10 无主设定值 +MOP 设定值 11 MOP 设定值 +MOP 设定值 12 模拟设定值 +MOP 设定值 13 固定频率 +MOP 设定值 14 通过 BOP 链路的 USS 设定 +MOP 设定值 15 通过 COM 链路的 USS 设定 +MOP 设定值 16 通过 COM 链路的 CB 设定 +MOP 设定值 20 无主设定值 + 模拟设定值 21 MOP 设定值 + 模拟设定值 22 模拟设定值 + 模拟设定值 23 固定频率 + 模拟设定值 24 通过 BOP 链路的 USS 设定 + 模拟设定值 25 通过 COM 链路的 USS 设定 + 模拟设定值 26 通过 COM 链路的 CB 设定 + 模拟设定值 30 无主设定值 + 固定频率 31 MOP 设定值 + 固定频率 32 模拟设定值 + 固定频率 33 固定频率 + 固定频率 34 通过 BOP 链路的 USS 设定 + 固定频率 35 通过 COM 链路的 USS 设定 + 固定频率 36 通过 COM 链路的 CB 设定 + 固定频率 40 无主设定值 +BOP 链路的 USS 设定值 41 MOP 设定值 +BOP 链路的 USS 设定值 42 模拟设定值 +BOP 链路的 USS 设定值 43 固定频率 +BOP 链路的 USS 设定值 44 通过 BOP 链路的 USS 设定 +BOP 链路的 USS 设定值 45 通过 COM 链路的 USS 设定 +BOP 链路的 USS 设定值 46 通过 COM 链路的 CB 设定 +BOP 链路的 USS 设定值 50 无主设定值 +COM 链路的 USS 设定值 51 MOP 设定值 +COM 链路的 USS 设定值 52 模拟设定值 +COM 链路的 USS 设定值 53 固定频率 +COM 链路的 USS 设定值

续表

参　数	名　称	作用/可能设定的值
		54 通过 BOP 链路的 USS 设定 +COM 链路的 USS 设定值 55 通过 COM 链路的 USS 设定 +COM 链路的 USS 设定值 60 无主设定值 +COM 链路的 CB 设定值 61 MOP 设定值 +COM 链路的 CB 设定值 62 模拟设定值 +COM 链路的 CB 设定值 63 固定频率 +COM 链路的 CB 设定值 64 通过 BOP 链路的 USS 设定 +COM 链路的 CB 设定值 66 通过 COM 链路的 CB 设定 +COM 链路的 CB 设定值
P0304	电动机的额定电压	默认值 230
P0305	电动机额定电流	默认值 3.25
P0307	电动机额定功率	默认值 0.75（注意：单位为 kW）
P0310	电动机的额定频率	默认值 50
P0311	电动机的额定速度	默认值 0
P1040	MOP 的设定值	默认值 5
P1080	最低频率	默认值 0
P1082	最高频率	默认值 50
P1120	斜坡上升时间	默认值 10
P1121	斜坡下降时间	默认值 10
P1058	正向点动频率	默认值 5
P1059	反向点动频率	默认值 5
P1060	点动的斜坡上升时间	默认值 10
P1061	点动的斜坡下降时间	默认值 10
P0701（P0702 至 P0704 类似）	数字输入 1（DIN1）的功能	0 禁止数字输入 1 ON/OFF1（接通正转 / 停车命令 1） 2 ON reverse /OFF1（接通反转 / 停车命令 1） 3 OFF2（停车命令 2）——按惯性自由停车

续表

参　数	名　称	作用/可能设定的值
		4　OFF3（停车命令 3）——按斜坡函数曲线快速降速停车 9　故障确认 10 正向点动 11 反向点动 12 反转 13　MOP（电动电位计）升速（增加频率） 14　MOP 降速（减少频率） 15 固定频率设定值（直接选择） 16 固定频率设定值（直接选择 +ON 命令） 17 固定频率设定值（二进制编码的十进制数（BCD 码）选择 +ON 命令） 21 机旁/远程控制 25 直流注入制动 29 由外部信号触发跳闸 33 禁止附加频率设定值 99 使能 BICO 参数化
P1001（P1002 至 P1007 类似）	固定频率 1~7	默认值　P1001 0 P1002 5 P1003 10 P1004 15 P1005 20 P1006 25 P1007 30
P1091（P1092 至 P1094 类似）	跳转频率 1~4	默认值　0（访问级别为 3）
P1101	跳转频率的频带宽度	默认值　2（访问级别为 3）
P1110	禁止负的频率设定值	默认值　0（访问级别为 3） 0　禁止 1　允许

16.4 项目解决

步骤 1：输入/输出信号器件分析。

输入：启动按钮 SB1、停止按钮 SB2。

输出：MM420 变频器数字输入端口 5（DIN1）、6（DIN2）、7（DIN3）。

步骤 2：硬件组态（参见项目 3）。

步骤 3：输入/输出地址分配表。

依据项目要求分配输入/输出地址如表 16-3 所示。

表 16-3　输入/输出地址分配

序号	输入信号器件名称	编程元件地址	序号	输出信号器件名称	编程元件地址
1	启动按钮 SB1（常开触点）	I0.0	1	变频器数字端口 DIN1（5 脚）	Q4.0
2	停止按钮 SB1（常开触点）	I0.1	2	变频器数字端口 DIN2（6 脚）	Q4.1
			3	变频器数字端口 DIN3（7 脚）	Q4.2

步骤 4：输入/输出接线。

依据变频器多段速控制项目输入/输出及地址分配进行接线，如图 16-2 所示。

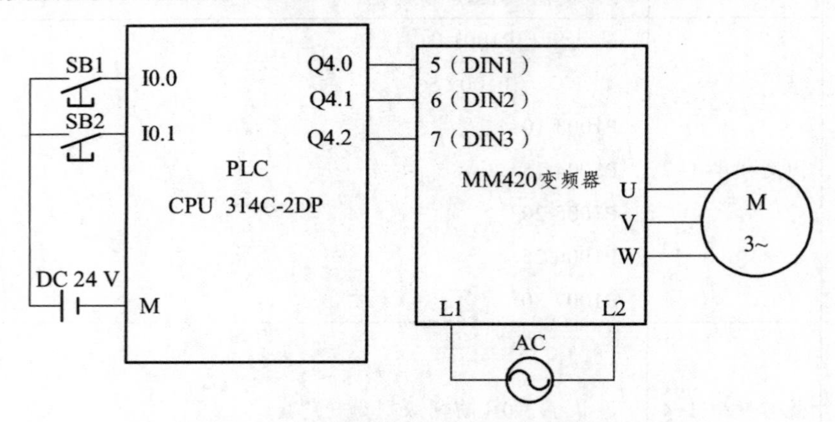

图 16-2　变频器多段速 PLC 控制接线图

步骤 5：编写变频器多段速 PLC 控制程序。

MM420 变频器多段速 PLC 控制程序（线圈形式）如图 16-3 所示，注意在编写过程中，对输入/输出变量用符号进行提示以便程序调试。注意：变频器数字量输入端 5~7 口，在用二进制编码+ON 命令进行固定频率选择时，7 端口是二进制高位端、5 端口是二进制的低位端。程序主要是采用定时器对二进制编码 001~101 进行自动切换，由于 Q4.0~Q4.2 是输出端口，尽量不采用它们本身作为定时器的启动触点，找第三方变量 Q5.0 作为定时器启动触点。

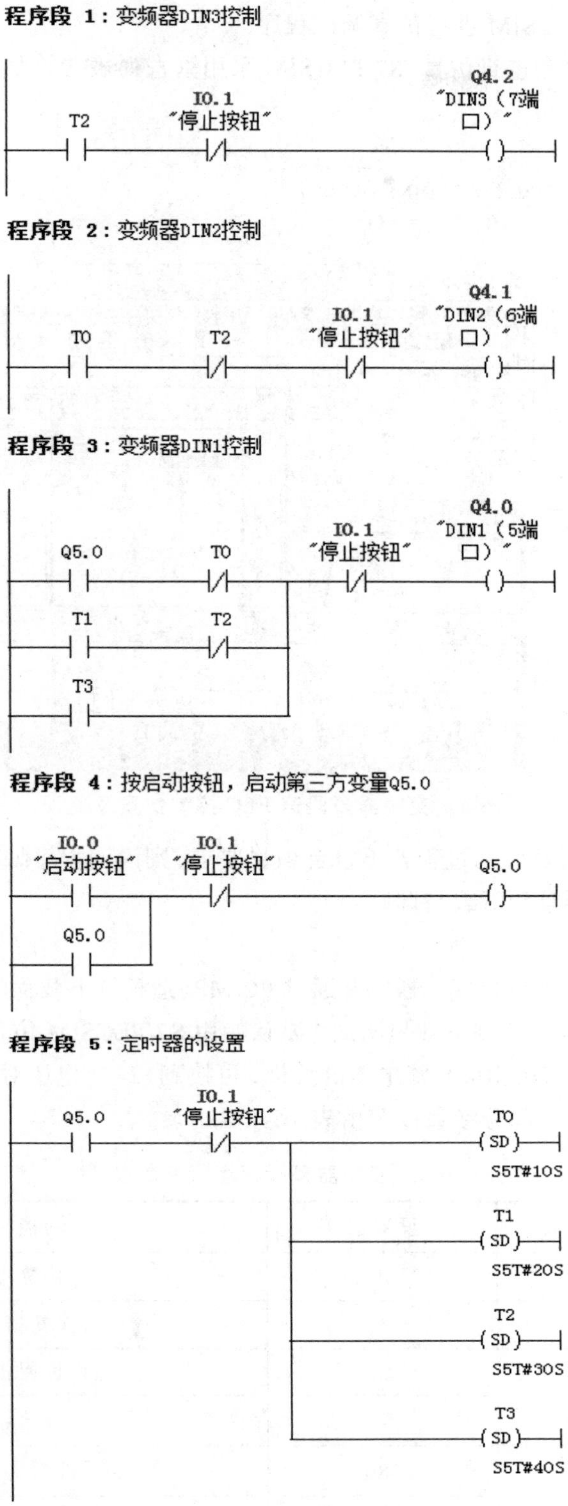

程序段 1：变频器DIN3控制

T2　I0.1 "停止按钮"　Q4.2 "DIN3（7端口）"

程序段 2：变频器DIN2控制

T0　T2　I0.1 "停止按钮"　Q4.1 "DIN2（6端口）"

程序段 3：变频器DIN1控制

Q5.0　T0　I0.1 "停止按钮"　Q4.0 "DIN1（5端口）"

T1　T2

T3

程序段 4：按启动按钮，启动第三方变量Q5.0

I0.0 "启动按钮"　I0.1 "停止按钮"　Q5.0

Q5.0

程序段 5：定时器的设置

Q5.0　I0.1 "停止按钮"　T0 (SD) S5T#10S

T1 (SD) S5T#20S

T2 (SD) S5T#30S

T3 (SD) S5T#40S

图 16-3　变频器多段速 PLC 控制梯形图程序

步骤 6：使用 PLCSIM 进行仿真调试程序。

为便捷调试程序和进行仿真，S7-PLCSIM 采用垂直列表并关联项目符号，如图 16-4 所示。

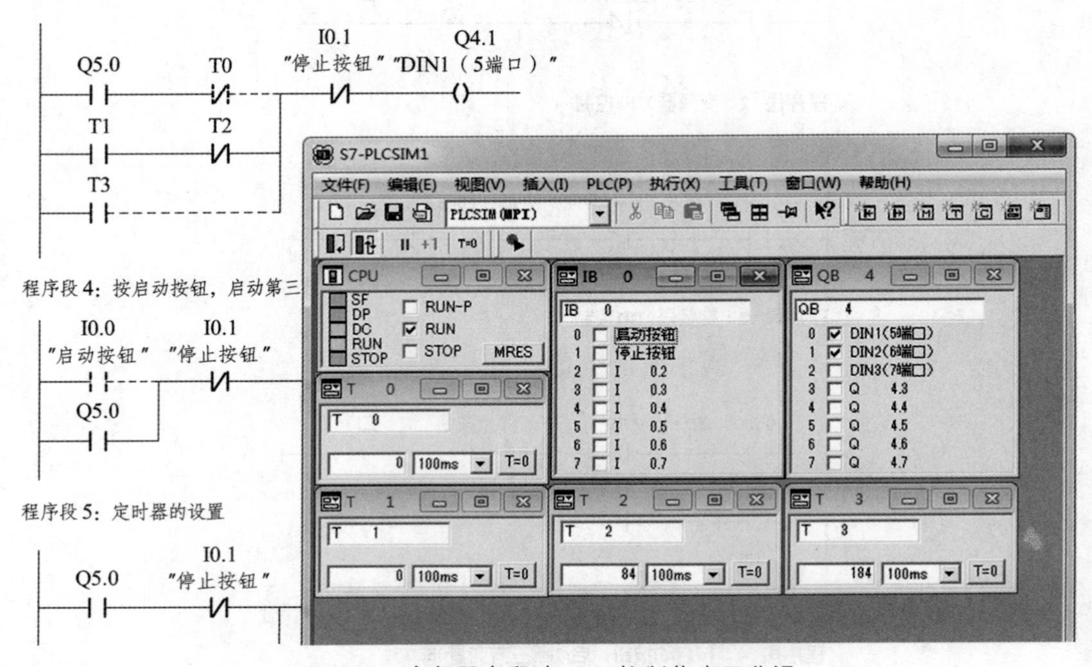

图 16-4　变频器多段速 PLC 控制仿真及监视

S7-PLCSIM 仿真及监视过程若不符合项目要求，则说明程序编写部分有逻辑错误，需进行查找修改，再重新下载与调试。

步骤 7：联机调试。

按照图 16-2 连接硬件接线，通电并通过 PC/MPI 适配器下载程序，下载时候注意关闭 S7-PLCSIM 仿真器，否则下载与调试将默认使用 S7-PLCSIM 仿真器系统。此外本项目中变频器的 9 端口需接相应直流电压的负极，可接到+24 V 电压对应的负极（0 V）处。

多段速运行变频器部分参数设置由表 16-4 给出。

表 16-4　变频器多段速运行参数设置

序号	变频器参数	设定值	功能说明
1	P0010	30	恢复准备
2	P0970	1	恢复出厂值
3	P0003	3	允许访问扩展参数
4	P0010	1	快速调试
5	P0304	380	电动机额定电压设定
6	P0305	0.63	电动机额定电流设定

续表

序号	变频器参数	设定值	功能说明
7	P0307	0.18	电动机额定功率设定
8	P0310	50	电动机额定频率设定
9	P0311	1400	电动机额定转速设定
10	P0010	0	变频器准备投入运行
11	P0700	2	选择命令源：由端子排输入
12	P1000	3	选择固定频率设定值
13	P0701	17	二进制编码选择+ON 命令
14	P0702	17	二进制编码选择+ON 命令
15	P0703	17	二进制编码选择+ON 命令
16	P1001	8	选择固定频率 1（8 Hz）
17	P1002	−16	选择固定频率 2（−16 Hz）
18	P1003	25	选择固定频率 3（25 Hz）
19	P1004	37	选择固定频率 4（37 Hz）
20	P1005	42	选择固定频率 5（42 Hz）

对照 MM420 变频器多段速控制项目的要求进行硬件调试，若不满足要求，则应检查原因，修改程序，重新调试，直到满足相关要求为止。

巩固练习 16

1. 简述 MM420 变频器与 S7-300PLC 连接时的注意事项。

2. 采用 MM420 变频器控制洗衣机转桶。要求：水位上限传感器触发后，转桶以 15 Hz 和−15 Hz 的频率不断进行正反转，每次正反转切换时间间隔为 5 s，此过程运行一个周期 30 次后，转桶停止正反转，自动进入到排水环节，水位下限传感器触发后，进入到甩干环节，此时转桶以 50 Hz 的频率高速运行，经过 20 s 后自动停止。

3. 一台设备由三个电动机组成，采用 MM420 变频器控制电动机带动风扇对设备进行散热。控制要求：当设备中有一台电动机工作时，变频器自动输出 20 Hz 频率；当设备中有两台电动机工作时，变频器自动输出 35 Hz 频率；当设备中有三台电动机工作时，变频器自动输出 50 Hz 频率。

项目 17　MM420 变频器模拟量给定 PLC 控制程序设计与调试

17.1　项目要求

用 MCGS 触摸屏、PLC 对西门子 MM420 变频器进行频率给定，例如，触摸屏中输入 1 400 r/min，则电动机以 50 Hz 频率转动，以此类推，其余按比例给定。其中电动机参数：额定电压 380 V，额定电流 0.63 A，额定功率 0.18 kW，额定频率 50 Hz，额定转速 1 400 r/min。

17.2　学习目标

（1）掌握 MM420 变频器的模拟量端口 3-4 脚的用法。

（2）掌握 MM420 变频器 1-2 脚与 3-4 脚的联合用法。

（3）了解比例变换块 FC105、FC106 的应用。

（4）复习 MCGS 触屏的使用步骤与技巧。

（5）掌握 MM420 变频器模拟量给定的 PLC 控制方法。

17.3　知识链接

17.3.1　西门子 MM420 变频器模拟量端口

MM420 变频器各端口的功能如图 16-1 所示，其中 3-4 口为变频器模拟量输入端口，3 口输入正极性，4 口输入负极性。变频器模拟量通道一般输入 0 ~ 10 V 的可调直流电压或者 4 ~ 20 mA 的可调直流电流。

可调直流电压或电流在生产现场不一定方便获取，因此为了调试方便，变频器 1-2 端口设置有一个固定的 10 V 直流电压，其中 1 口是电压正极性，2 口是电压负极性。

在变频器应用过程中，可在 1-2 口并联外接可调电位器取出相应可调直流电压，送入变频器 3-4 端口以便进行测试与调试。

17.3.2 数值转换 FC105/取消标定值 FC106 的调用

模拟量是指幅值随时间连续变化的物理量，工程中的温度、压力、液位、流量、转速、位移等都属于模拟量，可直接调用 STEP7 中库的功能或功能块来对模拟量进行检测和控制。

其中，检测模拟量输入可调用“数值转换”块 FC105，模拟量输出可调用“取消标定值”块 FC106 来进行。

FC105 和 FC106 的调用路径是：程序编辑器→编辑元器件目录→库→“Standard library”→“IT-S7 Converting Blocks”→“FC105 SCALE CONVERT”或“FC106 UNSCALE CONVERT”，如图 17-1 所示。FC105 块和 FC106 块的元件示意图如图 17-2 所示。

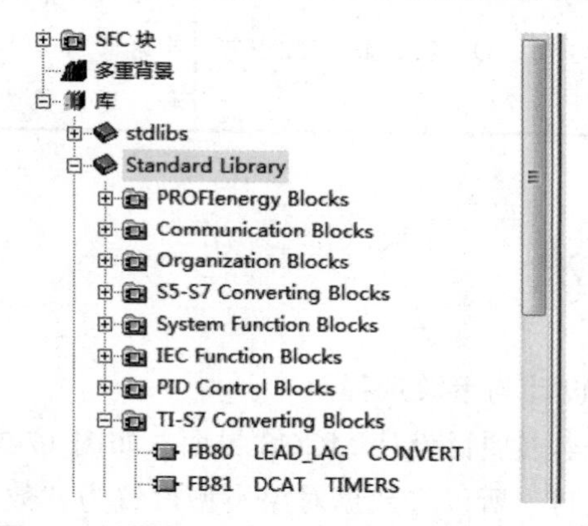

图 17-1 调用 FC105 块和 FC106 块的路径

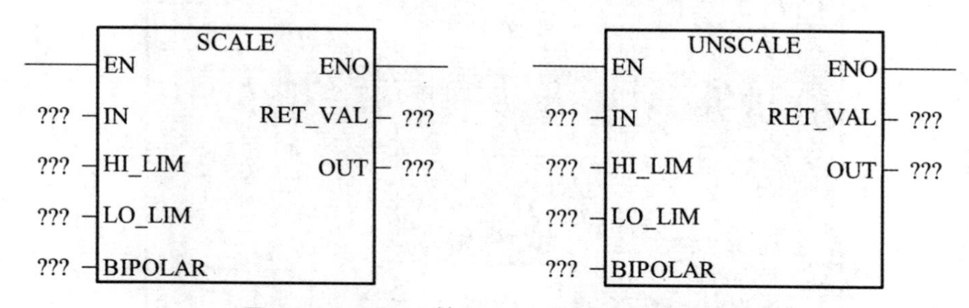

图 17-2 FC105 块和 FC106 块元件示意图

FC105 SCALE CONVERT 的功能是接收一个整型值（IN），并将其转换为以工程单位表示的介于下限和上限（HO_LIM 和 HI_LIM）之间的实型值，结果写入 OUT。

FC106 UNSCALE CONVERT 的功能是接收一个工程单位表示且标定于下限和上限（HO_LIM 和 HI_LIM）之间的实型输入值，并将其转换为一个整型值（IN），结果写入 OUT。

FC105 和 FC106 的端子参数说明由表 17-1 给出。

表 17-1　FC105 和 FC106 的端子参数说明

参数	说明	数据类型	存储区	功能描述
EN	输入	BOOL	I、Q、M、D、L	使能输入端，为“1”时激活该功能
ENO	输出	BOOL	I、Q、M、D、L	该功能执行无错误，使能输出信号状态为“1”
IN	输入	INT	I、Q、M、D、L、P、常数	模拟量输入通道地址
HI_LIM	输入	REAL	I、Q、M、D、L、P、常数	变送的上限值
HO_LIM	输入	REAL	I、Q、M、D、L、P、常数	变送的下限值
BIPOLAR	输入	BOOL	I、Q、M、D、L	测量信号的极性，单极性为“0”，双极性为“1”
OUT	输出	REAL	I、Q、M、D、L、P	转换后的结果
RET_VAL	输出	REAL	I、Q、M、D、L、P	返回变量，检测变换过程是否正常。若返回值为 W#16#0000，表示该指令正确，返回值为其他则参见“错误信息”

17.4　项目解决

步骤 1：MCGS 界面设计与参数选择。

依据题目要求，参照本书项目设计 MCGS 界面，如图 17-3 所示。由于本项目采用模拟量给定变频器进行控制，所以将数据对象类型设置为“数值型”，如图 17-4 所示。

图 17-3　变频器模拟量给定控制 MCGS 界面设计图

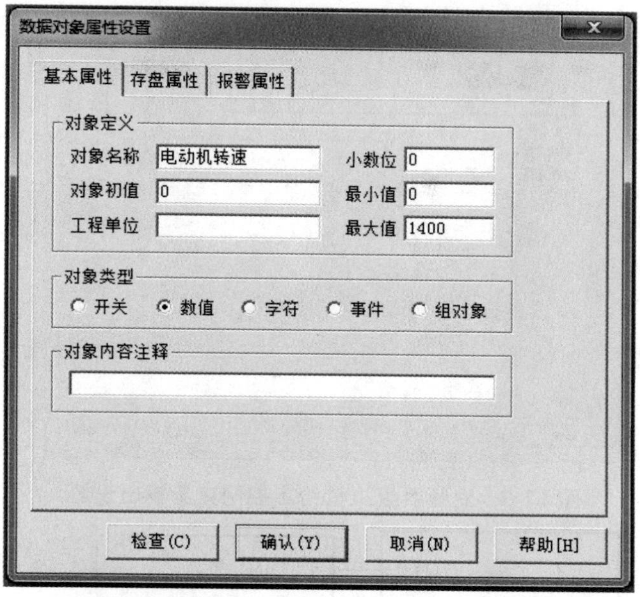

数据对象属性设置
基本属性 存盘属性 报警属性
对象定义
对象名称 电动机转速 小数位 0
对象初值 0 最小值 0
工程单位 最大值 1400
对象类型
开关 数值 字符 事件 组对象
对象内容注释
检查(C) 确认(Y) 取消(N) 帮助[H]

图 17-4　变频器模拟量给定控制 MCGS 数据对象类型设定

步骤 2：硬件组态与属性选择。

硬件组态方面与本书之前章节类似，其中需要设置的地方是 CPU 314C-2DP 部分，双击 AI5/AO2，在其属性窗口的“地址”选项卡中将输入/输出的开始值由系统默认值设置为 256，如图 17-5 所示。在“输出”选项卡中将通道 0 的输出范围设置为 0 ~ 10 V，将通道 1 设置为“取消激活”，如图 17-6 所示。

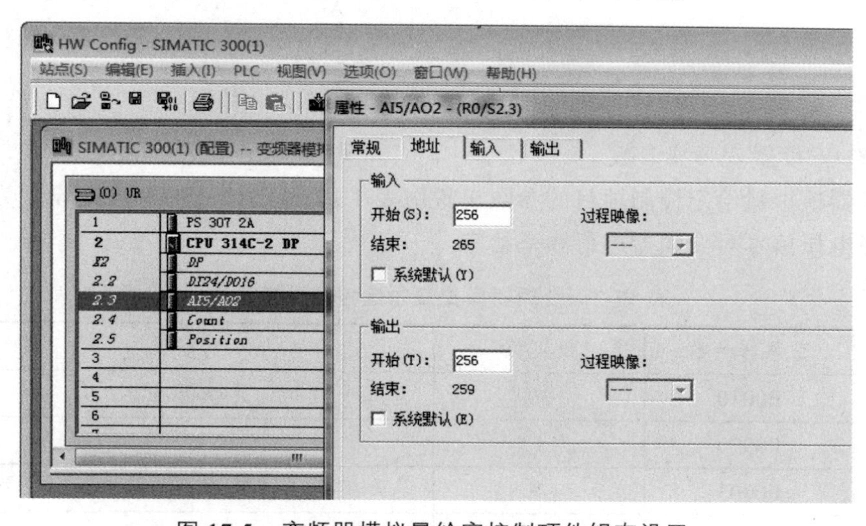

图 17-5　变频器模拟量给定控制硬件组态设置

步骤 3：输入/输出接线。

依据变频器模拟量给定 PLC 控制项目要求及输入/输出分配进行接线，如图 17-7 所示。

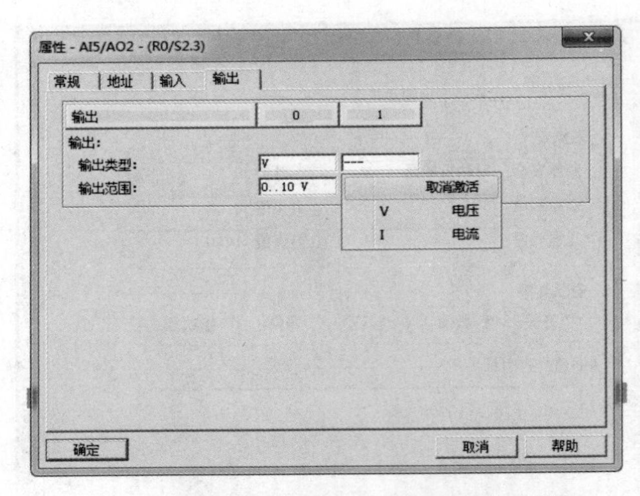

图 17-6　变频器模拟量给定控制变量输出设置

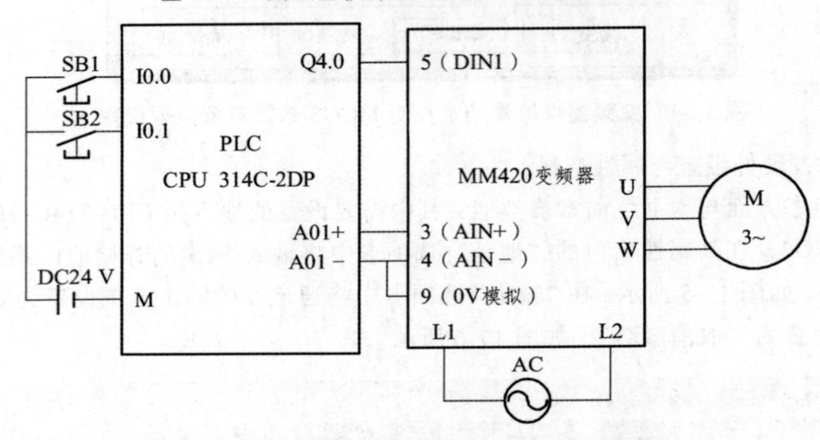

图 17-7　变频器模拟量给定 PLC 控制接线图

步骤 4：设置变频器参数。

变频器模拟量给定控制项目的参数设置由表 17-2 给出，其中 P0756 设置为 0，意义为选择电压信号对变频器进行频率给定。

表 17-2　变频器模拟量给定控制参数设置

序号	变频器参数	设定值	功能说明
1	P0010	30	恢复准备
2	P0970	1	恢复出厂值
3	P0003	3	允许访问扩展参数
4	P0010	1	快速调试
5	P0304	380	电动机额定电压设定
6	P0305	0.63	电动机额定电流设定
7	P0307	0.18	电动机额定功率设定

续表

序号	变频器参数	设定值	功能说明
8	P0310	50	电动机额定频率设定
9	P0311	1400	电动机额定转速设定
10	P0010	0	变频器准备投入运行
11	P0700	2	选择命令源：由端子排输入
12	P1000	2	选择模拟量作为频率源
13	P0756	0	选择 ADC 的类型（电压信号）
14	P0701	1	数字量输入 DIN1 选择接通正转/停止

步骤 5：编写并下载程序。

发送启停信号程序如图 17-8 所示，变频器模拟量给定程序如图 17-9 所示，其中 MD20 中的数据由 MCGS 给定。

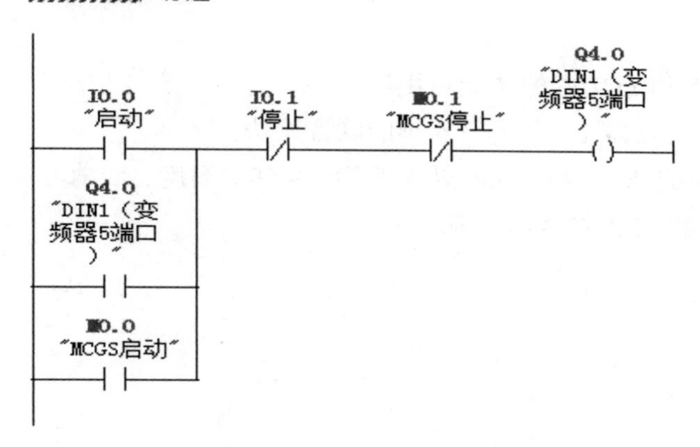

图 17-8　变频器模拟量给定发送启停信号程序

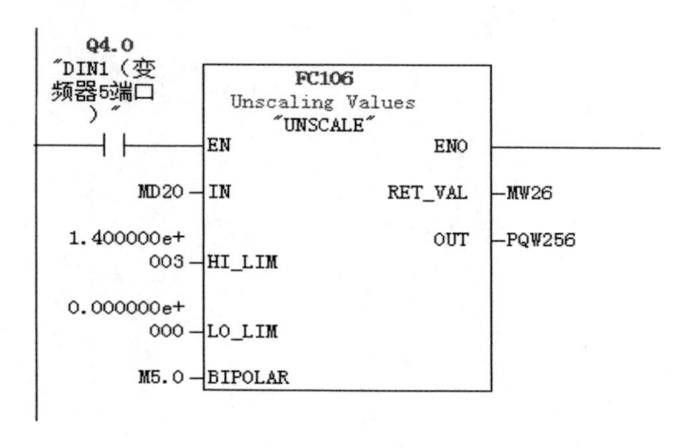

程序段 2：标题：

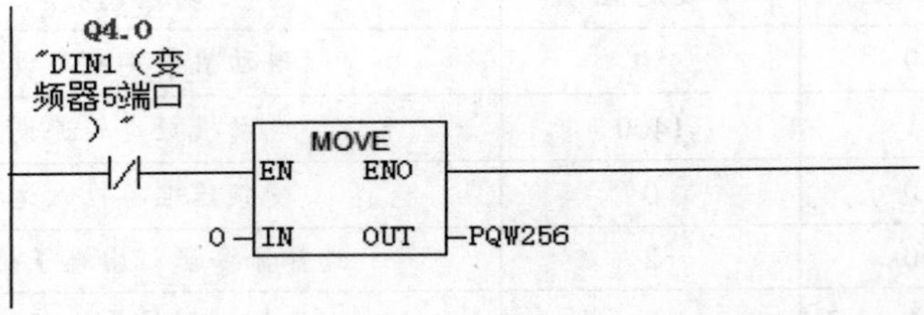

Q4.0
"DIN1（变频器5端口）"

MOVE
EN ENO
0 - IN OUT - PQW256

图 17-9 变频器 PLC 与 MCGS 联合模拟量给定程序

步骤 6：联机调试。

按照图 17-7 连接硬件接线，通电并通过 PC/MPI 适配器下载 MCGS 组态及程序。在 MCGS 触屏中输入不同频率，可观察到变频器输出变化的频率拖动电动机。

巩固练习 17

1. 试区分 FC105 和 FC106 的功能与用法。
2. 叙述 MM420 变频器 1-2 脚与 3-4 脚的联合用法。
3. 若将本项目中的 0～1 400r/min 转速改为 0～50℃温度，请学习者参照本项目步骤完成变频器模拟量给定 PLC 控制要求。

参考文献

[1] 郑长山. PLC 应用技术图解项目化教程（西门子 S7-300）[M]. 2 版. 北京：电子工业出版社，2018.

[2] 陈贵银. 工程案例化西门子 S7-300/400 PLC 编程技术及应用[M]. 北京：电子工业出版社，2018.

[3] JB/T 10308. 3—2005 工业控制系统用现场总线 PROFIBUS 规范.

[4] IEC 61158-6-10：2014 Industrial communication networks-Fieldbus specifications - Part 6-10：Application layer protocol specification-Type 10 elements.

[5] IEC 61158-3-2：2014 Industrial communication networks-Fieldbus specifications - Part 3-2：Data-lonk layer service definition-Type 2 elements.

[6] 侍寿永. S7-300 PLC、变频器与触摸屏综合应用教程[M]. 北京：机械工业出版社，2015.

[7] 吴丽. 西门子 S7-300PLC 基础与应用[M]. 2 版. 北京：机械工业出版社，2015.

[8] 罗萍. 西门子 PLC S7-300/400 工程实例[M]. 北京：人民邮电出版社，2017.

[9] 刘华波. 西门子 S7-300/400 PLC 编程与应用[M]. 2 版. 北京：机械工业出版社，2015.

[10] 廖常初. S7-300\400PLC 应用技术[M]. 北京：机械工业出版社，2016.